SHIYONG HUAXUE HUAGONG JISUANJI RUANJIAN JICHU

实用化学化工计算机软件基础

汪 海 田文德 主编

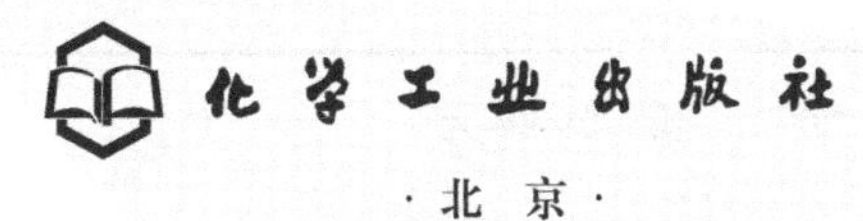

·北 京·

图书在版编目（CIP）数据

实用化学化工计算机软件基础 / 汪海，田文德主编. —北京：化学工业出版社，2009.6（2023.1 重印）

ISBN 978-7-122-05282-7

Ⅰ. 实… Ⅱ. ①汪…②田… Ⅲ. ①化学-应用软件 ②化学工业-应用软件 Ⅳ. 06-39 TQ-39

中国版本图书馆 CIP 数据核字（2009）第 059085 号

责任编辑：徐雅妮　宋林青　　　　文字编辑：陈　元
责任校对：宋　玮　　　　　　　　装帧设计：张　辉

出版发行：化学工业出版社（北京市东城区青年湖南街 13 号　邮政编码 100011）
印　　装：天津盛通数码科技有限公司
787mm×1092mm　1/16　印张 11½　字数 251 千字　2023 年 1 月北京第 1 版第 9 次印刷

购书咨询：010-64518888　　售后服务：010-64518899
网　　址：http: // www. cip. com. cn
凡购买本书，如有缺损质量问题，本社销售中心负责调换。

定　　价：29.00 元　

前　言

随着计算机技术的飞速发展，计算机在化学化工中的应用范围及深度也在不断扩展和深入。从专业文献的撰写、实验数据及图形的处理、工程问题的编程求解，到化工过程流程的计算与模拟，都需要借助计算机及相应的软件来完成。因此，对于化学化工专业的本科生来讲，必须加强计算机专业软件应用能力的培养。

“化学化工计算机软件基础”是一门旨在提高学生专业计算机应用能力的课程，结合化学化工专业的实际情况讲授计算机的具体应用。在教学过程中，我们发现虽然计算机的应用已经非常普遍，学生也都掌握了一定的计算机基础知识，但是应用计算机来解决化学化工专业问题的能力却非常缺乏，对一些用来解决专业问题的相关软件了解不够。比如学生在撰写科研论文和毕业论文过程中，不能高效地按照科技论文的格式和要求进行排版编辑；对于工程问题的求解计算，不能很好地利用计算语言进行编程；对化工过程专用的工具软件缺乏必要的了解和应用。这些都是在本门课程教学过程中需要解决的问题。

化学化工行业中需要利用计算机来解决的问题涉及很多方面，因此，出现了各式各样的化学化工工具软件。但是这些工具软件的用法多散见于书刊，迄今为止尚没有将这些软件有机地结合在一起的实例教程。为了解决这一矛盾，在总结多年教学经验的基础上，编写了这本《实用化学化工计算机软件基础》教材。本书的主要特点是实用性强，针对专业问题介绍软件，突出化学化工软件的实例应用，重点培养学生的知识应用能力；另外，通过专业实例来学习软件，也使得学生更容易接受和理解，学习起来不再枯燥。本书根据化学化工专业的需要依次介绍文字处理软件 Office2003、数据处理软件 Origin、绘制示意图软件 Visio、化学软件 ChemOffice、计算及编程软件 MATLAB、化工流程模拟软件 HYSYS 等，内容上遵循简明、实用的原则，以方便学生学习。

本书由泰山医学院化学与化学工程学院汪海等和青岛科技大学田文德编写，其中，第 1 章由汪海编写，第 2 章和第 5 章由程岳山编写，第 3 章由刘欣编写，第 4 章由陈红余、李平编写，第 6 章由田文德编写。全书由汪海统稿。

本书在编写过程中参考了大量的文献及教材，在此特表示感谢。参考文献中如有遗漏之处，敬请谅解。

由于篇幅所限，本书中介绍的化工专业软件只是其入门的基础，因此，对于应用这些软件解决一些复杂的工程问题所需要的深层次内容，还需要参考专门的软件教材。

由于编者水平所限，书中难免会有不足之处，恳请专家学者和广大读者批评指正。

编者

2009 年 4 月

目　录

第 1 章 Office 软件在化学化工中的应用

微软的办公软件 Office 包括 Word、Excel、PowerPoint、Access、FrontPage 等部分，在化学与化工专业的学习过程中，常用的软件是其中的前三种，可以分别进行文稿编辑、数据处理和信息发布。由于 Office 软件界面直观，即使没有专门学习过的人也能无师自通，利用这些软件完成一定的工作。但是在实际的应用过程中，我们发现，真正能高效使用这些软件的人只是少数，特别是在撰写科技文献过程中，相当多的同学不知道怎样高效地利用软件来完成文字及数据处理工作。比如在应用 Word 软件进行文字处理时，对编辑命令不清楚，排版不规范，没有掌握常用的编排操作技巧，这样不仅浪费时间，还会影响正式文稿的效果，特别是在编排规模较大的文稿时问题尤其突出。

1.1 Word2003 在化学化工专业文献中的应用

化学化工学科和其他学科一样，同样需要处理大量的文档工作。譬如论文的撰写、化工文献的编辑、化工产品的说明。这些文档工作中常常有大量的图表、公式、特殊符号等。尤其是准备投稿时，文章中经常包括很多特殊字符、上下标等，大量的插图和表格需要有详细的说明，这些都需要花费作者大量的精力和时间来编辑，因此能够熟练地利用计算机软件来完成这些工作，就成了化学与化工类专业人员必须具备的能力之一。

编辑化学化工文献时经常需要解决的主要问题如下：

- 根据需要任意改变字体、版面，达到特定的排版效果；
- 利用绘图功能绘制一些简单的实验流程图，并对其进行任意修改；
- 利用公式编辑器输入复杂的数学公式及化学反应方程式；
- 插入各种表格及图形。

Word2003 软件能够比较轻松地输入各种文档，还可以对文档进行多种编辑处理，因此成为了日常工作中进行文档编辑处理的重要工具。

1.1.1 Word2003 窗口组成

Word2003 启动后，会出现如图 1-1 所示的界面窗口，主要由标题栏、菜单栏、工具栏、标尺、编辑区、滚动条、状态栏组成。

① 标题栏　位于窗口的最上方，默认为蓝色。它包含应用程序名、文档名和控制按钮。当窗口不是最大化时，用鼠标按住标题栏拖动，可以改变窗体在屏幕上的位置。双击标题栏可以使窗口在最大化与非最大化间切换。标题栏各组成部分的意义如下所述。

控制菜单按钮：位于窗口左上角，单击此按钮会弹出一个下拉菜单，相关的命令用于控制窗口的大小、位置及关闭窗口。直接双击此按钮可以关闭整个窗口。

位于标题栏右侧有三个控制按钮：从左向右分别是“最小化”、“最大化和还原”

及“关闭”按钮，“最小化”按钮可以将窗口缩小为一个图标显示在任务栏上；“最大化和还原”按钮交替出现，可以将窗口在最大化和原来大小之间互相切换；“关闭”按钮位于标题栏最右侧，单击它可以退出整个Word2003应用程序。

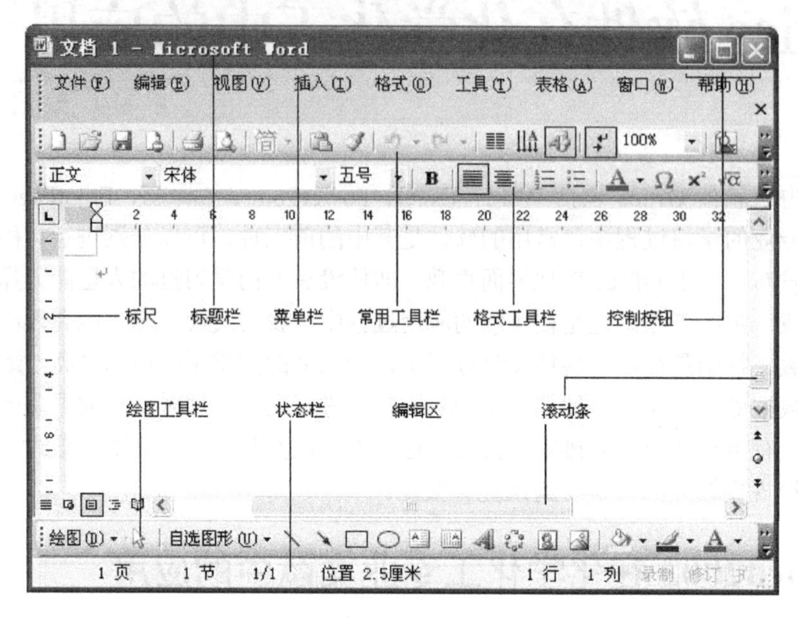

图 1-1 Word 启动界面

② 菜单栏 Word2003的菜单栏包括九项系统菜单。单击菜单项，可以弹出下拉式菜单，用户可以通过单击选择相应的命令来执行Word2003的某项操作。不常用的命令被自动隐藏起来，并在菜单的下方出现双箭头按钮，单击此按钮，将展开所有的命令。

③ 工具栏 工具栏位于菜单栏的下方，工具栏上以图标的形式显示常用的工具按钮，用户不用通过菜单命令，直接单击工具按钮即可执行某项操作，更加方便、快捷。用鼠标拖动工具栏前面的灰色竖线，可以改变工具栏在窗口中的位置。因为工具栏占用屏幕的空间，所以不宜显示太多，通常只显示“常用”工具栏和“格式”工具栏就基本可以满足用户的需要。

④ 标尺 标尺有水平标尺和垂直标尺两种，用来确定文档在屏幕及纸张上的位置。也可以利用水平标尺上的缩进按钮进行段落缩进和边界调整。还可以利用标尺上制表符来设置制表位。标尺的显示或隐藏可以通过单击“视图”菜单中的“标尺”命令来实现。

⑤ 编辑区 编辑区就是窗口中间的大块空白区域，是用户输入、编辑和排版文本的位置，是我们的工作区域。闪烁的“I”形光标即为插入点，可以接受键盘的输入。在编辑区里，你可以尽情发挥你的聪明才智和丰富的想象力，编辑出图文并茂的作品。

⑥ 滚动条 滚动条分垂直滚动条和水平滚动条。用鼠标拖动滚动条可以快速定位文档在窗口中的位置。除两个滚动条外，还有“上翻”、“下翻”、“上翻一页”、“下翻一页”、“左移”和“右移”六个按钮，通过它们可以移动文档在窗口中的位置。垂直滚动条上还有“选择浏览对象”按钮，单击该按钮可以弹出如图1-2所示的菜单，通过单击其中的图标选择不同的浏览方式，如按域浏览、按表格浏览、按图表

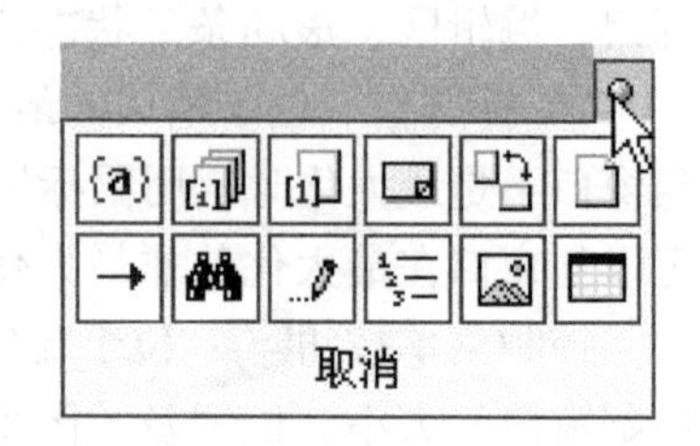

图 1-2 “选择浏览对象”按钮

浏览等方式来浏览文档。

水平滚动条的左端还有五个视图切换按钮 ：位于编辑区的左下角，单击各按钮可以切换文档的五种不同的视图显示方式，从左向右依次为“普通视图”、“Web 版式视图”、“页面视图”、“阅读版式视图”、“大纲视图”按钮。

⑦ 状态栏　状态栏位于窗口的底部，显示当前窗体的状态，如当前的页号、节号、当前页及总页数、光标插入点位置、改写→插入状态、当前使用的语言等信息。

1.1.2　Word2003 编辑排版中的基本操作

在采用 Word2003 软件进行排版过程中，必须了解规范的排版方法，这样不仅可以获得很高的排版效率，形成的文本效果也更好、更显专业风采。

(1) 显示→隐藏编辑标志

编辑符号在打印的时候是不会打印出来的，因此 Word2003 在默认的情况下也不会显示这些符号，如空格、分页标志等。然而在编辑大文本时可能需要将这些编辑标志显示出来，帮助我们了解文本及段落的编辑情况，了解到底是什么符号在起作用。

使用“显示→隐藏编辑标志”按钮的方法很简单，将 Word2003 工具栏上的按钮按下就显示编辑标志，弹起就隐藏编辑标志。在显示编辑标志的状态下，英文空格显示为浅灰色的小圆点，汉字空格显示为浅灰色的方框，Tab 键显示为浅灰色的小箭头等，分页符等编辑标志也会显示出来。

(2) 空格、居中与对齐

多数文章的标题是要居中放置的，因此有不少人连续输入若干空格将标题推到文本中部，然后左瞄右瞄，增加几个空格或删除几个空格，惟恐标题不在页面的中间。这种居中方法实在太低效了，也对不准确。其实 Word2003 在工具栏上有个“居中”按钮，将光标停留在要居中的行上，单击按钮即可完成居中操作。同样对插图、表格等内容也可进行类似的操作。

默认的段落对齐状态是两端对齐，用户往往是在默认对齐方式下输入文字，然后再使用按钮居中，需要注意的是首行有没有设置缩进。首行缩进显示在如图 1-3 所示的水平标尺上。

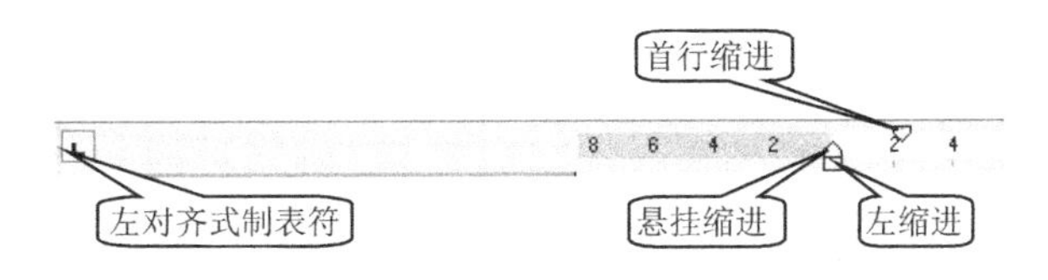

图 1-3　对齐水平标尺

若带有首行缩进，单击按钮居中前应将首行缩进滑块拖至标尺的零点，否则该行不会真正居中，会偏离 1/2 的首行缩进距离。标尺上的滑块或按钮简介如下。

① 首行缩进：中文行文的习惯是首行空出两个字，首行缩进滑块就是用来完成这项任务的。

② 悬挂缩进：有时除了首行需要缩进之外，后续行也需要缩进，这就是所谓的悬挂缩进，排版时用到悬挂缩进的情况比较少。

③ 左缩进：缩进整段文字，包括首行缩进和后续行。

④ 左对齐式制表符：是默认制表符，文中有若干行需要对齐时，可用这个制表符间隔并对齐，单击这个制表符按钮，可顺序切换到如下各种制表符。

- 居中式制表符：输入的文本从制表位开始向两侧延伸。
- 右对齐式制表符：输入的文本从制表位开始向左延伸，填满制表位空格后，向右延伸。
- 小数点对齐式制表符：在制表位处对齐小数点，小数点前的数字向左侧延伸，小数点后的数字向右延伸。
- 竖线对齐式制表符：在制表位处插入竖线。

（3）段落、分页和分节

有不少人在使用 Word2003 时采用空行控制段落间距，或用空行将部分内容推到下一页来强制分页。这样做在调整段落间距时不易达到精确的控制效果，用到分页时又很容易受到版面内容变化的影响，如增加或减少了一行，会导致整个版面重新调整。其实 Word2003 提供了更为方便和正规的做法。

① 控制段前、段后间距

- 将光标置于要调整的段落上。
- 执行“格式→段落”菜单命令，或在鼠标右键的弹出菜单中选择“段落”菜单项，弹出“段落”属性窗口，如图 1-4 所示。

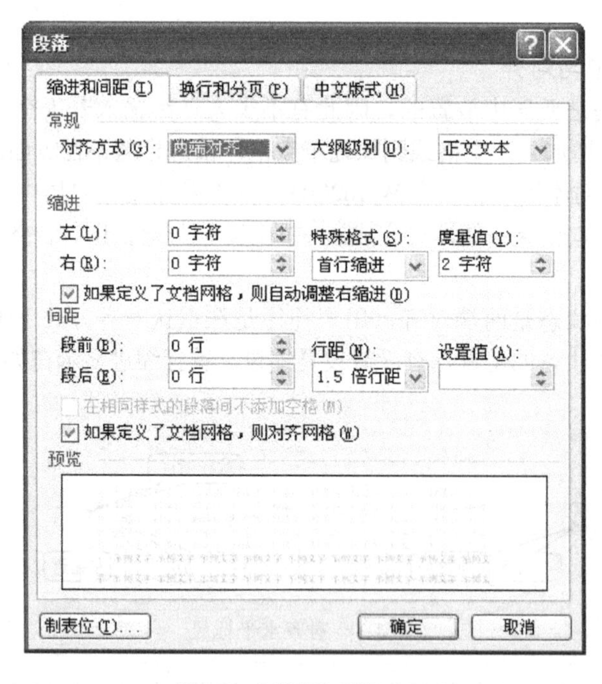

图 1-4 “段落”属性窗口

- 单击“缩进和间距”选项卡（这是默认的、首先出现的选项卡）。
- 在“间距”的“段前”、“段后”输入框中输入打算控制的段前、段后间距数值。这里可以直接输入小数精确控制段落间距。若用微调按钮调整间距，则每次调整会以 0.5 行为倍数增减。
- 单击“确定”按钮，退出段落属性设置对话框。

② 插入分页符号

- 将光标置于要分页的段落的段首。
- 执行“插入→分隔符”菜单命令，弹出“分隔符”对话框，如图 1-5 所示。对话框里包括“分隔符类型”和“分页符类型”两大类，共 7 个单选项。最常用的“分页符”为默认设置。
- 单击“确定”按钮，插入分页符。

用分页符强制分页不会受版面调整的干扰，有助于高效地完成复杂文稿。

③ 插入分节符号　在默认的情况下，Word 将整篇文档作为一节来处理，用户可以将文档设置为多个节，在每一节中设置独立的页码、页眉、页脚和页边距等格式。这一功能在编辑大文稿的不同章节时特别有用。

设置文档分节需要插入分节符，其类型包括下一页、连续、奇数页和偶数页四种。

- 下一页：插入分节符后，文档设置的新节从下一页开始。
- 连续：插入分节符后，文档设置的新节从同一页开始。
- 奇数页：插入分节符后，文档设置的新节从下一个奇数页开始。
- 偶数页：插入分节符后，文档设置的新节从下一个偶数页开始。

插入分节符同样需要使用“分隔符”对话框来完成，在如图 1-5 中所示的“分节符类型”选项组中根据需要选择一种分节符类型，然后单击“确定”按钮即可完成设置。

（4）表格内容的对齐

填写表格后，通常需要将某些项目对齐。居中和左对齐这两种编辑方式使用比较多。然而有时表格单元具有不同的高度，使用按钮会使表中文字贴着单元格上缘对齐，效果很不好看。对表格内容有专用的对齐方式。

① 在选中的表格上单击右键，在弹出的快捷菜单中单击“单元格对齐方式”菜单项，弹出 9 个对齐按钮，如图 1-6 所示。

② 单击（中部居中）按钮，将单元格内容对齐。

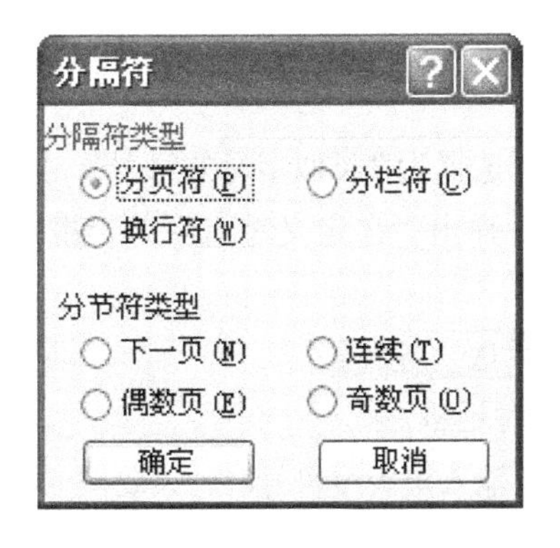

图 1-5 “分隔符”对话框

图 1-6 单元格对齐方式菜单

（5）上标字符和下标字符

科技文献中经常会出现上标和下标字符，但是 Word2003 默认的工具栏中却没有这两个按钮。如果每次使用时执行“格式→字体”命令，选中“字体”选项卡中“效果”项中的上标或下标复选框才能变成上、下标字符，非常麻烦。

快捷的方法是将上标和下标字符按钮添加到工具栏上，具体方法如下。

① 执行“工具→自定义”菜单命令，弹出“自定义”对话框。

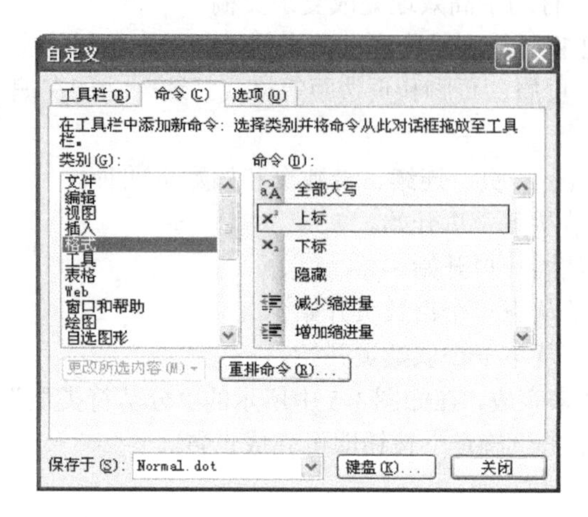

图 1-7　添加“上标”、“下标”按钮

② 单击“命令”选项卡。

③ 单击“类别”中的“格式”选项。

④ 下拉右侧“命令”框中的滚动条，找到“上标”项，如图 1-7 所示。

⑤ 鼠标左键选中并拖动“上标”按钮到 Word2003 工具栏上，释放鼠标按钮。

⑥ 同样将“下标”按钮也拖到 Word2003 工具栏上。

⑦ 单击“关闭”按钮关闭“自定义”对话框。

需要使用上标、下标字符时，可单击相应按钮，然后键入字符；或选中打算变成上标、下标的文字，单击相应按钮，即可完成变换。

工具栏上有了按钮，输入上标、下标时就方便多了，但是更高效的方法是记住快捷键，这样可以不必在键盘和鼠标间不断切换。

- 上标：Ctrl+Shift+=（再按一次文字恢复正常）。
- 下标：Ctrl+=（再按一次文字恢复正常）。

（6）特殊符号

Word2003 提供了大量符号供我们选择，可以通过执行“插入→符号”命令插入选中的符号，也可以按照上面所讲的添加上、下标按钮类似的方法，将插入符号按钮Ω添加到工具栏上。插入符号按钮Ω在“工具→自定义→命令→类别→插入”命令中，具体操作参照添加“上标”、“下标”按钮。

对于一些常用的符号，可以定义成快捷键，这样使用起来更加高效。比如将常用的摄氏度符号“℃”定义成快捷键的操作方法如下。

① 单击Ω按钮，弹出符号对话框，子集对话框选择为“类似字母的符号”，如图 1-8 所示。

② 选中摄氏度符号，单击 快捷键(K)... 按钮，弹出“自定义键盘”对话框，如图 1-9 所示，将光标停留在“请按新快捷键”输入框中。

③ 按“Ctrl+Shift+O”组合键，单击 指定(A) 按钮。

④ 单击 关闭 按钮退出“自定义键盘”对话框。

这样摄氏度符号就有了一个快捷键，今后再需要输入摄氏度符号时，只要按“Ctrl+Shift+O”组合键就可以了，非常方便。

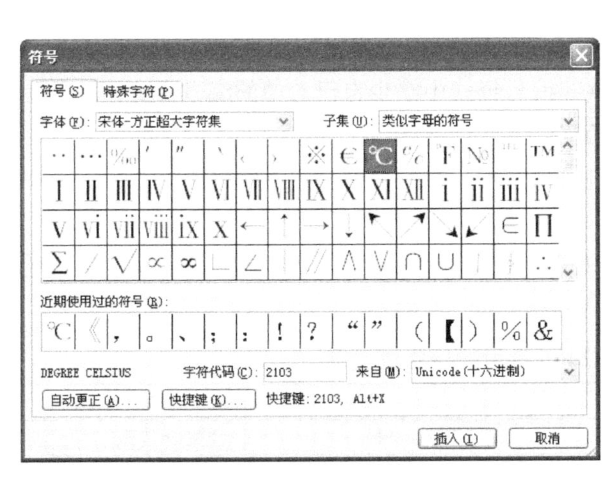

图 1-8　插入符号

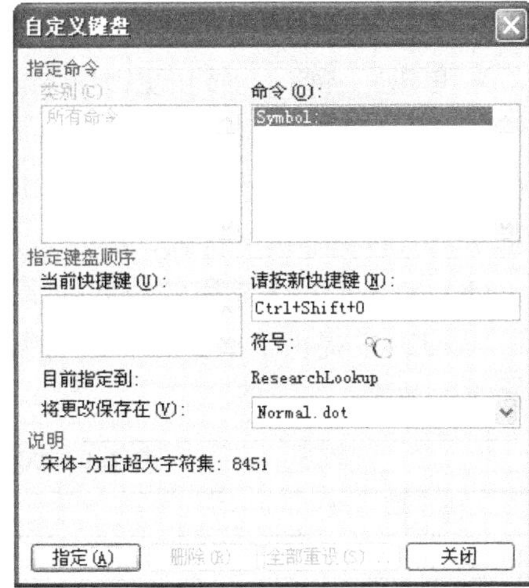

图 1-9　指定摄氏度快捷键

（7）项目符号和编号

Word2003 提供了非常方便的项目符号和编号功能，而且根据段落的增加或减少情况会自动重排编号，而无须逐一进行修改。例如一个拥有几百篇参考文献的列表，如果每篇文献的编号都由用户键入，那就麻烦多了，文献列表的变化所引起的编号调整工作也要耗费很长时间；如果使用编号功能，那么在列表中插入或删除一篇文献是很容易做到的事情。

① 给段落加上编号

- 在 Word2003 中输入几段文字。
- 选中这几段文字。
- 单击工具栏上的 ☰（编号）按钮，为各段编号。

② 选择其他编号　如果直接点击工具栏按钮得到的编号样式不符合内容要求，可以选用其他形式的编号。

- 选中要改变编号的文字。
- 在选中的文本上单击右键，在弹出的菜单中选择“项目符号和编号”，弹出的对话框如图 1-10 所示。

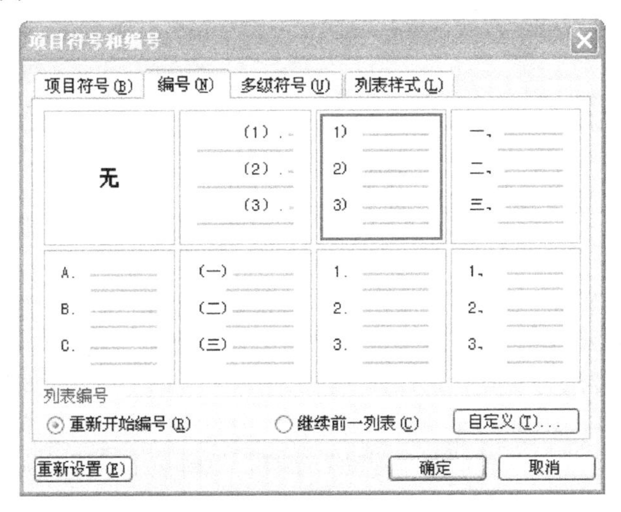

图 1-10　“项目符号和编号”对话框

➢ 单击编号选项卡，选择合适的编号样式。

➢ 单击[确定]按钮更改编号。

③ 自定义编号　如果 Word2003 提供的编号样式中缺少自己希望的编号样式，可以在弹出的“项目符号和编号”对话框中点击[自定义(T)...]按钮，在弹出的“自定义编号列表”对话框中输入合适的编号格式、编号样式和起始编号，即可得到合适的编号。

（8）Word2003 常用的排版快捷键

Word2003 提供了不少常用的排版快捷键，见表 1-1；了解并应用这些快捷键可以很好地提高排版效率。

表 1-1　Word2003 常用的排版快捷键

快　捷　键	功　　能	快　捷　键	功　　能
Ctrl+A	全选	Ctrl+G→H	查找→替换
Ctrl+C	复制	Ctrl+N	全文删除
Ctrl+V	粘贴	Ctrl+M	左边距
Shift+ → 或 Shift+ ←	选中文本	Ctrl+Q	两端对齐，无首行缩进
Ctrl+B	**粗体字**（再按一次恢复正常）	Ctrl+J	两端对齐
Ctrl+I	*斜体字*（再按一次恢复正常）	Ctrl+R	右对齐
Ctrl+U	下划线（再按一次恢复正常）	Ctrl+K	插入超级链接
Ctrl+Shift+ =	上标 x^2（再按一次恢复正常）	Ctrl+T→Y	首行缩进
Ctrl+ =	下标 x_2（再按一次恢复正常）	Ctrl+O	打开文件
Ctrl+E	居中	Ctrl+S	保存文件
Ctrl+[或 Ctrl+]	设置选中的文字大、小	Ctrl+P	打印
Ctrl+D	字体设置（选中目标）		

1.1.3　绘制与插入图片

在化工专业文献中也经常用到图片来表达特定的内容，有的图片可以直接绘制，但大部分是来自于其他文件，即经常要用到插入图片的功能。

（1）绘制图片

首先认识一下“绘图”工具栏，单击“视图→工具栏”菜单项，然后从其级联菜单中选择“绘图”选项就可以启动“绘图”工具栏，如图 1-11 所示。

图 1-11　“绘图”工具栏

①“绘图”菜单　此菜单中提供了一些可以对编辑绘制后的图形进行处理的菜单项，如图 1-12 所示。

②“自选图形”菜单　此菜单中提供了一些基本的图形，共有 7 个菜单项，分别是“线条”、“连接符”、“基本形状”、“箭头总汇”、“流程图”、“星与旗帜”和“标注”，每个菜单项各包含一组图形。为便于使用，可以让“自选图形”菜单脱离“绘图”工具栏而单独成为一个工具栏。打开“自选图形”菜单后不要选择其中的菜单项，直接将鼠标移到该菜单顶端的标题栏上就会出现“拖动可使此菜单浮动”字样，这时按下鼠标并拖动该菜单到文档中，此菜单就变成了“自选图形”工具栏，如图 1-13 所示。

图 1-12　绘图菜单

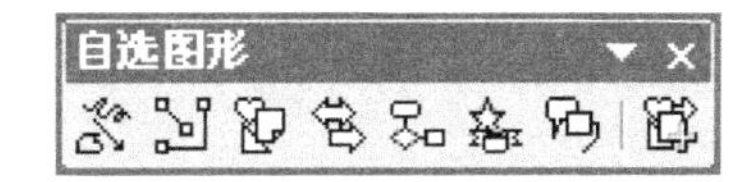

图 1-13　“自选图形”工具栏

用同样的方法可以将“自选图形”子菜单也变成一个工具栏，并且可以将多个“自选图形”子菜单工具栏同时显示在文档中，这样可以根据需要方便地选择要使用的图形工具，如图 1-14 所示。

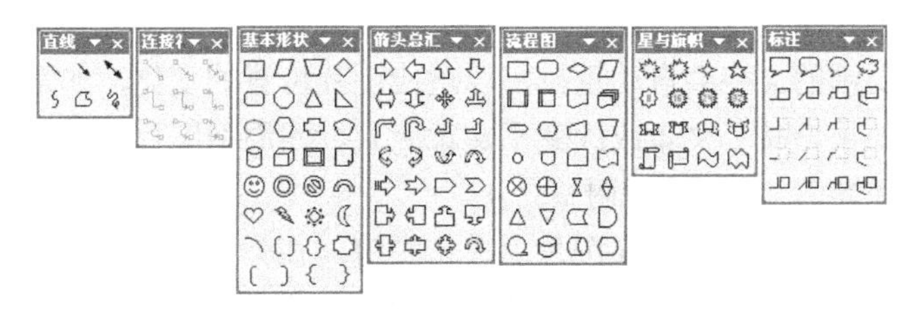

图 1-14　“自选图形”子菜单工具栏

③ 其他绘图工具按钮　在“绘图”工具栏上还有一些常用的按钮，从左向右分别是“直线”、“箭头”、“矩形”、“椭圆”、“文本框”、“竖排文本框”、“插入艺术字”、“插入组织结构图或其他图形”、“插入剪贴画”、“插入图片”、“填充颜色”、“线条颜色”、“字体颜色”、“线型”、“虚线”、“箭头样式”、“阴影样式”、“三维效果样式”等，用户可以根据需要选择相应的按钮。

（2）插入图片

很多时候化工文献需要插入来自其他文件的图片，例如用其他软件绘制的流程图，可以单击“插入→图片→来自文件”菜单项，或者单击“绘图”工具栏中的“插入图片”工具按钮，在弹出的对话窗口中选择要插入的图片名称即可，如图 1-15 所示。

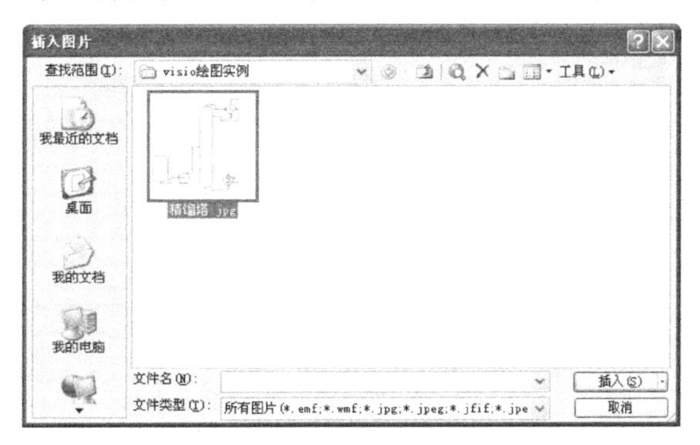

图 1-15　“插入图片”对话窗口

（3）编辑与处理图片

无论是绘制的还是插入的图片，都可能需要对其进行修改和编辑才能达到满意的效果。对于绘制的图片，单击图片的时候会弹出相应的“绘图画布”工具栏，如图1-16所示；对于插入的图片，单击的时候会弹出相应的“图片”工具栏，如图1-17所示，可以分别从这些工具栏对图片进行特殊效果和格式的设置修改。

图1-16 “绘图画布”工具栏

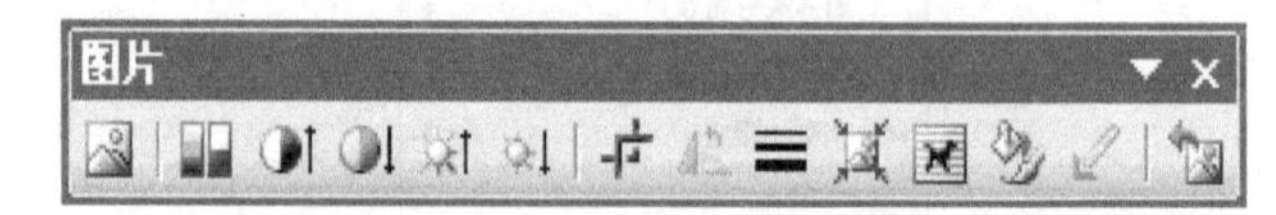

图1-17 “图片”工具栏

图片格式主要包括颜色和线条、大小、版式等内容，常用到的主要是根据文字内容对其版式进行修改。图片版式有嵌入型、四周型、紧密型、浮于文字上方、衬于文字下方几种，前面两种使用较多，其中嵌入型最为常用，本书多数图片都是采用嵌入型版式。可以将嵌入型版式的图片理解为一个大字符，能够按照处理字符的方式处理它，如移动、删除、复制等。如果图片较大，通常会让它单独占据一行，如果图片很小，则可以将多个图片排列在一行中。有时需要将文字环绕在图片四周，以便达到某种编辑效果，这就需要四周型的图片版式。移动四周型的图片，周围的文字会自动重排，以适应图片位置的变化，非常灵活。但是四周型的图片有个缺点，如果增减了文本或改变了文章版式，四周型图片可能会发生不可预见的移动，有时会“飘忽不定”，需要重新调整。

设置图片格式的方法很简单，在图片上单击右键，在弹出菜单中点击“设置图片格式”菜单项，在新的对话框中依次对各种格式进行选择定义即可。

1.1.4 公式编辑器

在化工专业文献中不可避免地会有大量的公式、化学反应方程式，这些表达式必须采用专门的公式编辑器进行编辑，才能达到较好的编排效果。

（1）启动和退出公式编辑器

① 执行Word2003中的“插入→对象”菜单命令，弹出“对象”对话框，如图1-18。

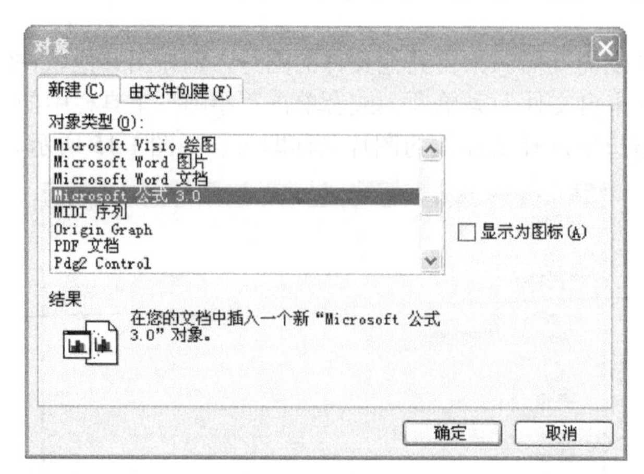

图1-18 “对象”对话框

② 在“新建”选项卡中，下拉滚动条，选择“Microsoft 公式 3.0”，单击“确定”按钮，即可启动公式编辑器。弹出的公式编辑器窗口将 Word2003 窗口的菜单栏和工具栏遮盖住，同时出现公式模板工具栏和公式编辑框，如图 1-19 所示。

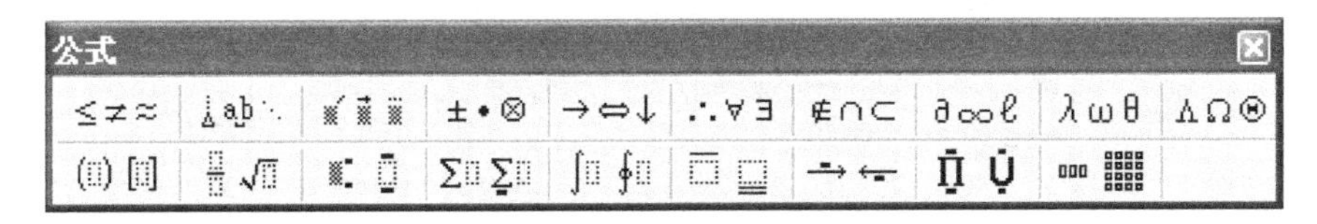

图 1-19　公式模板工具栏

③ 在公式编辑框内输入数学公式，完成后在编辑框外单击一下鼠标，退出公式编辑器。

（2）在工具栏上增加公式编辑器按钮

在化学、化工文献编排中，公式编辑器是一个常用对象，因此最好将其按钮放置在工具栏上，这样使用起来非常方便。

① 执行“工具→自定义”菜单命令，弹出“自定义”对话框。

② 单击“命令”选项卡。然后单击“类别”中的“插入”项。

③ 下拉“命令”右侧的滚动条，找到公式编辑器选项，如图 1-20 所示。

④ 拖动$\sqrt{\alpha}$（公式编辑器）按钮至工具栏适当位置，释放鼠标左键，即可将按钮添加到工具栏上。今后在需要编辑公式的地方，单击$\sqrt{\alpha}$按钮即可。

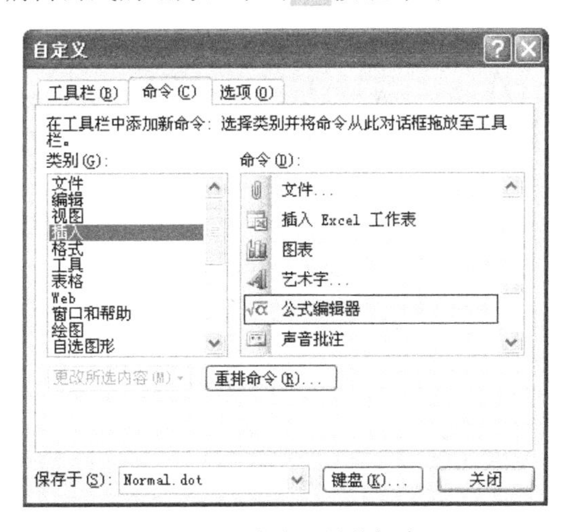

图 1-20　自定义工具按钮窗口

（3）公式模板简介

公式模板工具栏分为上下两层，共计 19 个按钮。单击这些按钮弹出其所包含的全部模板。工具栏上层的全部模板如图 1-21 所示，下层的全部模板如图 1-22 所示。

灵活运用这些模板，不仅能构造出复杂的数学公式，还可以用在其他方面，比如书写化学反应方程式、复杂的矩阵等。

（4）字符样式和空格

公式编辑器的“样式”菜单中有“数学”、“文字”、“函数”、“变量”、“希腊字母”、“矩阵向量”、“其他”、“定义”等多种样式供用户选用。默认状态是“数学”样式，字体为斜体，这种样式用得最多。但有时用户可能希望在公式后面输入一些文字说明，这就需要使用“文字”样式。可以先用“数学”样式输入全部字符，然后选中要变换的字符，执行“样式→字符”菜单命令，将其改为字符样式。

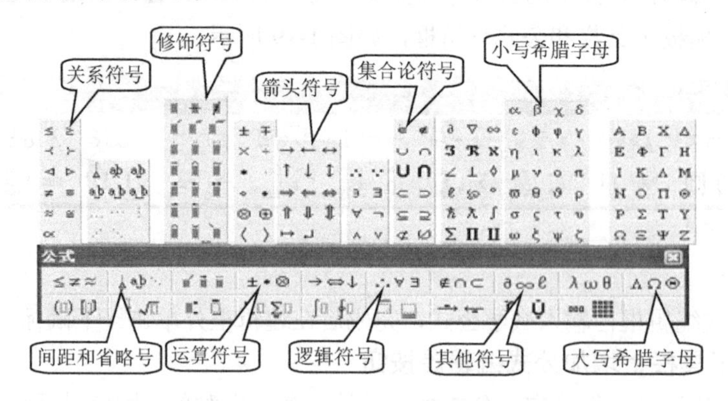

图 1-21　公式模板工具栏上层全部模板

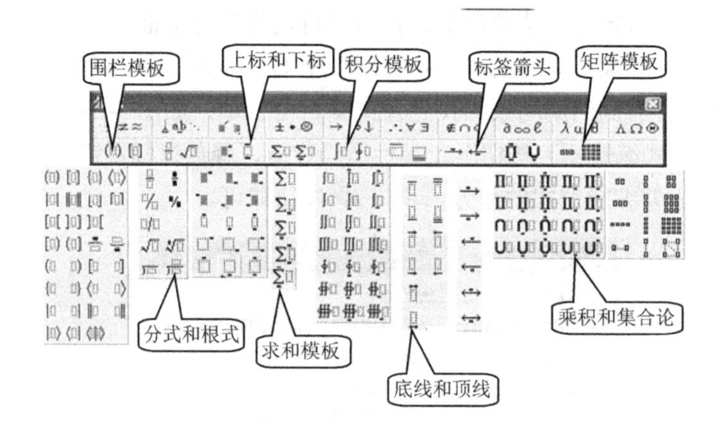

图 1-22　公式模板工具栏下层全部模板

使用公式编辑器时另一个需要注意的问题是空格。在“数字”样式编辑状态下，空格键是不起作用的。因此输入空格一种方法是采用公式编辑器中专门提供的“间距和省略号模板”，有一些间距不等的空格符号供用户选用，省略号也在这个模板中；另外，也可以将输入状态切换到中文状态，这时空格键是起作用的。

（5）公式编辑器常用快捷键

使用快捷键能够极大地提高公式的输入速度，特别是需要编辑大量公式或方程式的时候。需要注意的是为了完成同一个输入，公式编辑器中的快捷键和 Word2003 中的快捷键有可能是不同的。公式编辑器中常用的快捷键如下。

- 选中字符：Shift+→ 或 Shift+←。
- 上标 x^2：Ctrl+H（High）。
- 下标 x_2：Ctrl+L（Low）。
- 分式：Ctrl+F（Fraction）。
- 根式：Ctrl+R（Root）。
- 移动：Ctrl+光标移动键（← ↑ → ↓）。
- 1 磅间距：Ctrl+Alt+空格键。

1.1.5 Word2003 的排版样式

样式是应用于文档中的文本、表格和列表的一套格式特征，具体来说就是字体、段落、制表位、边距、语言、图文框、编号属性的集合。使用样式时能够在一个编辑任务中应用一组格式，因此能迅速改变文档的外观，排版效率会大大提高，特别是当需要排版一部大文稿时，如一本硕士毕业论文或一部书稿，里面有许多格式要求不一的段落，若逐段编辑排版，逐一确定各段的字体、字号、段落格式等内容，其工作量之大可想而知，而应用样式这一标准则可以很好地解决这一问题。

Word2003 提供有以下 4 种不同类型的样式。

① 段落样式：控制段落外观的所有方面，如文本对齐、缩进、行间距、制表符等。

② 字符样式：控制段落内选定文字的外观，如文字的字体、字号、加粗等格式。

③ 表格样式：为表格的边框、阴影、对齐方式和字体等提供一致的外观。

④ 列表样式：可以为列表应用相似的对齐方式、创建编号或项目符号、字符及字体等。

Word2003 提供有许多内置样式，当用户需要应用的文档格式与内置的样式相符时，可以直接加以应用，如果内置的样式不能满足所编辑文档的格式要求，则可以对内置样式进行修改或创建新样式。

（1）在文档中应用、修改及删除样式的操作步骤

① 选中需要应用样式的文本，或将光标定位于需要应用样式的文本。

② 单击“格式”工具栏中的“格式窗格”按钮，或者单击“格式→样式和格式”菜单项，则 Word2003 将启用“样式和格式”任务窗格，如图 1-23 所示。

③ 在“请选择要应用的格式”列表中选择合适的样式。

④ 在“显示”下拉列表中选择要显示的样式类别。

⑤ 单击某一格式项旁边的下拉箭头会弹出如图 1-24 所示的快捷菜单，从中不仅可以选择所有应用该样式的文本，而且还可以对该样式进行修改。

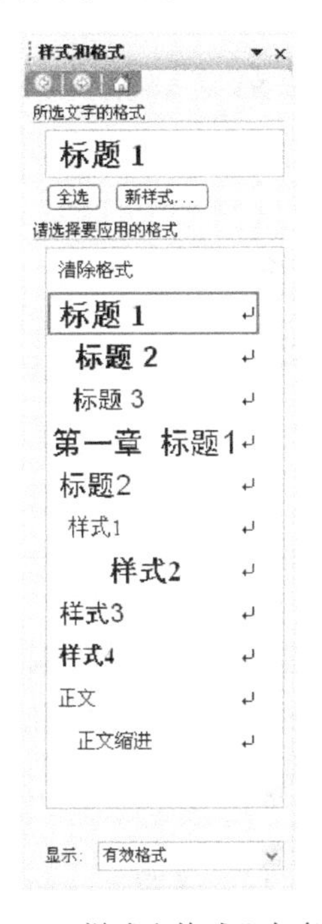

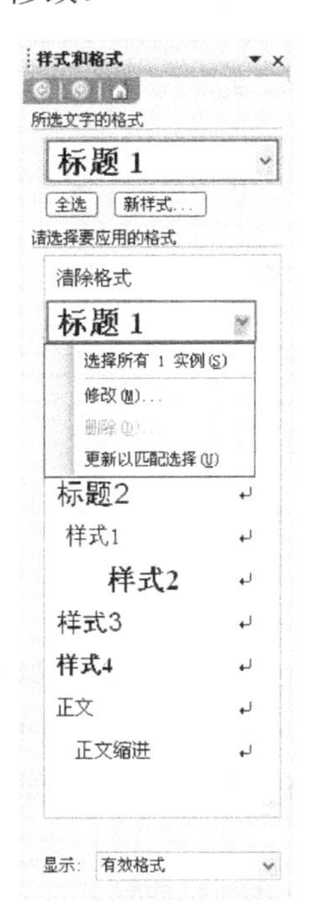

图 1-23 “样式和格式”任务窗格　　图 1-24 格式项的快捷菜单

⑥ 单击此快捷菜单中的“修改”菜单项会弹出“修改样式”对话框。在此对话框中显示了“标题 1”的属性、格式内容和格式预览等，如图 1-25 所示。

⑦ 在“修改样式”对话框的“名称”文本框中输入样式的名称。

⑧ 单击 格式(O)▾ 按钮，在弹出的快捷菜单中单击“字体”、“段落”、“制表位”、“边框”、“语言”、“图文框”、“编号”和“快捷键”这 8 个格式菜单项中的任何一个均可打开一个对话框，从中可以设置相应的样式，完成后点“确定”退出。

⑨ 若要删除样式，则在如图 1-24 所示的快捷菜单中单击“删除”菜单项即可，但是不能删除 Word2003 本身自带的样式。

（2）创建新样式

当 Word 提供的内置样式不能满足需要时，用户可以创建一个新的样式，具体步骤如下。

① 单击“格式→样式和格式”菜单项，或者单击“格式”工具栏中按钮 A 均会弹出“样式和格式”任务窗格。

② 单击 新样式... 按钮弹出“新建样式”对话框，如图 1-26 所示。在“新建样式”对话框中根据自己的需要设置新样式的“属性”和“格式”，完成后点“确定”退出。

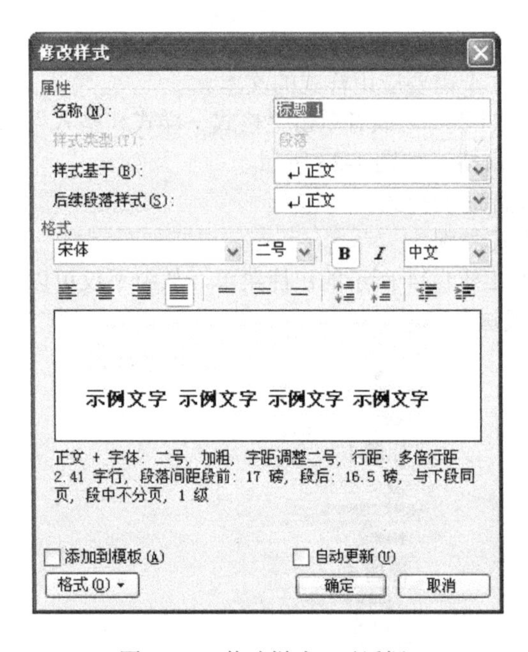

图 1-25 “修改样式”对话框

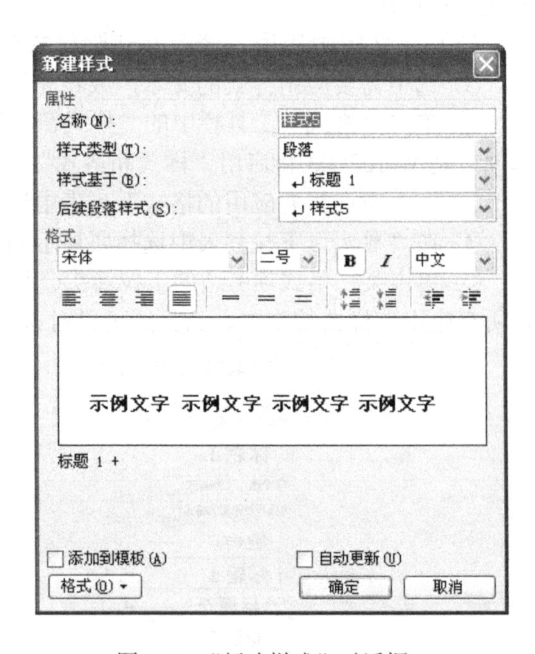

图 1-26 “新建样式”对话框

1.1.6 创建文档目录

目录的作用是列出文档中的各级标题以及每个标题所在的页码。编制完目录后用户只需要单击目录中的任一标题，就可以跳转到该标题所对应的页码。使用目录有助于用户迅速地了解整个文档的内容，并且能够很快地查找到自己所需要的信息。

（1）插入目录

插入目录的前提条件是已经在正文中对标题完成了样式设置，这样 Word2003 就能自动地识别各级标题，然后根据标题的级别和对应的页码创建出目录。

① 将光标定位在需要插入目录的位置，单击“插入→引用→索引和目录”菜单项，在弹出的“索引和目录”对话框中选择“目录”选项卡，如图 1-27 所示。

② 在“制表符前导符”下拉列表中选择连接列表中标题名与页码之间的符号类型。

③ 在“常规”选项组中的“格式”下拉列表中可以看到，Word2003 为用户提供了 6 种内置样式，用户可以从中选择比较满意的目录格式，然后利用“显示级别”微调按钮则可控制显示级别的数目，一般情况下选择显示三级目录即可。

④ 单击“确定”按钮即可在光标所在处插入目录。

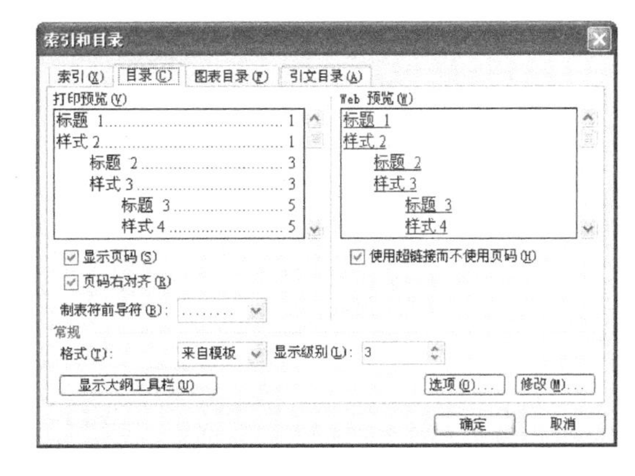

图 1-27 “目录”选项卡

（2）更新和删除目录

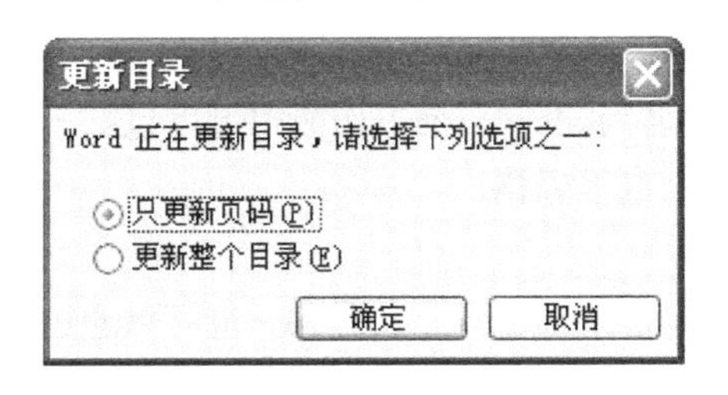

图 1-28 “更新目录”对话框

插入目录以后，如果用户再一次对源文档进行编辑，那么目录标题和页码都有可能发生变化，此时必须对目录进行更新。

① 将鼠标置于目录中，单击鼠标右键，在弹出的快捷菜单中选择“更新域”菜单项。弹出的对话框如图 1-28 所示。

② 如果用户只是要更新页码，而不想更新已经直接应用于目录的格式，则可以选择“只更新页码”单选按钮；如果在创建目录以后对文档做了具体修改，则可选择“更新整个目录”。

1.2　Excel 在试验数据处理中的应用

Excel 是微软公司推出的 Windows 环境下的电子表格系统，是目前应用最广泛的表格处理软件之一，它具有强大的数据库管理功能、丰富的宏命令和函数，强大的图表功能，因此对化学化工专业人员来讲，在实验数据处理方面具有非常重要的作用。

1.2.1　Excel 工作窗口

Excel 的窗口主要由标题栏、菜单栏、工具栏、编辑栏、工作表、状态栏等部分组成，如图 1-29 所示。其中标题栏、菜单栏和工具栏的使用与 Word2003 基本相同，在这里就不再详述。编辑栏位于工具栏的下方，其左侧是地址栏，显示活动单元格的名称；其右侧是公式编辑区，主要显示活动单元格的数据和公式。工作表是 Excel 中面积最大的区域，对表格进行的所有操作都是在这里完成的，它主要用于存入数据。状态栏位于 Excel 窗口的最下方，它主要用于显示当前命令或操作的有关信息。

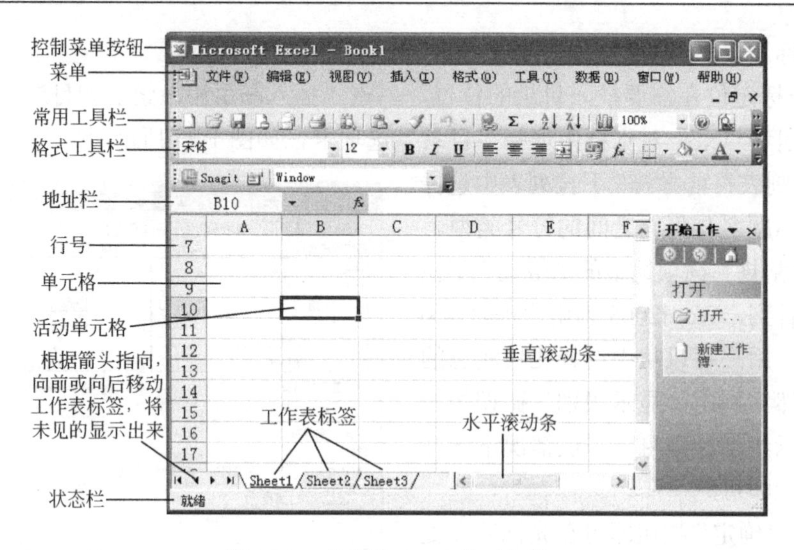

图 1-29　中文版 Excel 的工作窗口

1.2.2　工作簿与工作表的基本操作

工作簿是 Excel 用于计算和存储数据的文件，其扩展名为.xls。一个工作簿中可以包括一张或多张工作表。工作表是工作簿的重要组成部分，称为电子表格。

（1）工作簿的基本操作

① 创建工作簿　在启动 Excel 应用程序以后，系统会自动创建一个工作簿，也可以通过菜单栏或工具栏按钮完成新建工作。

② 打开、保存和关闭工作簿　这些操作与 Word2003 软件基本相同。

③ 保护工作簿　对于重要的工作簿，为了防止非法用户的查阅、修改、删除数据等，必须为其设置打开权限和修改权限密码，具体步骤如下：打开需要保护的工作簿，选择“工具→保护→保护工作簿”命令，在弹出的对话框中输入密码，注意输入的英文字母要区分大小写；单击“确定”按钮，在弹出的“确认密码”对话框中再次输入相同的密码即可，见图 1-30。

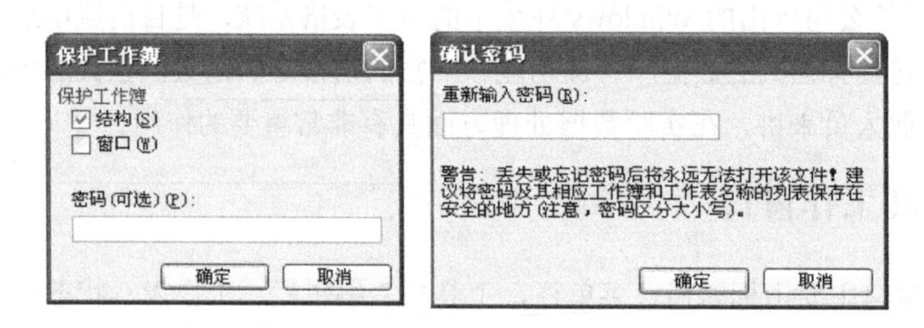

图 1-30　保护工作簿

④ 取消工作簿的保护　打开受保护的工作簿，选择“工具→保护→撤消工作簿保护”命令，在弹出的对话框中输入密码，单击确定“按钮”即可。

（2）工作表数据的输入

建立试验数据表格是 Excel 处理试验数据的基础，主要是生成试验数据记录表和结果表示表，在这些过程中，不仅有原始数据的输入，还应对原始数据进行初步的运算，并整理出有关结果。数据的输入都是在选定的单元格中直接输入内容，然后按回车键或单击编辑栏中的“输入”按钮即可。Excel 中的数据类型有数值型、字符型和逻辑型等，在输入数据时，需要注意不同类型数据的输入方法。

① 若数据由数字与小数点构成，Excel 将自动将其识别为数字型。普通数字输入可采用普通记数法或科学记数法。如输入“101350”，可在单元格中直接输入，也可以输入“1.0135E5”；“0.001”可以直接输入“.001”，也可输入“1E-3”。需要注意的是对于普通记数法输入的数据，Excel 所采用的是常规格式，不包含任何的数字格式，如输入 2.30，但显示的是 2.3。为了使所输入的试验数值的精度与实际一致，可以对数值的小数点后位数加以限定，单击“格式→单元格”菜单，或在选中的单元格上单击鼠标右键，在快捷菜单中选择“设置单元格格式”，弹出“单元格格式”对话框，在“分类”中选择“数值”，然后设定小数位数即可，如图 1-31 所示。另外，也可利用格式工具栏中提供的增加小数位数按钮、减少小数位数按钮来设置小数位数。

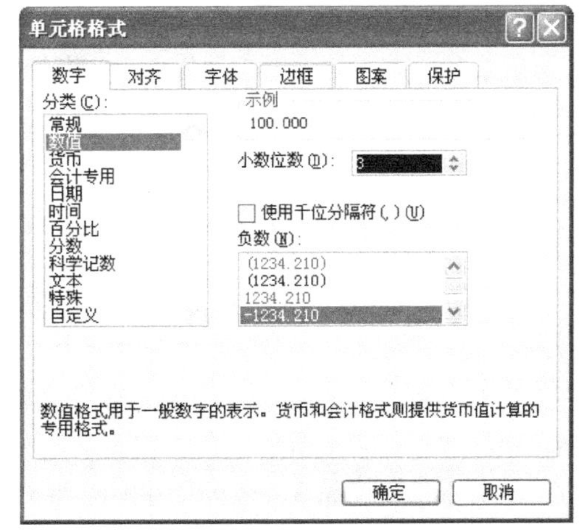

图 1-31　修改小数位数

② 日期和时间数据的输入。输入日期时，要用“→”或“－”分隔日期的各部分；当输入时间时，可以用“：”分隔时间的各部分；如要在单元格中输入当天的日期，按快捷键“Ctrl+;”，如果要输入当前的时间，按快捷键“Ctrl+Shift+;”。

③ 负数的输入可以用“－”开始，也可以用（　）的形式，如（25）表示－25。

④ 分数的输入为了与日期的输入加以区别，应先输入“0”和空格，如输入“0　1/2”可得到 1/2，如果直接输入“1/2”，显示的则是 1 月 2 日。

⑤ 在数值型数据之前加入货币符号，Excel 将其视为货币数值型。也可以将未带货币符号的普通数字通过“单元格格式”对话窗口（如图 1-31）或格式工具栏中的货币样式按钮来进行设定。

⑥ 文本数据是指不以数字开头的字符串，它可以是字母、汉字或非数字符号。将数字作为文本输入时，需要在数字前加单引号“’”，或输入“＝‘数字’”，如需要输入邮政编码 271016，可以输入’271016，也可以输入＝“271016”。在 Excel 中，默认的单元格宽度是 8 个字符，如果输入的文本超过 8 个字符，且右边相邻的单元格为空时，则 Excel 将该内容延伸到右边单元格中并全部显示出来，如果右边相邻单元格已有内容，则超出列宽的内容被隐藏，如图 1-32 所示。

⑦ 有规律数据的输入

- 自定义填充序列：可以利用 Excel 自定义序列工具来完成一些常用数据序列的填充，如星期、月份、日期等。例如在某单元格中输入“星期一”，然后选中该单元格，用鼠标左键按住该单元格右下角的“填充柄”（形状为一黑色小方块，鼠标放在上面就会变成黑十字）不松手，一直拖动到结束的单元格为止，即可自动完成“星期一、星期二、星期三、……”的自动填充，如图 1-33 所示。

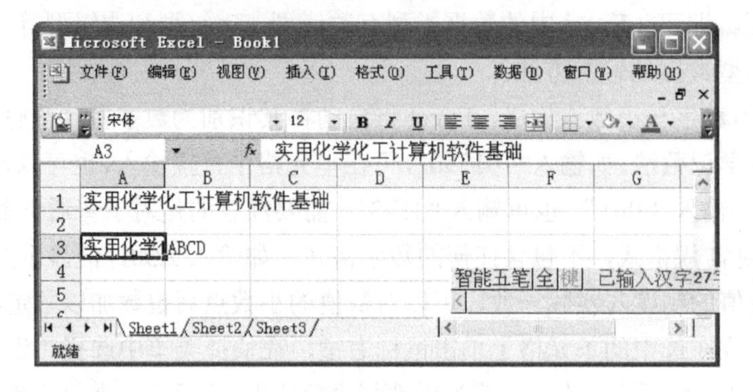

图 1-32　输入文字

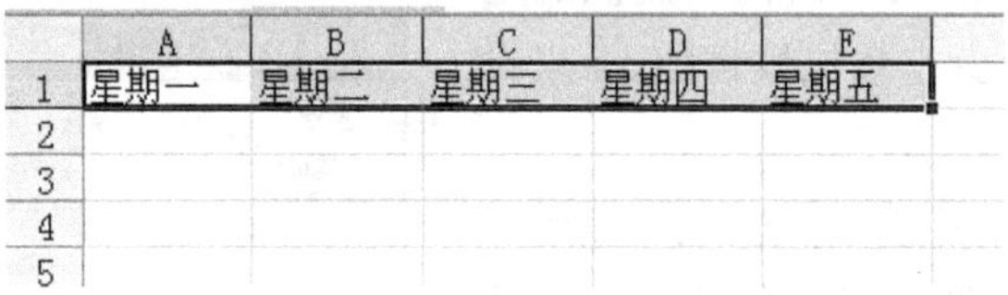

	A	B	C	D	E
1	星期一	星期二	星期三	星期四	星期五
2					
3					
4					
5					

图 1-33　数据的自动填充

在实际应用过程中，可以将那些需要经常输入的数据设置成自定义填充序列，这样在每次输入这些数据时，只需要输入第一个数据，其余的数据可以用填充柄复制产生，例如要将“样品 1、样品 2、样品 3、……”自定义为填充序列，可以通过“工具→选项→自定义序列”来实现，如图 1-34 所示，在“自定义序列”中选择“新序列”，在“输入序列”中输入“样品 1、样品 2、样品 3、……”，单击“添加”按钮，则该序列就出现在“自定义序列”中。

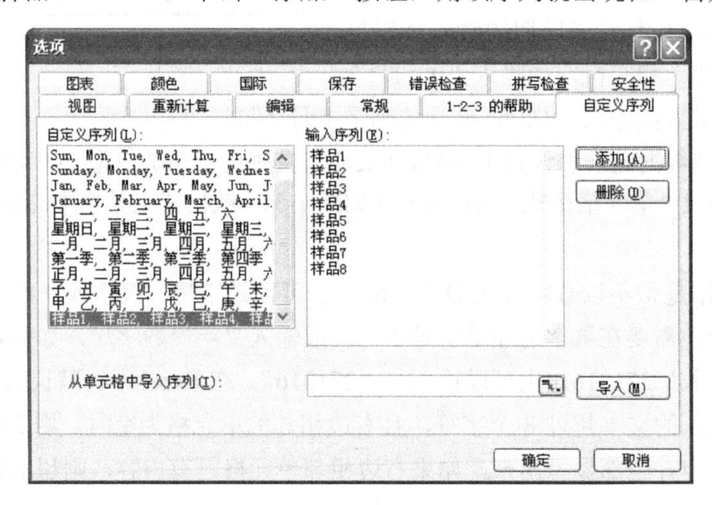

图 1-34　设置自定义序列

➢ 自动填充输入相同数值或文本：如果需要在相邻的单元格中输入相同的数值或文本时，一种方法可以采用自动填充方法，如图 1-35 所示，如果在单元格 A1 到 D1 中都输入 101.3，则首先在单元格 A1 中输入 101.3，选中单元格 A1，然后用鼠标左键按住该单元格右下角的“填充柄”，一直拖到结束的单元格为止。需要注意的是这种方法只能按行或列连续填充，而且不适用于自定义序列中的数据，对于自定义系列中的数据，如“星期一”，如果要完成相同数据的填充，在拖动填充柄的同时，按住 Ctrl 键即可实现。

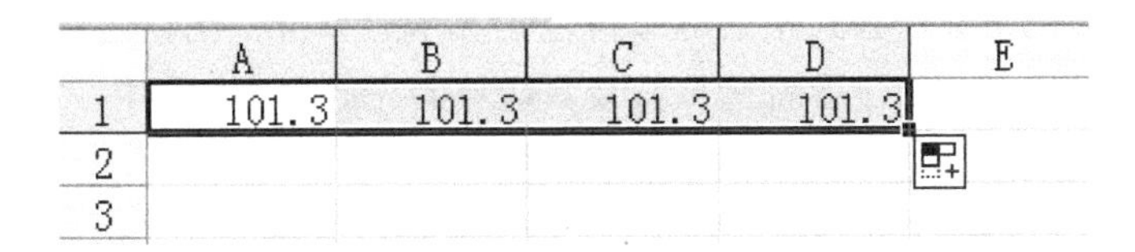

图 1-35　自动填充相同的数据

➢ 数组方法输入相同数据：如图 1-36 所示，首先选定要输入相同数据的单元格，然后在第一个单元格中输入要输入的数据，再同时按“Shift+Ctrl+Enter”即可。

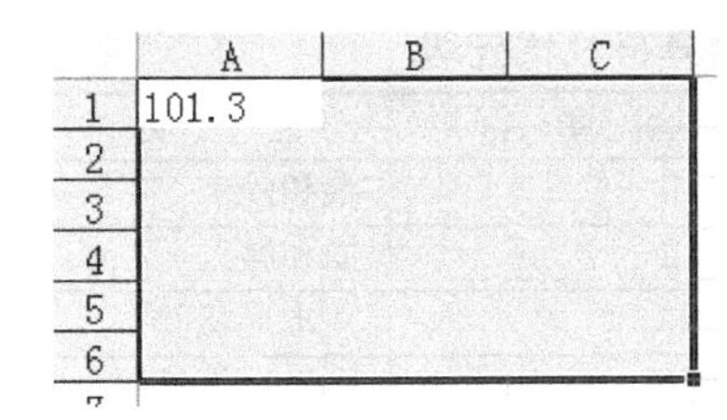

	A	B	C
1	101.3	101.3	101.3
2	101.3	101.3	101.3
3	101.3	101.3	101.3
4	101.3	101.3	101.3
5	101.3	101.3	101.3
6	101.3	101.3	101.3
7			

图 1-36　数组输入方法输入相同的数据

➢ 等差数列的输入：可以采用复制填充的方法输入，例如要在 A1～A10 单元格中输入从 1 开始的奇数，可先在前两个单元格中分别输入 1、3，然后选中这两个单元格，用鼠标对准单元格 A2 右下角的“填充柄”，按住鼠标左键一直拖到 A10，如图 1-37 所示。如果等差数列的步长为 1，如 1～10 的正整数，还可只在起始单元格中输入 1，然后按住 Ctrl 键拖动“填充柄”至最后一个单元格，这种方法在产生序号的时候特别方便。

	A	B
1	1	
2	3	
3		
4		
5		
6		
7		
8		

	A	B
1	1	
2	3	
3	5	
4	7	
5	9	
6	11	
7	13	
8		

图 1-37　复制填充法输入等差数列

➢ 填充序列法输入等差、等比数列：选择“编辑→填充→序列”菜单，在弹出的“序列”对话框中选择相应的填充位置、数列类型、步长和终止值等，如图 1-38，即可在 A 列中输入 1，3，9，27，81 这个等比数列。

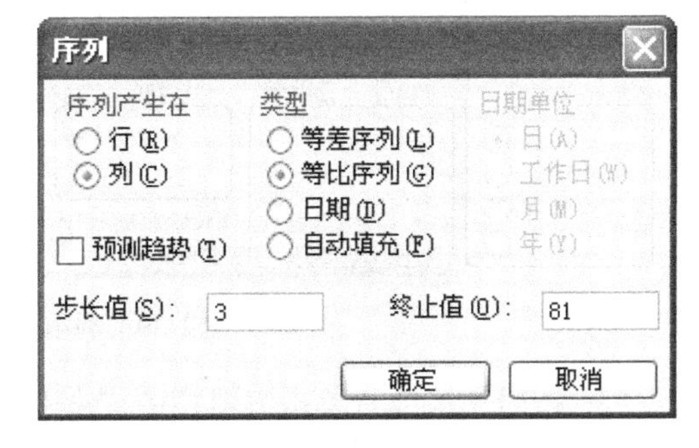

图 1-38　填充等比数列

（3）公式与函数

Excel 不仅提供了完整的算术运算符，如+（加）、–（减）、*（乘）、→（除）、^（乘幂）

等，还提供了丰富的内置函数（公式），如SUM（求和）、AVERAGE（求算术平均值）、STEDV（求标准差）等，从而可以根据数据处理需要，建立各种公式，对数据执行计算操作，生成新的数据。

① 运算符及其优先级　公式中的运算符包括算术运算符、比较运算符、文本运算符和引用运算符四类，表1-2列出了各种运算符及其运算的先后次序。其中，冒号为区域运算符，例如（A1：C5）表示引用从A1到C5的所有连续单元格；逗号为联合运算符，如（A1：C5，D2：D6）是将A1：C5和D2：D6合并为一个引用区域；空格为交叉运算符，产生同时属于两个引用的单元格区域，如（A1：F1　B1：B3）引用的是B1，因为只有B1是同时隶属于两个引用区域的单元格。如果要改变运算的顺序，可以使用括号（）将公式中优先级低的运算括起来，但是不能将负号括起来，在Excel中，负号应放在数值的前面。

表1-2　公式中的运算符及优先级

运　算　符	说　　明	优　先　级	运　算　符	说　　明	优　先　级
冒号、空格、逗号	引用运算符	1	＊和→	乘和除	5
－	负号	2	＋和－	加和减	6
%	百分比	3	&	文本连接符	7
^	乘幂	4	＝ ＜ ＞ ≤ ≥	比较运算符	8

② 输入公式　公式是对工作表中的数据进行分析和计算的方程式，它可以对工作表中的数值进行加法、减法、乘法及除法等运算。公式的输入方法类似文字和数据的输入，可以在选中的一个单元格内，也可以在公式编辑栏中进行，但输入公式时应以等号“＝”开头，然后再输入公式的表达式，表达式由运算符、常量、单元格引用、函数以及括号等组成。当公式输入完毕，按回车后，在该单元格中就会显示出计算结果。

例如，要利用安托因方程计算某一温度下不同物质的饱和蒸气压，其具体操作步骤如下：

- 选定要输入公式的单元格F4；
- 在编辑栏中输入公式“=B4-C4/(E4-D4)”，如图1-39所示；

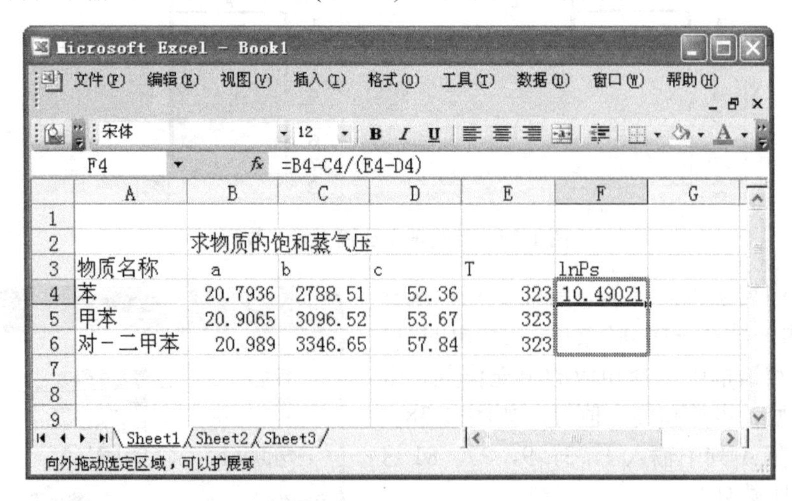

图1-39　利用公式求物质的饱和蒸气压

- 按回车键或者单击编辑栏中✓按钮，便可得到计算结果。

当求出第一个物质的饱和蒸气压后，要获得其他物质的计算结果，可以选定已计算出结果的单元格，然后将鼠标指针置于所选单元格右下方的填充柄上，待鼠标指针变为黑十字形状时，向下拖动，选定需要求出结果的所有单元格区域，如图 1-39 所示，释放左键，则所有待求的运算结果将自动填充在所选单元格区域中。

③ 函数的引用　如果公式中包含函数，可以手动输入函数名称和表达式，也可以直接从“插入”菜单，或从工具栏 fx 按钮进入“粘贴函数”对话框，选择所需要的函数类别和函数名称，如求平均函数 AVERAGE，选择其相应的数据参数即可完成运算。Excel 提供了众多的内置函数，在使用函数时要注意函数中的逗号、引号等都是半角字符，而非全角的中文字符。

④ 单元格引用　在编辑公式时，既可以输入数据，也可以输入数据所在的单元格地址，还可以输入单元格的名称，称为“引用”。引用的作用在于标识工作表上的单元格和单元格区域，并指明使用数据的位置。例如公式“A1+B2+B3”中的 A1、B2 和 B3 就是被引用的单元格。单元格的引用包括相对引用、绝对引用、混合引用和外部引用四种。

- 相对引用：即当公式被复制到别的区域时，公式中引用的单元格也会随之发生相应的改变，如图 1-40 中的 D1 单元格内输入了公式“＝AVERAGE（A1：C1）”，此公式引用的就是相对的单元格 A1、C1，即如果将该公式复制到 D2 单元格，公式会变为“＝AVERAGE（A2：C2）”。注意，相对引用时，引用的单元格相对位置间距保持不变，如果将图 1-40 中的 D1 单元格复制到 E1，则公式将变为“＝AVERAGE（B1：D1）”。

D1　fx　=AVERAGE(A1:C1)

	A	B	C	D	E
1	1	2	3	2	
2	2	3	4		
3	3	4	5		
4					

图 1-40　引用函数求平均值

- 绝对引用：当公式复制到别的区域时，公式中引用的单元格不会随之发生相应的改变，实现的方法是在被引用单元格地址的列字母和行数字之前中上符号“$”，如公式“＝$A$1＋$B$1”即为绝对引用，将此公式复制到任一单元格，公式的内容不随位置而变化，其计算结果仍然是单元格 A1＋B1 之和。
- 混合引用：相对引用和绝对引用混用在一个公式中，就称为混合引用。例如公式“＝A$1＋B$1”，它的内容不会随着公式的垂直移动而发生变化，却随着公式的水平移动而变动。即公式中“$”符号后的单元格坐标不会随着公式的移动而发生变动，而不带“$”符号后的单元格坐标会随着公式的移动而发生变化。
- 外部引用：在 Excel 中，不但可以引用同一工作表的单元格（内部引用），还能引用同一工作簿中不同工作表中的单元格，也能引用不同工作簿的单元格（外部引用），在引用时需注明工作簿和工作表的名称。例如公式“＝A1＋[Book2]ShExcelt1B2”的意义就是将当前工作表的 A1 单元格的数值与工作簿 Book2 中工作表 ShExcelt1 的单元格 B2 的数值相加。

在实际的使用中，如果能把单元格的各种引用灵活地应用到 Excel 的公式中，能为数据的成批处理带来极大的方便。

（4）数据的复制

如果生成的数据具有相同的规律性的时候，许多数据可以通过复制生成，可以为数据的输入带来极大的方便。复制数据可以在不同单元格、工作表或工作簿之间进行。复制时，可以复制一个数，也可以同时复制一批数据。

① 非公式单元格的复制　非公式单元格是指单元格中的数据不是通过公式或函数生成的，可以采用常规的复制方式进行复制。如“选中→复制→粘贴”方式和鼠标拖动复制方式等。

② 公式单元格的复制　公式单元格是指单元格中的数据是通过公式或函数生成的，在复制的时候，一般可分为两种情况，一种是值复制，一种是公式复制。

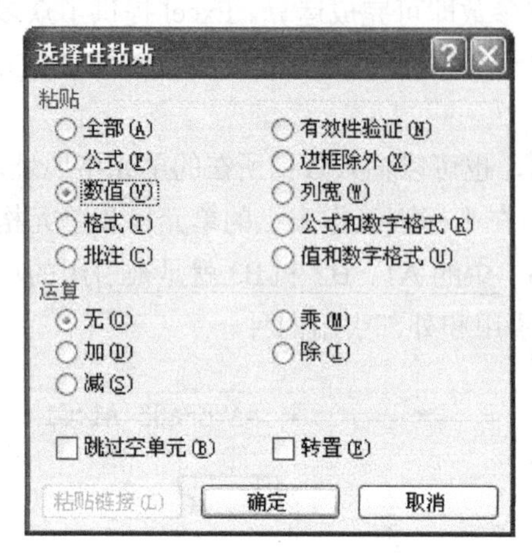

图 1-41　选择性粘贴数值

➢ 值复制：值复制是指只复制公式的计算结果到目标区域，如果使用常规的“选中→复制→粘贴”方式，则计算结果、计算公式等内容将全部被复制，不能达到预定目的，这时应使用“选择性粘贴”进行复制。具体方法是由 Excel 的“编辑”菜单就可以进入“选择性粘贴”对话框，如图 1-41 所示如果选择粘贴“数值”，就会在目标单元格内只输入计算结果。

➢ 公式复制：公式复制是指仅仅复制公式本身到目标区域，它是 Excel 数据成批计算的重要操作方法。公式复制可以采用常规的粘贴方法，也可以“选择性粘贴”选择复制公式。

除了这两种方法之外，还有一个更有效的方法，下面举例说明。

如图 1-42 所示，需要在 D2：D6 内生成前两列的乘积，首先在 D2 单元格中输入公式“＝B2＊C2”，按回车之后就可以得到 2 与 2.05 的乘积 4.1，然后选中 D2 单元格，用鼠标拖动右下角的填充柄，直到单元格 D6 为止，这时公式“＝B2＊C2”就被复制了，同时得到图 1-43 所示的结果。

D2　　fx =B2*C2

	A	B	C	D	E
1	序号	x	y	xy	
2	1	2	2.05	4.1	
3	2	4	2.87		
4	3	5	3.67		
5	4	8	6.01		
6	5	9	6.45		
7					

图 1-42　公式的输入

D2　　fx =B2*C2

	A	B	C	D	E
1	序号	x	y	xy	
2	1	2	2.05	4.1	
3	2	4	2.87	11.48	
4	3	5	3.67	18.35	
5	4	8	6.01	48.08	
6	5	9	6.45	58.05	
7					

图 1-43　公式复制结果

1.2.3　Excel 图表功能在试验数据处理中的应用

Excel 的图表功能主要用于对试验数据进行整理归纳，从而可以直观地观察变量之间的相互关系，还可以为以后进一步整理数据奠定基础。

（1）图表的生成

Excel 生成图表的过程非常简单，只要按照“图表向导”的有关说明，一步一步地进行操作，即可完成图表的制作。

例如要完成醋酸-水二元物系汽液平衡数据曲线图的绘制，具体过程如下：

① 在 Excel 中建立如图 1-44 所示的工作表格。

	A	B	C	D	E	F	G	H	I	J	K	L	M
1	t/℃	100	100.3	101.4	102.2	103.2	104.3	105.7	107.4	109.7	113.1	115.2	118.1
2	x(HAc)	0	0.05	0.2	0.3	0.4	0.5	0.6	0.7	0.8	0.9	0.95	1
3	y(HAc)	0	0.037	0.316	0.199	0.274	0.356	0.452	0.547	0.664	0.812	0.9	1

图 1-44　二元物系汽液平衡数据

② 点击“图表向导”按钮，或从“插入”菜单进入图表向导。在“图表向导-4 步骤之 1-图表类型”中选择“XY 散点图”，并选择第 2 种子类型，即平滑线散点图（如图 1-45 所示）。

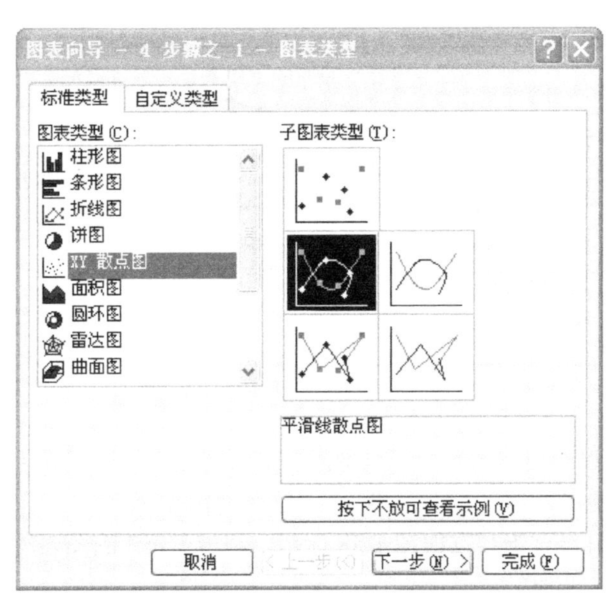

图 1-45　“图表向导-4 步骤之 1-图表类型”对话框

③ 单击“下一步”进入“图表向导-4 步骤之 2-图表源数据”对话框，输入数据区域；为了使两条线的含义更清楚，需要进入“系列”选项设置系列名称，先选中“系列 1”，在“名称”中输入“液相组成”，再选中系列 2，在“名称”中输入“汽相组成”，如图 1-46 所示。

④ 单击“下一步”按钮进入“图表向导 -4 步骤之 3 - 图表选项”对话框，填入图表标题，X、Y 轴名称，并对坐标轴、网格线、图例、数据标志等进行相关设置，依次完成图表选项设置和图表输出，可以得到如图 1-47 所示的曲线图。

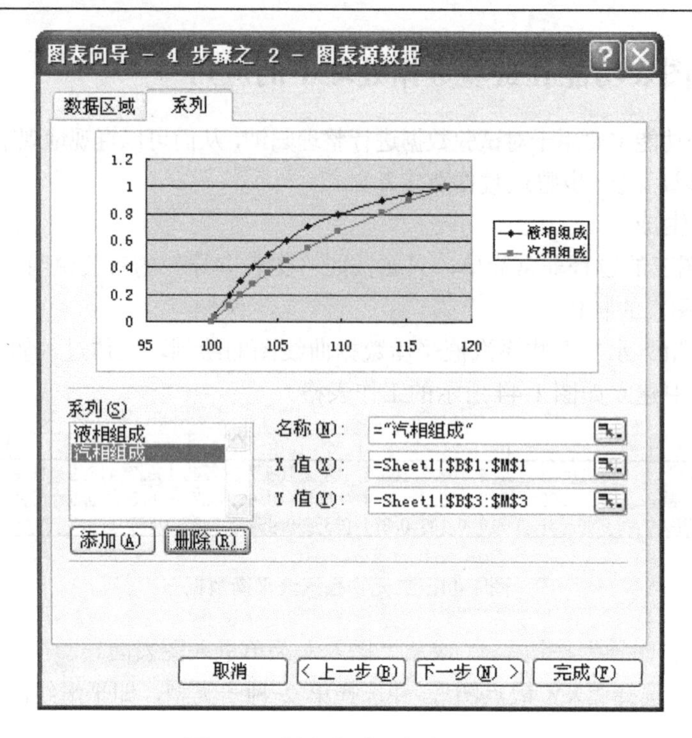

图 1-46　图表中系列名称的设定

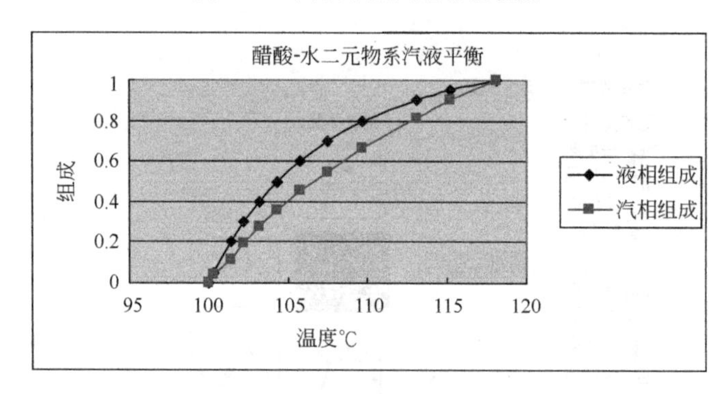

图 1-47　醋酸-水二元物系汽液平衡曲线

用上述方法还可以画出双对数坐标系中的图形，例如为了比较采用两种方法（微波法和常规法）制备的高吸水性树脂的保水性能，分别测定了两种产品在 60℃时的失水速率 V[kg水/(kg树脂•h^{-1})]，试验数据如图 1-48 所示。利用 Excel 的图表功能，能够较容易地生成复式线图，具体过程如下。

① 在 Excel 中建立如图 1-48 所示的工作表格。

	A	B	C	D	E	F	G	H	I	J	K	L
1	时间t/h	0	1	2	3	4	5	6	7	8	9	10
2	V1(微波法)	0	3	5.5	13.3	15.5	12.3	11.9	11.7	11.6	11.4	11.1
3	V2(常规法)	0	23	23.3	23.6	22.9	23	22.9	22.5	22.4	22.5	22.3

图 1-48　失水速率试验数据

② 进入“图表向导”，选择 XY 散点图的第 2 种子类型，即平滑线散点图（如图 1-45）。

③ 进入“图表向导-4 步骤之 2-图表源数据”对话框，输入数据区域；为了区分两条曲

线的含义，按照图 1-46 相同的过程，进入“系列”选项设置系列名称，先选中“系列 1”，在“名称”中输入“微波法”，然后再选中“系列 2”，再在“名称”中输入“常规法”。

④ 接下来按“图表向导”的指示，依次完成图表选项设置和图表输出设置，可以得到如图 1-49 所示的复式线图。由该图可以清楚地看出，微波法产品的保水性能要优于常规法产品。

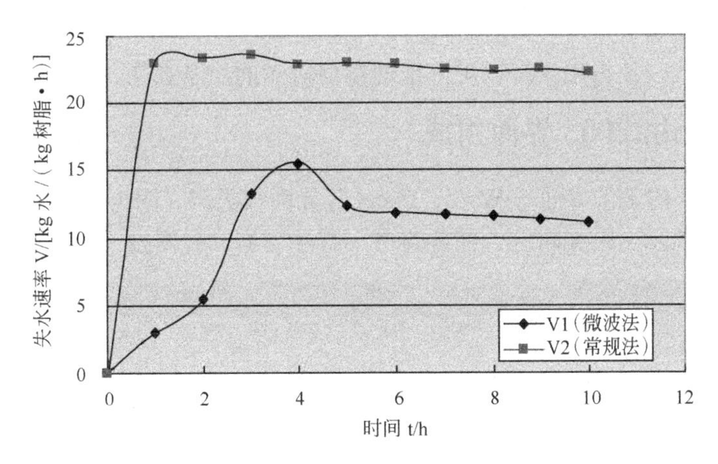

图 1-49　两种吸水树脂保水性能比较的复式线图

从上述的例子可以看出，在绘图之前，应将试验数据制成合理的源数据 Excel 电子表格，这是准确绘图的第一步；在组织数据时，一般将自变量 X 数据放在上或左，因变量 Y 数据放在下或右；在绘制线图时，应注意坐标轴的比例尺要合适，否则就会使图形失真。

其他类型图表的绘制，也可以使用类似的方法，但不同类型的图表有各自的使用条件或范围，例如，在绘制柱形图、条形图时，其中一个轴为数值轴，另一个轴为分类轴；在绘制饼形图时，要求只有一个数据系列等。

（2）图表的编辑和修改

通过图表向导生成的图形可能不尽如人意，如图表尺寸比例不合适、坐标刻度不合理、数据遗漏等，这时就需要对已生成的图表进行修改和格式化。

① 图表类型的修改：若选择的图表类型不合理，应先选中需要修改的图表，由“图表”菜单或在图表上单击右键进入“图表类型”对话框，重新选择合适的图表类型。

② 数据源的修改：如果发生现作图所用的数据不是所希望的，或者需要添加新的数据，可以由“图表”菜单或在图表上单击右键进入“数据源”对话框，重新输入数据区域或者添加新的数据列。如果只是需要修改少数几个数据，则可直接在源数据工作表中修改，此时与之对应的图形也会随之变动。

③ 图表格式的修改：对图表的格式进行修改包括图表颜色的设置、字体及其大小的改变、添加边框和模式等。如果需要对每部分的格式设置单独进行修改，通常可以直接用鼠标右键单击需要修改的部分，如图表区、坐标轴、绘图区、图例、轴标题、数据系列等，在打开的有关菜单中，进行相应的设置和修改。

④ 图表选项的修改：图表选项的修改包括标题、坐标轴名称、网格线、图例和数据标志等的设置。

⑤ 图表大小的修改：单击图表区域，在图表边框上会出现 8 个操作柄（黑色小方块），

用鼠标拖动操作柄可以任意调整图表的大小。

1.3 PowerPoint2003 在化学化工中的应用

PowerPoint2003 是微软公司推出的 Office 系列产品之一，用户可以用它制作出图文并茂、感染力极强的演示文稿。并以其美丽的画面、丰富的图表、生动的动画效果和多媒体效果、各种各样的放映方式，使得用户可以更好地理解演讲者的演示意图。

1.3.1 PowerPoint2003 界面组成

PowerPoint2003 的工作界面与 Word、Excel 等界面很类似（图 1-50），主要包括标题栏、菜单栏、工具栏、演示文稿编辑区、任务窗格、备注窗格、视图按钮以及状态栏等。

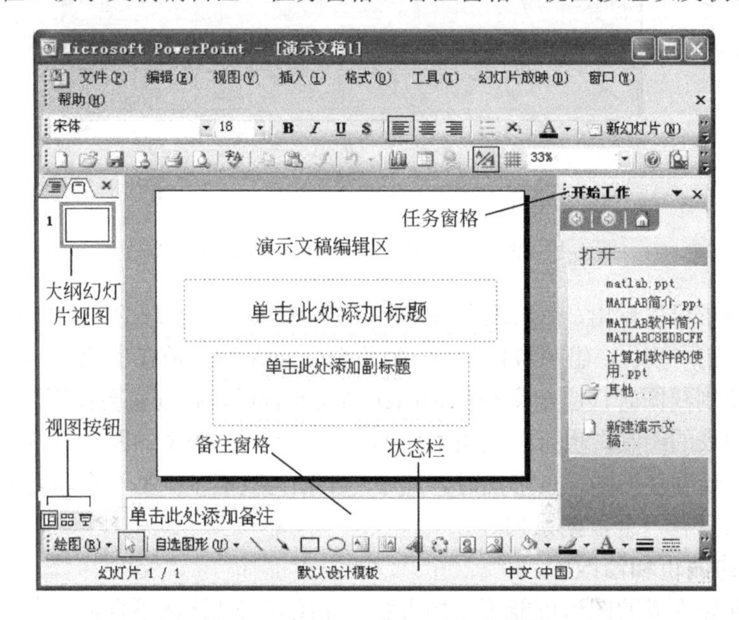

图 1-50　PowerPoint2003 工作界面

① 标题栏　标题栏位于演示文稿的顶部，它的最左侧是控制菜单图标，单击此图标，弹出一个下拉菜单，用它可以控制整个窗口的大小、位置和关闭等。和其他 Office 软件一样，标题栏的是右侧有 3 个按钮，分别是“最小化”、“最大化和还原”以及“关闭”按钮。

② 菜单栏　PowerPoint2003 的菜单栏共有 9 个菜单项，用户只需单击其中的任意一个菜单项，将弹出其与此下拉菜单，直接选择其中的命令即可。

③ 工具栏　菜单栏常用的操作命令在工具栏中以按钮的形式显示出来，这样可以方便用户的操作。图中只列出几个常用的工具栏，如果要选择其他的工具栏，可以选择“视图→工具栏”命令，在弹出的下拉菜单中选择所需的工具栏即可。另外，还可以自定义工具栏中的按钮，如图 1-51 所示，方法是选择“工具→自定义”命令，弹出“自定义”对话框，打开“命令”选项卡，在“类别”列表框中选择所需的菜单项，然后在“命令”列表框中选择所需的命令，按住鼠标左键拖动到工具栏中，单击“关闭”按钮。

④ 演示文稿编辑区　演示文稿编辑区位于 PowerPoint2003 的主界面之内，在刚打开时处于最大化状态，它几乎占据了整个 PowerPoint2003 窗口，用户可以在其中输入文本、插入

图形和绘制图形等。由于演示文稿被最大化，因此一次只能看到一个演示文稿窗口。

⑤ 任务窗格　任务窗格位于主界面的最右侧，它用来显示制作演示文稿过程中常用的命令。如果要打开某个任务窗格，可以直接单击右侧的下拉按钮▼，弹出如图 1-52 所示的下拉菜单，直接选择所需的命令即可。

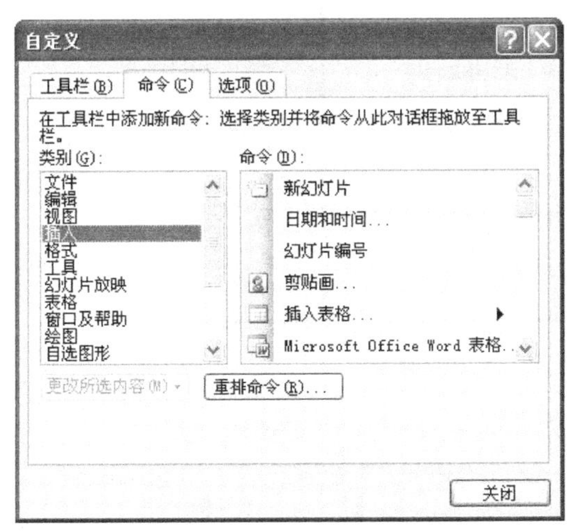

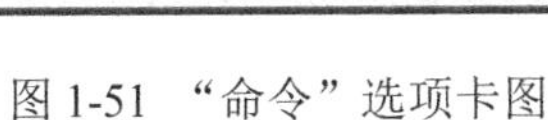

图 1-51　“命令”选项卡图

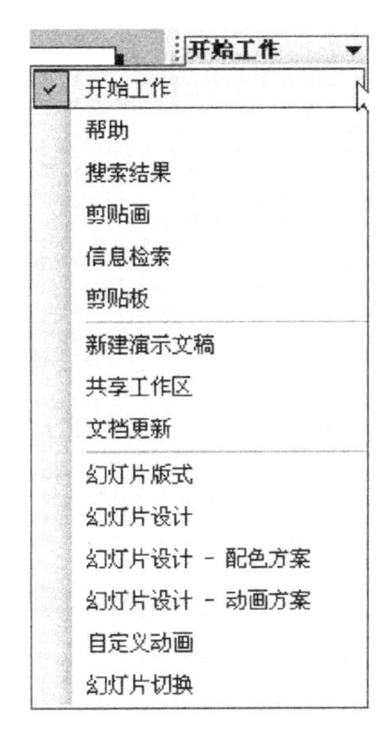

图 1-52　任务窗格下拉菜单

⑥ 备注窗格　在备注窗格中可以输入演讲者的备注信息。

⑦ 状态栏　在状态栏中提供了系统的状态信息，其内容随操作的不同而有所不同。图 1-50 中的状态栏左边显示了当前幻灯片的序号以及幻灯片总数；右边显示了当前幻灯片所使用的模板（图中为默认设计模板）。

1.3.2　PowerPoint2003 视图方式

在 PowerPoint2003 中，根据不同的需要提供了不同的视图方式：普通视图、大纲视图、幻灯片视图、幻灯片浏览视图、幻灯片放映视图和备注页视图。当一份演示文稿打开后，屏幕通常处于普通视图模式。

① 普通视图　实际上是大纲视图、幻灯片视图和备注视图 3 种视图模式的综合，是演示文稿编排工作中最为常用的视图模式（见图 1-50）。它包含三个窗格：大纲→幻灯片浏览窗格、幻灯片窗格和备注窗格。拖动窗格之间的边框可以调整窗格的大小。

② 幻灯片视图　单击大纲→幻灯片浏览窗格以及任务窗格上部标签右边的“关闭”按钮×，就可以将视图栏关闭，这时将进入幻灯片视图，整个窗口的主体被幻灯片的编辑窗格所占据，如图 1-53 所示。

幻灯片视图适合对具体某张幻灯片的内容进行编辑，如设置文本的格式、设置幻灯片背景和颜色，插入各种图片、图表和表格等。

③ 幻灯片浏览视图　即显示演示文稿中各幻灯片的缩略图，演示文稿中的幻灯片整齐地按横行纵列排列，如图 1-54 所示。该视图中，可以清楚地看到在改变幻灯片的背景设计和配色方案后，文稿整体外观发生的变化，但不能改变幻灯片的内容，只能删除多余的幻灯片、

复制幻灯片和调整幻灯片的次序。

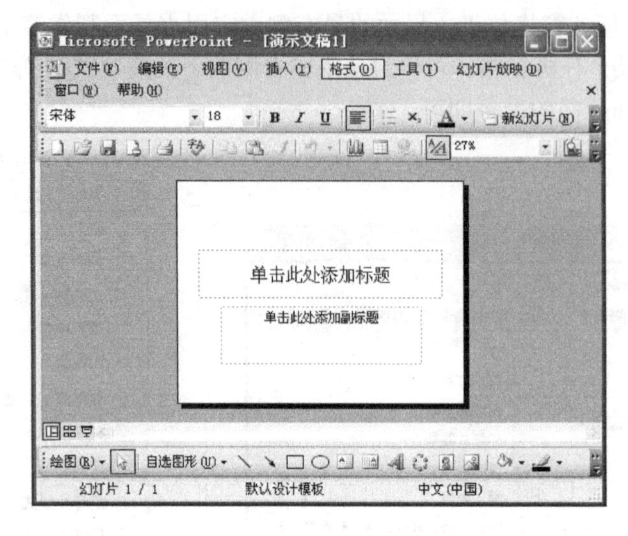

图 1-53　幻灯片视图

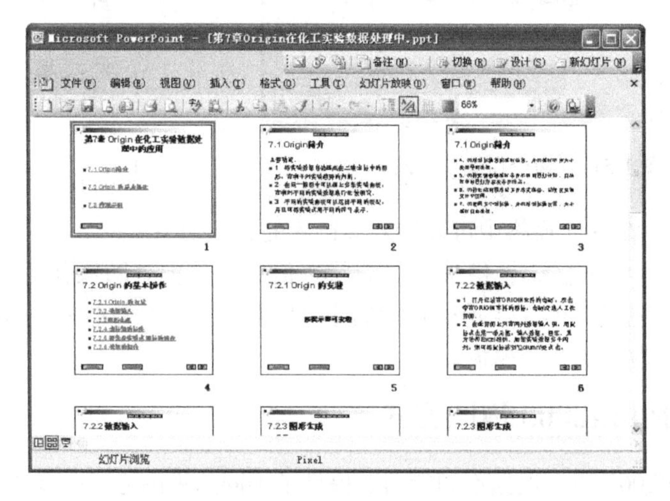

图 1-54　幻灯片浏览视图

④ 幻灯片放映视图　在该视图模式下，屏幕上的标题栏、菜单栏、工具栏和状态栏均隐藏起来，只剩下整张幻灯片的内容占满屏幕。要从一张幻灯片切换到另一张幻灯片，只需单击鼠标，直到演示文稿结束。

1.3.3　创建演示文稿

利用 PowerPoint 2003 创建演示文稿主要有三种方法，分别为创建空白演示文稿、使用“设计模板”和“内容提示向导”创建演示文稿。

（1）创建空白演示文稿

创建空白演示文稿是创建演示文稿最简单的方法，直接点击工具栏中的新建按钮，或者点击“文件→新建”菜单，在打开的新建演示文稿任务窗格中单击“空演示文稿”超链接即可，图 1-50 即为一个新建的空白演示文稿，其界面是最简单的演示文稿，用户必须在其中设计模板、配色方案或进行其他的操作，才能形成自己的风格。

（2）使用“设计模板”创建演示文稿

PowerPoint 2003 提供了许多设计模板，用户利用该模板可以轻松地创建具有某种风格的幻灯片，操作方法是在打开的新建演示文稿的任务窗格中选择“根据设计模板”超链接，点击后即可打开**幻灯片设计** ▼任务窗格，如图 1-55 右侧窗格，在任务窗格中选择合适的模板，确定后创建的演示文稿效果如图 1-55 所示。

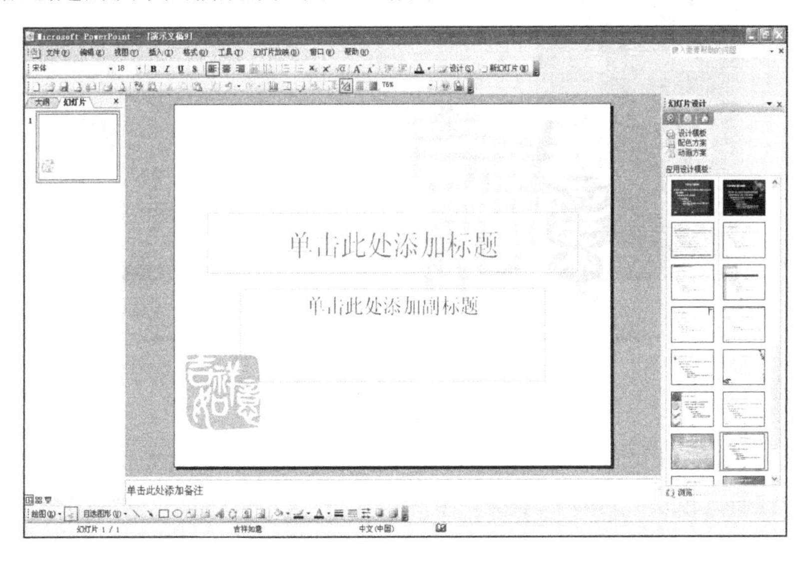

图 1-55　利用模板创建演示文稿

（3）利用“内容提示向导”创建演示文稿

PowerPoint 2003 提供了很多特定内容的演示文稿模板，利用这些模板，用户只需要根据提示添加相应的内容，就可以非常方便地创建具有统一风格的演示文稿，使之更符合特定内容的要求。比如新建一个项目的可行性研究报告演示文稿，其具体操作步骤如下。

① 在打开的新建演示文稿任务窗格中单击“根据内容提示向导”超链接，弹出的“内容提示向导”对话框，如图 1-56 所示。

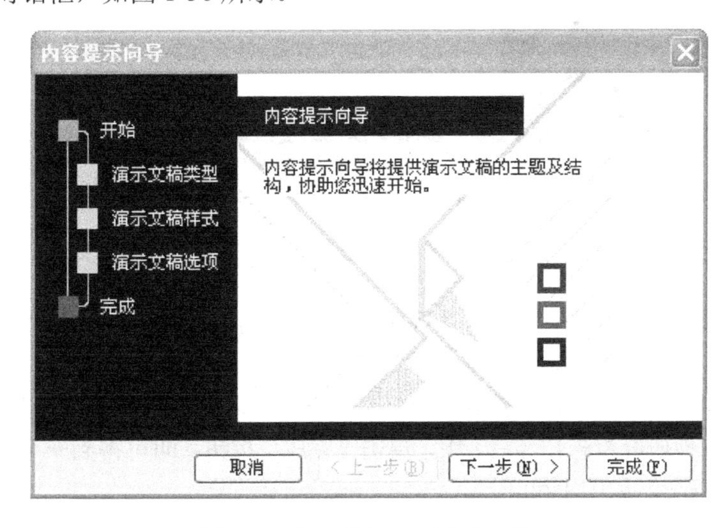

图 1-56　“内容提示向导”对话框

② 单击“下一步”按钮，弹出“内容提示向导-[通用]”对话框，如图 1-57 所示。

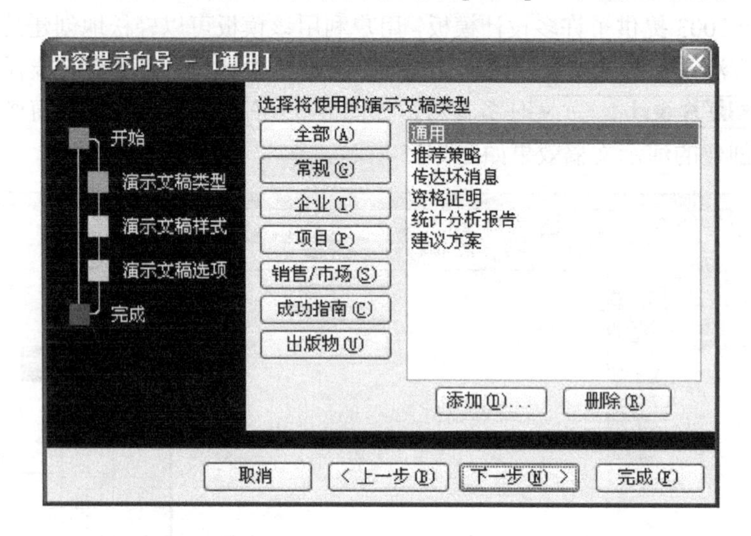

图 1-57 “内容提示向导-[通用]”对话框

③ 在“选择将使用的演示文稿类型”选项区域中单击“项目”按钮，在右侧的列表框中选择“可行性研究报告”选项，单击“下一步”，弹出“内容提示向导-[可行性研究报告]”对话框（一），如图 1-58 所示。

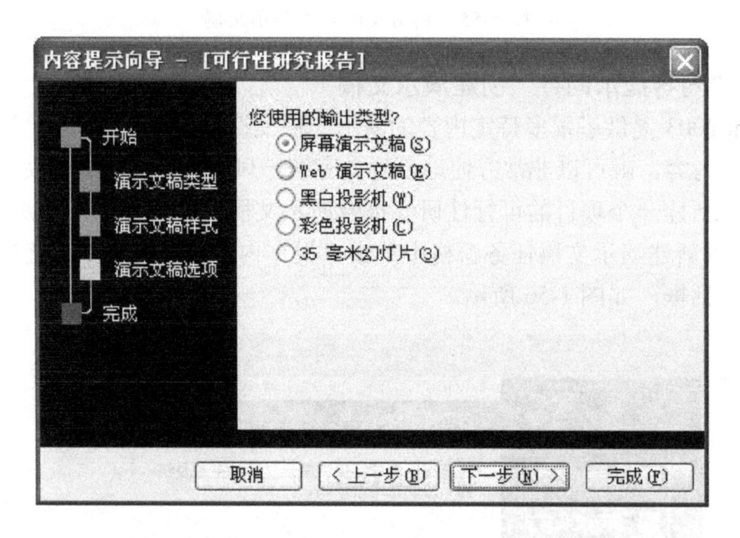

图 1-58 “内容提示向导-[可行性研究报告]”对话框（一）

④ 在“您使用的输出类型？”选项区中选中“屏幕演示文稿”，单击“下一步”按钮，弹出“内容提示向导-[可行性研究报告]”对话框（二），如图 1-59 所示。

⑤ 在“演示文稿标题”文本框中输入相应的标题，单击“下一步”按钮，在弹出的“内容提示向导-[可行性研究报告]”（三）中，单击“完成”按钮，即可得到一个项目可行性报告的演示文稿内容框架，如图 1-60 所示。

⑥ 根据演示文稿的各幻灯片内容的要求输入相应的文字，即可得到一个内容和主题具有统一风格的演示文稿。

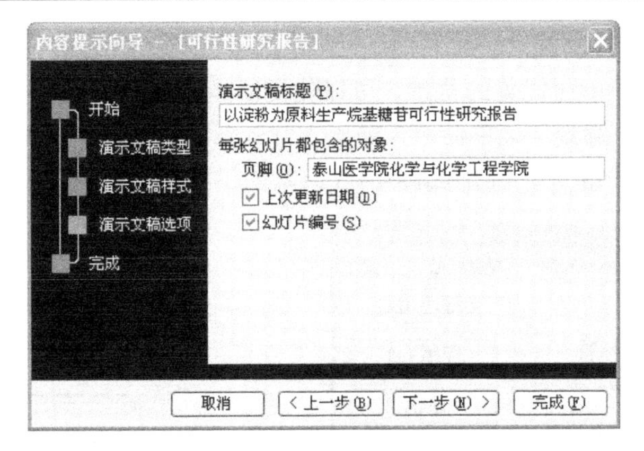

图 1-59 "内容提示向导-[可行性研究报告]"对话框（二）

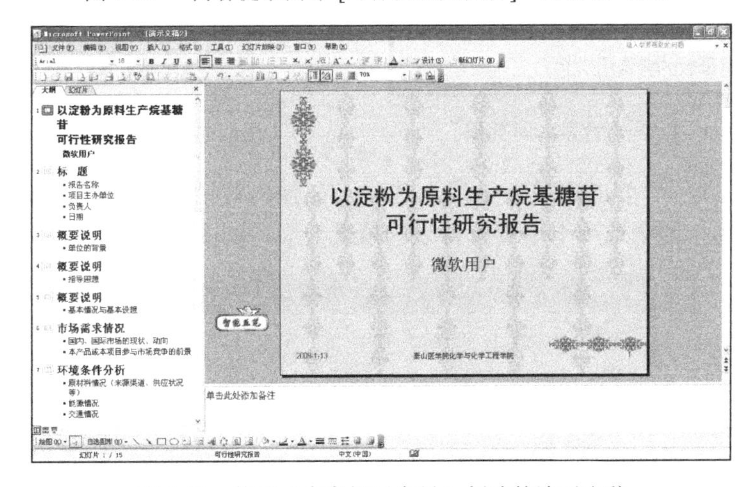

图 1-60　使用"内容提示向导"创建的演示文稿

1.3.4　编辑修饰演示文稿

编辑演示文稿包括对幻灯片中的文字、图片和图表等内容进行相应的处理。在编辑过程中，应该避免将幻灯片内容制作太过花哨，同一张幻灯片中不要出现太多的颜色，添加的图片、图表要简洁明了，能够较好地满足说明内容的需要。

（1）占位符的设置

占位符是一种带有虚线或阴影的边框，如图 1-53 中编辑区域中的两个虚边框即为占位符，在这些边框中可以设置标题、正文、图表、表格和图片等对象。在默认的情况下，可以向占位符中直接输入文本内容，例如标题等内容，在输入文本完成后，就需要对其进行相应的编辑，首先选中要编辑的占位符，点击"格式→占位符"菜单命令，或者在占位符上点击鼠标右键，在弹出的菜单中选择"设置占位符格式"，在弹出的对话框中对占位符的颜色和线条、尺寸和位置等根据内容需要进行相应的设置，如图 1-61 所示。完成设置后，点击"确定"退出对话窗口。

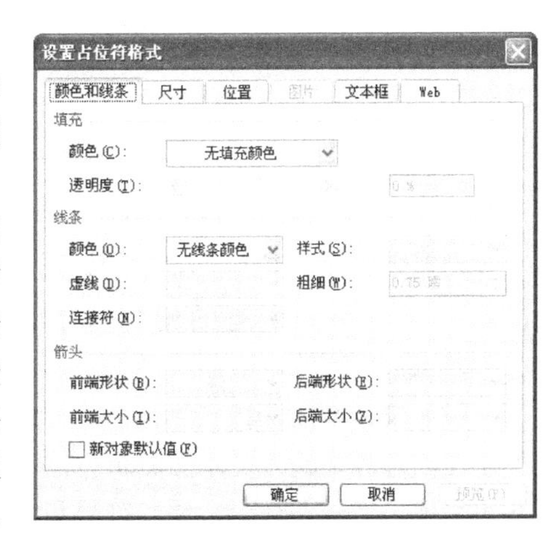

图 1-61 "设置占位符格式"对话框

（2）幻灯片背景的设置

为演示文稿设置简单而优美的背景，可以使文稿显得整洁美观。首先选中要设置背景的幻灯片，执行“格式→背景”菜单命令，弹出“背景”对话框，如图1-62所示。在“背景填充”区域中单击下拉按钮，弹出如图1-63所示的下拉列表。

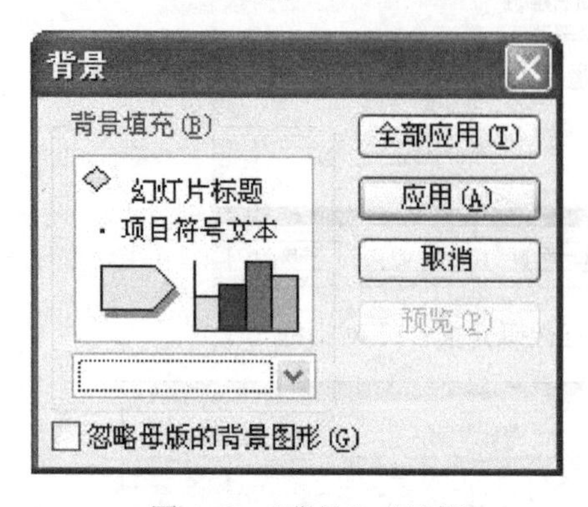

图1-62 “背景”对话框

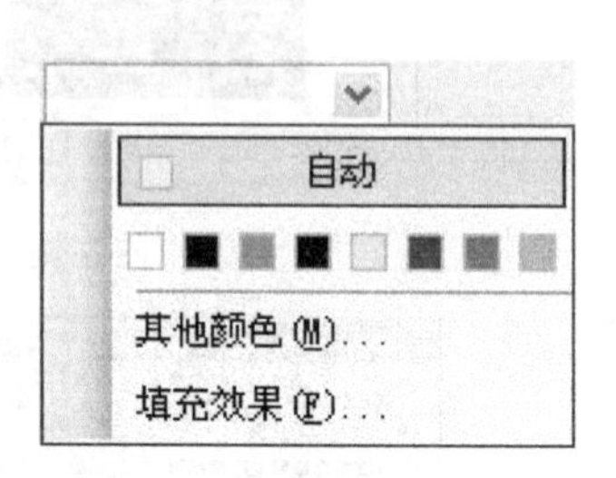

图1-63 “背景填充”下拉列表

选择合适的颜色后单击“填充效果”选项，在弹出对话框中的 渐变 、 纹理 、 图案 和 图片 四个选项卡中设置背景的填充效果。如图1-64所示。

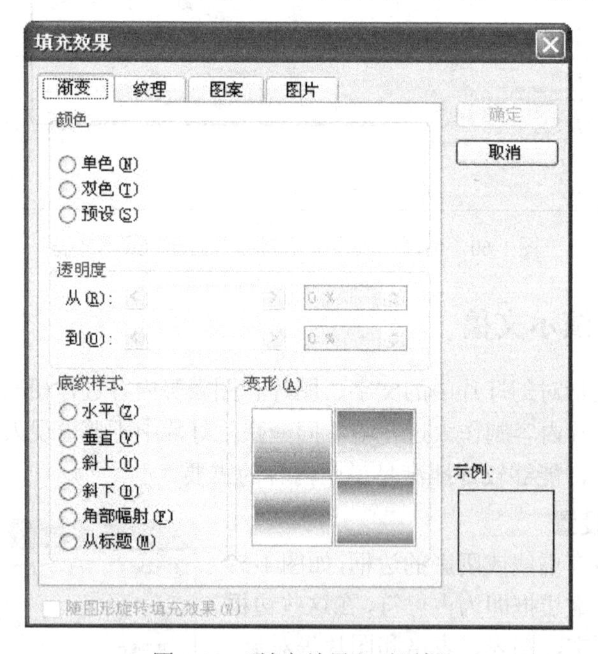

图1-64 “填充效果”对话框

设置完成后，单击“确定”按钮，返回如图1-62的对话框，单击 全部应用(T) 即可将设置的效果应用到所有的幻灯片上，如果只对选中的幻灯片应用设置效果，则单击 应用(A) 按钮。

（3）文本的编辑

在幻灯片中输入文本的编辑方法和在Word文档中的文本编辑基本相同，主要包括对文本的字体、字号、行距、项目符号和编号、对齐方式等方面，具体操作参考Word软件的相关内容。

（4）幻灯片中插入对象

为了更好地表达内容，可以在幻灯片中插入各种各样的对象，包括插入图片、自选图形、艺术字、表格、声音、影片、组织结构图和动作按钮等。以插入声音和影片剪辑为例，其具体操作步骤如下。

① 点击菜单栏中“插入→影片和声音”命令，弹出如图 1-65 所示的级联菜单。

② 选择“剪辑管理器中的影片”命令，在打开的任务窗格中选择所需的乐曲、声音或视频剪辑。

③ 插入乐曲、声音或视频剪辑后，弹出如图 1-66 所示的消息框，根据需要选择合适的播放方式。

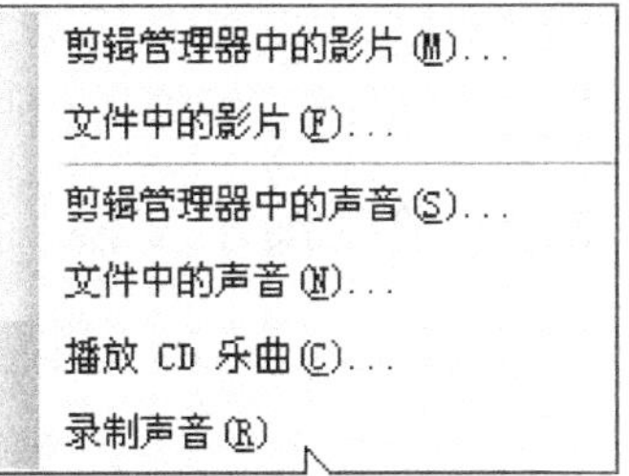

图 1-65 “影片和声音”级联菜单

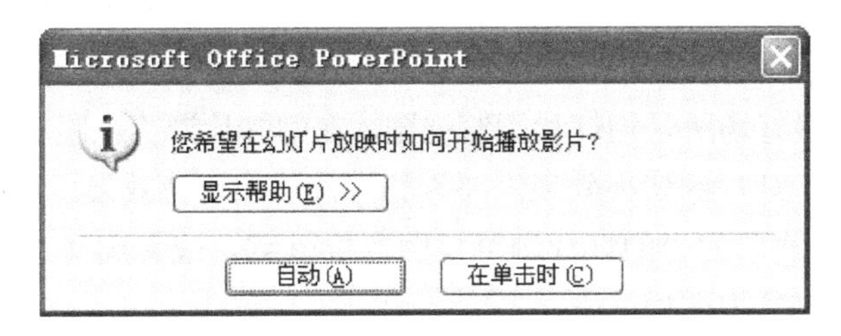

图 1-66 “选择播放方式”消息框

④ 此时，幻灯片中就会插入乐曲、声音或影片的图标。在进行幻灯片放映时，根据设置自动播放或者单击进行播放。

（5）设计幻灯片母版

所谓幻灯片母版，就是指一张特殊的幻灯片，它可以被看做是一个用于构建幻灯片的框架，为所有幻灯片设置默认版式和格式。简单地说，修改母版就是在创建新的模板。模板也是通过对母版的编辑和修饰来制作的，如果需要某些文本或图形在每张幻灯片上都出现，比如学校标志和名称，就可以将它们放在母版中，只需编辑一次就可以了。

在 PowerPoint 2003 中有三个母版，分别是“幻灯片母版”、“讲义母版”和“备注母版”。进入母版视图可以从菜单栏点击命令“视图→母版→幻灯片母版”，弹出的窗口如图 1-67 所示。

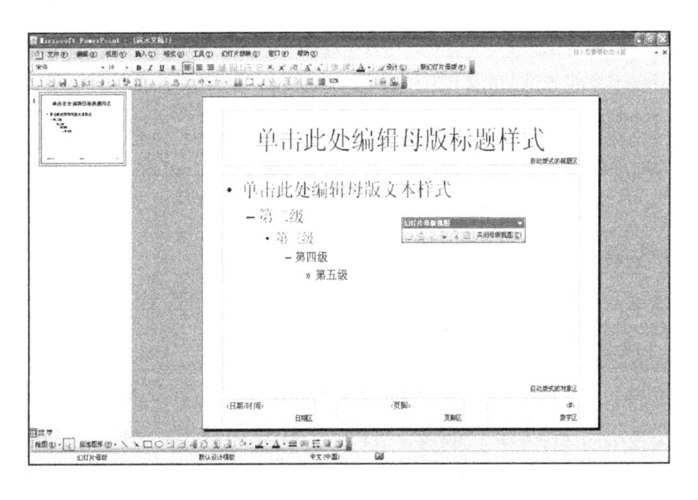

图 1-67　幻灯片母版视图

在默认情况下，幻灯片母版视图中有5个占位符，分别为标题区、对象区、日期区、页脚区和数字区，根据需要可以直接修改母版中的这些区域，也可以向母版中插入图片等对象，修改完成后单击“幻灯片母版视图”工具栏中的[关闭母版视图(C)]按钮，返回到幻灯片视图中，这时的幻灯片中就具有了相同的版式和格式。

1.3.5 放映演示文稿

电子演示文稿包含很多张幻灯片，与实际的幻灯片相比，电子演示文稿的显著特点是可以在幻灯片之间增加美妙的换页效果，以及设置幻灯片放映时的动画效果。

（1）幻灯片间的切换效果

幻灯片切换效果是添加在幻灯片之间的一种特殊效果，在演示文稿放映过程中，切换效果可以使幻灯片的切换带有电影的切换效果。

增加切换效果的最好场所是幻灯片浏览视图，在幻灯片浏览视图中，可一次查看多个幻灯片，并且可以预览幻灯片的切换效果。要为幻灯片添加切换效果，可按下述步骤进行。

① 单击演示文稿底部的“幻灯片浏览视图”按钮，或者选择“视图→幻灯片浏览”命令，切换到幻灯片浏览视图模式下。

② 选择“幻灯片放映→幻灯片切换”命令，打开**幻灯片切换**任务窗格，如图1-68所示。

③ 选择要为其添加切换效果的一张或多张幻灯片，在**幻灯片切换**任务窗格的“应用于所选幻灯片”下拉列表框中，选择一种幻灯片切换效果。

④ 在“修改切换效果”选区的“速度”和“声音”下拉列表框中，为所选择的幻灯片设置切换时的速度和切换时播放的声音。如果选中“循环播放时，到下一声音开始时”复选框，则会在进行幻灯片演示时连续播放声音，直到下一个声音出现。

⑤ 在“换片方式”选区中，指定在幻灯片放映时切换到下一张幻灯片的方式。如果希望单击鼠标时或经过指定时间后都能出现下一张幻灯片，就需要选中☑单击鼠标时 或 ☑每隔 00:00 复选框，并在☑每隔 00:00 微调框中输入所需要的时间间隔。

⑥ 单击[应用于所有幻灯片]按钮，可将选择的切换效果设置应用于演示文稿中的所有幻灯片。否则，将只应用于当前选择的幻灯片中。

给幻灯片添加了切换效果后，一个小的幻灯片切换图标☆就会出现在幻灯片的左下角，表示该幻灯片已经成功地添加了切换效果。单击该图标，即可在浏览视图模式下直接观察真正的幻灯片切换效果。

（2）设置动画效果

切换效果应用于幻灯片之间，而动画效果则是应用于幻灯片上的。使用PowerPoint 2003自带的动画方案进行动画设置，可以按下述步骤进行。

① 在“大纲视图”模式或“幻灯片视图”模式下，选择要添加动画的幻灯片。

② 选择“格式→幻灯片设计”命令，打开**幻灯片切换**任务窗格。单击该任务窗格中的“动画方案”超链接，任务窗格的列表框中显示出了PowerPoint 2003自带的几十种动画效果，其中，不同的动画类型具有不同的动画展示效果，如图1-69所示。

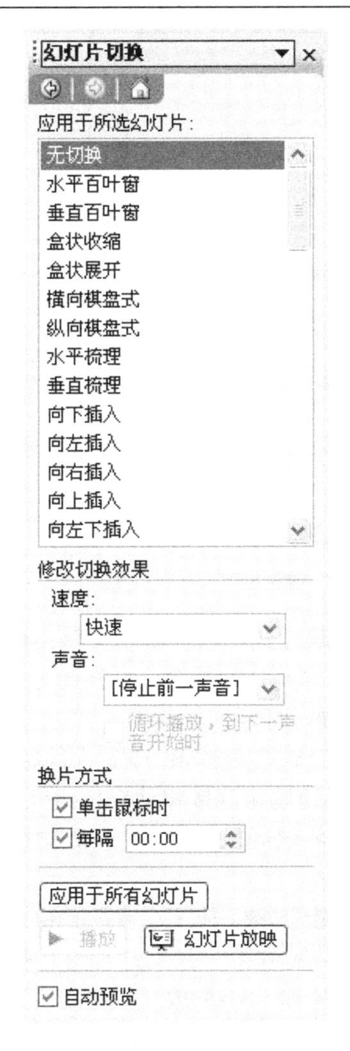

图 1-68 “幻灯片切换”任务窗格

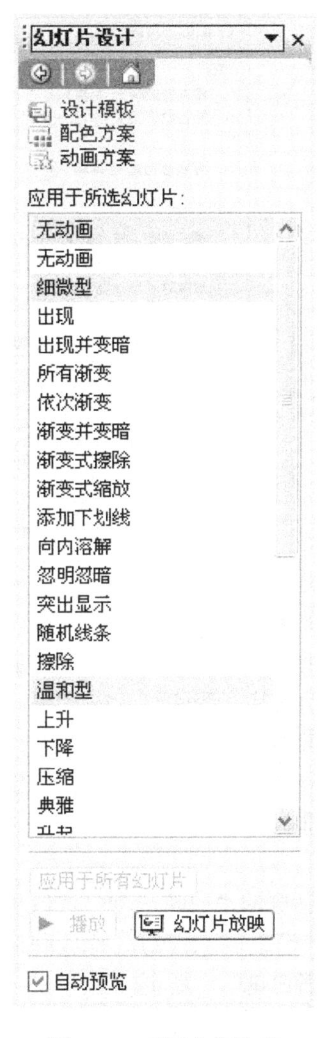

图 1-69 动画方案选项

③ 从列表中选择一个选项后，在幻灯片编辑区会立刻显示出该动画效果，不过前提是选中☑自动预览 复选框，否则用户选择动画的同时无法显示动画效果。这个时候如果想观看一下设置效果可以单击“播放”按钮启动当前幻灯片中的动画，效果与系统自动播放一样。

④ 选择了合适的动画效果后，单击[应用于所有幻灯片]按钮，则该动画效果将应用于该演示文稿中的所有幻灯片中。

（3）设置放映方式

在 PowerPoint 2003 中，依据工作性质的不同，允许用户使用 3 种不同的方式放映幻灯片。要为演示文稿选择一种放映方式，可以按下述步骤进行。

① 选择“幻灯片放映→设置放映方式”命令，弹出如图 1-70 所示的“设置放映方式”对话框。

② 在“放映类型”选区中显示了 PowerPoint 2003 中放映幻灯片的 3 种不同的方式。

➤ ⊙演讲者放映(全屏幕)(P)：是一种最常用的放映方式，可以将演示文稿进行全屏幕显示。在这种放映方式下，既可以用人工方式放映，也可以用自动方式放映。

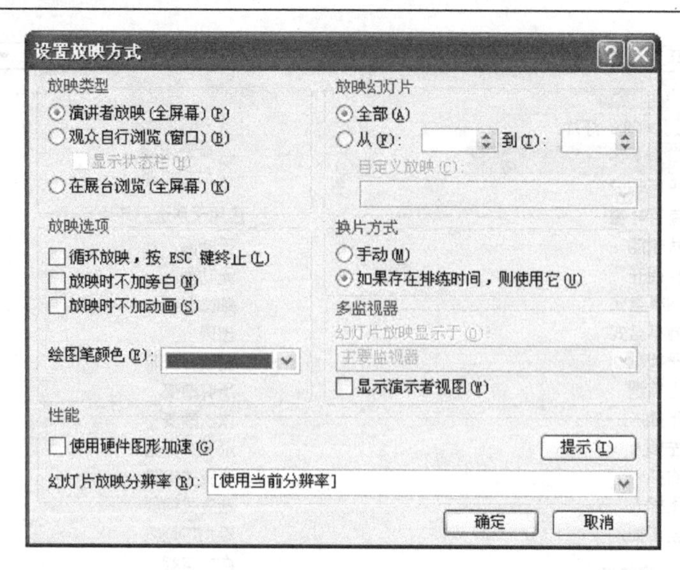

图 1-70 “设置放映方式”对话框

➢ ◯观众自行浏览(窗口)(B)：是一种小规模的放映方式，这种演示文稿出现在小型窗口内，并提供了在放映时移动、编辑、复制和打印幻灯片的命令。在此方式中，可以使用滚动条从一张幻灯片转到另一张幻灯片，同时打开其他程序。

➢ ◯在展台浏览(全屏幕)(K)：是一种简单的放映方式，选择该方式，可以实现在无人管理的情况下自动播放。在这种方式下除了可以使用超链接和动作按钮外，大多数控制按钮都失效了（包括右键的下拉菜单选项和放映导航工具）。一般适用于展台循环播放。

③ 在对话框的“放映选项”选区中，若选中☑循环放映，按 ESC 键终止(L)复选框，则在放映过程中，当最后一张幻灯片放映结束后，会自动转到第一张幻灯片进行播放；若选中☑放映时不加旁白(N) 复选框，则在放映过程中不播放任何旁白；若选中☑放映时不加动画(S) 复选框，则在播放幻灯片的过程中，原来设定的动画效果将不起作用。

1.3.6 打包输出幻灯片

演示文稿制作完成后，为了方便在不同的地方放映观看，需要将其进行打包输出。打包时字体、链接和声音信息自动与幻灯片制作成一个整体。其具体操作步骤如下。

① 选择“文件→打包成 CD”命令，弹出“打包成 CD”对话框，如图 1-71 所示。

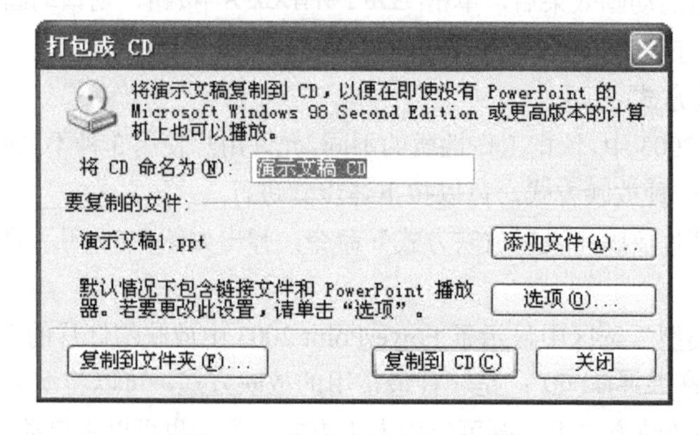

图 1-71 “打包成 CD”对话框

② 在“将 CD 命名为”文本框中输入文件名，然后单击 添加文件(A)... 按钮，弹出“添加文件”对话框，在该对话框中选择要打包的演示文稿，完成后单击“添加”按钮，返回到“打包成 CD”对话框，则在此对话框中将出现刚才添加的文件。单击 选项(O)... 按钮，弹出“选项”对话框，如图 1-72 所示。

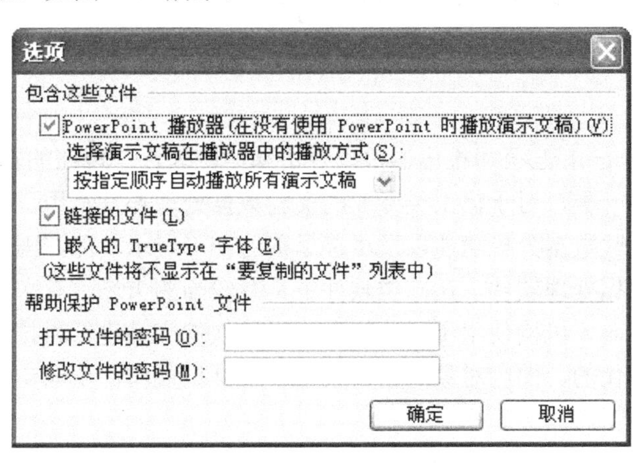

图 1-72　“选项”对话框

③ 选中☑链接的文件(L) 和☐嵌入的 TrueType 字体(E) 两个复选框，则系统自动将字体和链接的文件一起打包，其中包括声音、可执行文件等信息。如果文件需要保密，可在“帮助保护 PowerPoint 文件”选项区域中的“打开文件的密码”和“修改文件的密码”文本框中分别输入密码。

④ 所有的设置完成后，单击“确定”按钮，返回到“打包成 CD”对话框。单击“复制到文件夹”按钮，将弹出“复制到文件夹”对话框，如图 1-73 所示。

图 1-73　“复制到文件夹”对话框

⑤ 在对话框中的输入要保存的文件夹名称及所要保存的位置，单击“确定”按钮，即可自动进行打包。

第 2 章 数据处理软件 Origin

Origin 是美国 OriginLab 公司推出的数据分析和绘图软件，现在的新版本为 Origin 7.5。此软件属于专用软件一类，对于化工类专业的实验数据处理非常有用。它具有专业级的图表处理功能、强大的实验数据分析功能以及尽善尽美的图形展示功能，因此，成为科技工作者的首选科技绘图及数据处理软件，在同类软件中具有较高的市场占有率。目前，在全球有好几万的公司、大学和研究机构使用 OriginLab 公司的软件产品进行科技绘图和数据处理。软件采用直观的、图形化的、面向对象的窗口菜单和工具栏操作，全面支持鼠标右键、支持拖动方式绘图等。

Origin 具有两大类功能：数据分析和绘图。数据分析包括数据的排序、调整、计算、统计、频谱变换、曲线拟合等各种完善的数学分析功能。准备好数据后，只需选择所要分析的数据，然后再选择相应的菜单命令就可进行数据分析。Origin 的绘图是基于模板的，Origin 本身提供了几十种二维和三维绘图模板而且允许用户自己定制模板。绘图时，只要选择所需要的模板就行。用户可以自定义数学函数、图形样式和绘图模板；可以和各种数据库软件、办公软件、图像处理软件等方便的连接；可以用 C 等高级语言编写数据分析程序，还可以用内置的 Lab Talk 语言编程等。

2.1 Origin 基础

2.1.1 主界面

典型的 Origin 7.5 主界面如图 2-1 所示，主要包括以下几个部分。

① 菜单栏　Origin 7.5 窗口的顶部是主菜单栏，类似 Office 的多文档界面，其中每个菜单项包括下拉菜单和子菜单，通过它们几乎能够实现 Origin 的所有功能。此外，Origin 软件的设置都是在其菜单栏中完成的。因而了解菜单中各菜单选项的功能是非常重要的。

② 工具栏　菜单栏下方是工具栏，Origin 7.5 提供了分类合理、直观、功能强大、使用方便的多种工具。一般最常用的功能都可以通过工具栏实现。

③ 绘图区　绘图区是主要工作区，包括项目文件的所有工作表、绘图子窗口等。大部分绘图和数据处理的工作都是在这个区域内完成的。

④ 项目管理器　绘图区窗口的下部是项目管理器，它类似于 Windows 下的资源管理器，能够以直观的形式给出用户的项目文件及其组成部分的列表，方便地实现各个窗口间的切换。

⑤ 状态栏　窗口的底部是状态栏，它的主要用途是标出当前的工作内容，以及对鼠标指到的某些菜单按钮进行说明。

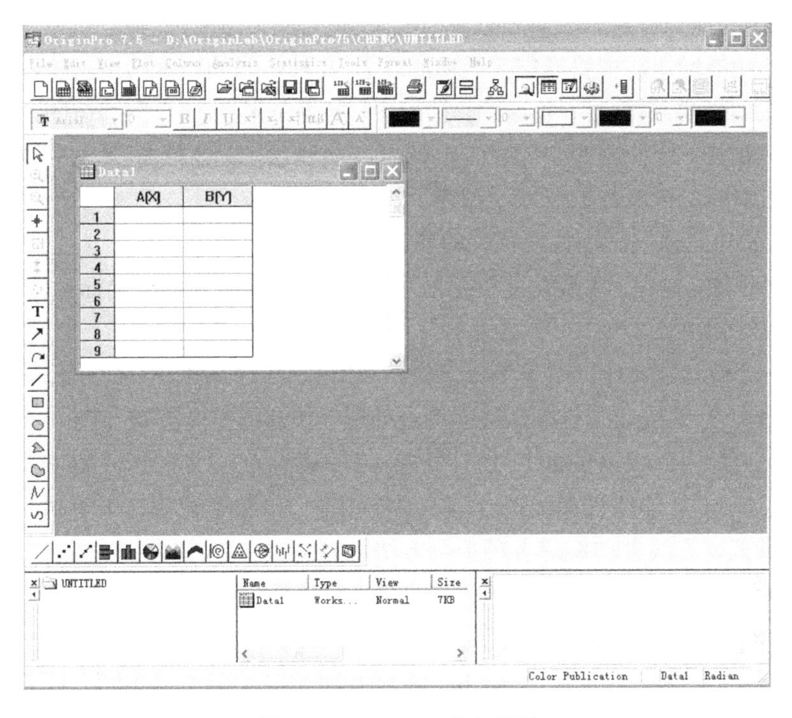

图 2-1　Origin 7.5 的主界面

2.1.2　菜单栏

通过选择菜单命令“Format→Menu”,可选择完整菜单（Full Menus）或短菜单（Short Menus）两个选项。选择完整菜单则显示所有的菜单命令，而选择短菜单则只显示部分主菜单命令。Origin 7.5 菜单栏的结构和内容随当前窗口的操作对象不同而有所不同，取决于当前的活动窗口。打开 Origin 7.5 时默认绘图区子窗口为 Worksheet（工作表）窗口，选择菜单栏“File→New”命令或直接按“Ctrl+N”键打开“新建”子窗口命令，就可以选择在绘图区新建一种类型的子窗口：Graph（绘图）、Matrix（矩阵）、Layout（版面设计）、Notes（注释）窗口，其所对应的菜单栏结构列于表 2-1。

表 2-1　绘图区子窗口对应的菜单栏

子　窗　口	菜单栏结构
Worksheet	File Edit View Plot Column Analysis Statistics Tools Format Window Help
Graph	File Edit View Graph Data Analysis Tools Format Window Help
Matrix	File Edit View Plot Matrix Image Tools Format Window Help
Layout	File Edit View Layout Tools Format Window Help
Notes	File Edit View Tools Format Window Help

为方便初学者学习使用，现将菜单栏中各项按钮的功能简要说明如下。

File：文件功能操作，打开文件、输入输出数据图形等。

Edit：编辑功能操作，包括数据和图像的编辑等。

View：视图功能操作，控制屏幕显示。

Plot：绘图功能操作，主要提供 5 类功能：① 几种样式的二维绘图功能，包括直线、描点、直线加符号、特殊线/符号、条形图、柱形图、特殊条形图/柱形图和饼图；② 三维绘图；③ 气泡/彩色映射图、统计图和图形版面布局；④ 特种绘图，包括面积图、极坐标图和向量；⑤ 模板，把选中的工作表数据导入绘图模板。

Column：列功能操作，比如设置列的属性、增加/删除列等。

Graph：图形功能操作，主要功能包括增加误差栏、函数图、缩放坐标轴、交换 XY 轴等。

Data：数据功能操作。

Analysis：分析功能操作，对于工作表窗口和绘图窗口其功能不尽相同。对工作表窗口，提取工作表数据、行列统计、排序、数字信号处理（快速傅里叶变换 FFT、相关 Corelate、卷积 Convolute、解卷 Deconvolute）、统计功能（T—检验）、方差分析（ANOAV）、多元回归（Multiple Regression）、非线性曲线拟合等；对绘图窗口，数学运算、平滑滤波、图形变换、FFT、线性多项式、非线性曲线等各种拟合方法。

Matrix：矩阵功能操作，对矩阵的操作包括矩阵属性、维数和数值设置，矩阵转置和取反，矩阵扩展和收缩，矩阵平滑和积分等。

Tools：工具功能操作，对于工作表窗口和绘图窗口其功能不尽相同。对工作表窗口，选项控制、工作表脚本、线性、多项式和 S 曲线拟合；对绘图窗口，选项控制、层控制、提取峰值、基线和平滑、线性、多项式和 S 曲线拟合。

Format：格式功能操作，对于工作表窗口和绘图窗口其功能不尽相同。对工作表窗口，菜单格式控制、工作表显示控制、栅格捕捉、调色板等；对绘图窗口，菜单格式控制、图形页面、图层和线条样式控制、栅格捕捉、坐标轴样式控制和调色板等。

Window：窗口功能操作，控制窗口显示。

Help：帮助。

2.1.3 工具栏

Origin 7.5 数据分析和绘图操作除了可以通过菜单栏命令实现外，主要还是通过大量工具栏按钮来实现的，软件自身提供了十几个工具栏和几十个绘图模板按钮。Origin 7.5 首次启动时并非显示出所有工具栏，需要通过菜单栏“View→Toolbars”命令或直接按“Ctrl+T”键打开“自定义工具栏”设置窗口，如图 2-2 所示。此窗口包含“工具栏显示/隐藏”和“工具栏按钮增加/删除”两个功能标签。

若要显示其他工具栏，只需将图 2-2（a）中某选项前面的单选框勾选上即可。如果显示设备分辨率允许的话，应尽可能勾选打开多一些工具栏，如 Edit（编辑）、2D Graph Extended（扩展二维图形）、3D Graphs（三维图形）等，在后面数据绘图或数据处理操作中，多数功能可以点击工具栏按钮来实现，大大减少烦琐的点击菜单及子菜单操作。

在如图 2-2（b）的设置窗口中，点击不同的工具栏组，会在右边“Buttons”区域显示此工具栏的全部功能按钮图标，用鼠标按住图标，将其拖到工具栏任意位置放开鼠标就可以将其放在工具栏上。将图标拖回到“Buttons”区域就可以删除该按钮。

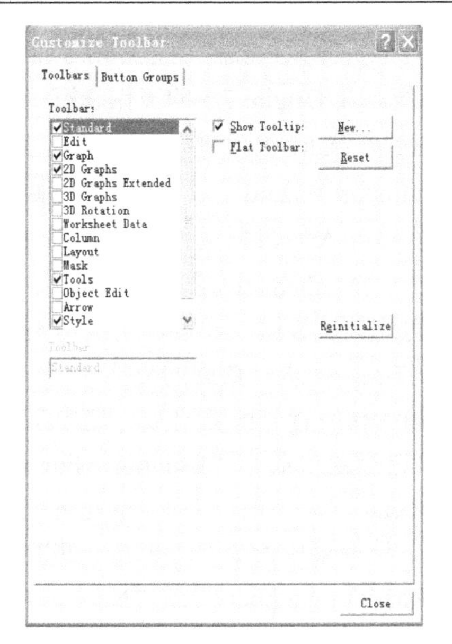

（a）工具栏显示/隐藏

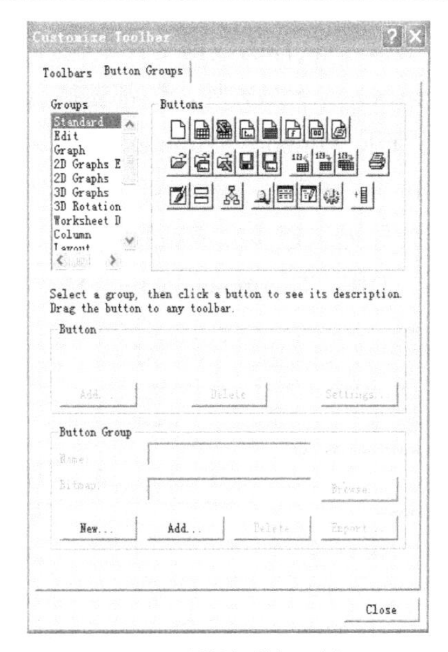

（b）工具栏按钮增加/删除

图 2-2　自定义工具栏设置窗口

2.2　工作表窗口

工作表的主要功能是存放和组织 Origin 中的数据，并利用这些数据进行统计、分析和作图。工作表窗口最上边一行为标题栏，A、B 和 C 等是数列的名称，X 和 Y 是数列的属性，其中 X 表示该列为自变量，Y 表示该列为因变量。可以双击数列的标题栏，打开“Worksheet Column Format”对话框改变这些设置。工作表中的数据可直接输入，也可以从外部文件导入，而后通过选取工作表中的列完成作图。

2.2.1　数据输入与删除

（1）通过键盘输入

默认情况下，Origin 7.5 在启动时会创建一个含有两列单元格的空白工作表并自动将两列指定为 A（X）和 B（Y），即二维绘图用的数据表。在比较简单的化学化工实验中所采集的数据都是二维的，我们可以将数据手工输入单元格中，完成简单的工作表。数据输入完毕后，可以进行工作表显示或属性调整，在 A（X）列上双击打开“列格式设置”窗口，如图 2-3 所示。

通过“Column Name”可以更改列名称，点击“Format”选项的下拉列表可以选择该列数据的格式，在“Column Label”中输入内容，在该列上方就会出现所输入的标识。点击“Prev”或“Next”按钮可以对该列的前一列或后一列进行格式设置，设置完毕后点击“OK”按钮即可。

（2）其他输入方法

除直接在 Origin 工作表的单元格中进行数据输入外，Origin 7.5 还有以下多种数据交换的方法。

① 从其他软件的数据文件中输入数据。现在各种分析测试仪器应用程序除了能够将测试结果保存为专有格式外，还都支持ASCII的格式系统。在Origin 7.5的工作表窗口中，可以点击“File→Import→Simple Single ASCII”或者直接按“Ctrl+K”键导入数据。对于复杂的ASCII格式的数据文件，可以点击“File→Import→Import Wizard”或者直接按“Ctrl+3”键按照向导提示逐步完成数据的导入。Origin 7.5 能够导入的数据文件格式还有Lotus、dBASE.、DIF、Thermo Galactic、MATLAB、SigmaPlot、Mathematica等。

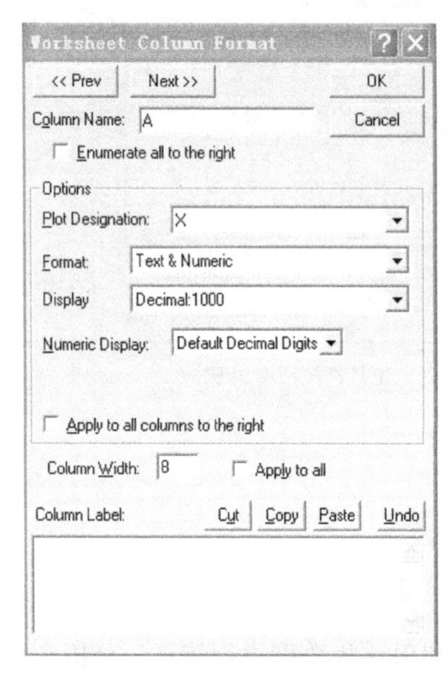

图2-3　列格式设置窗口

② 通过剪切板交换数据。通过剪切板可与其他软件或在不同的工作表之间进行数据的交换。

③ 在列中输入相应行号或随机数。选中工作表中的列或单元格，选择菜单命令“Column→Fill Column With→Row Numbers”，即完成在该列或单元格中输入相应的行号；同理，选择菜单命令“Column→Fill Column With→Uniform Random Numbers”或“Normal Random Numbers”，即完成在该列或单元格中输入均匀随机数或正态随机数。

④ 用函数或数学计算式实现对列输入数据。Origin 7.5 能方便的通过函数表达式在工作表中输入数据。选中工作表中的一列或一列中的单元格，选择菜单命令“Column→Set Column Values”，即弹出如图2-4所示的对话框。其中可在对话框中输入函数表达式或在“Add Function”下拉框中选择函数表达式，该功能可以方便的完成大部分数据的计算和输入。

⑤ 有规律X递增数据输入。Origin 7.5提供了快速有规律X递增数据的输入。该功能须在工作表中无X列时才能选用。在选定列后，选择菜单命令“Format→Set Worksheet X”，即弹出如图2-5所示的对话框，在对话框中输入X的初始值和递增值即可。

⑥ 在列中插入一个单元格数据。选择需要插入数据列处，选择菜单命令“Edit→Insert”，或用鼠标右键打开快捷菜单选择“Insert”，则插入了一个新单元格。

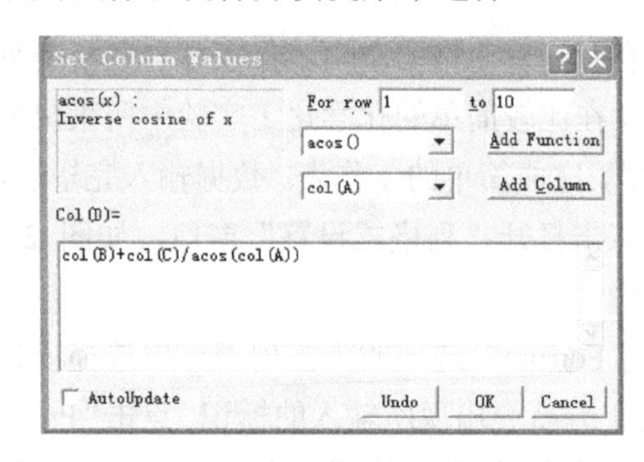

图2-4　“Set Column Values”对话框

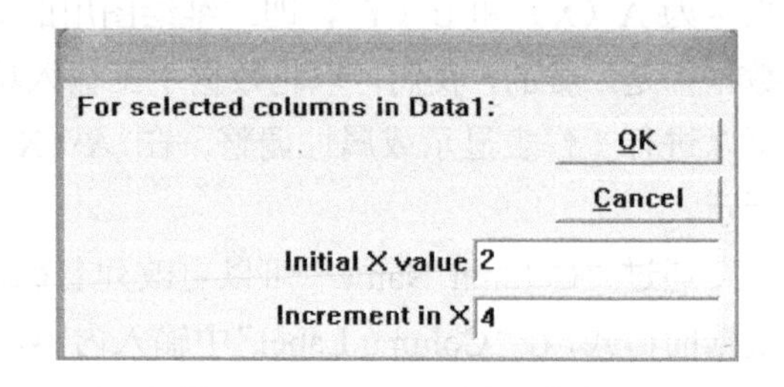

图2-5　“Set Worksheet X”对话框

（3）数据删除

选择菜单命令“Edit→Clear Worksheet”则删除整个工作表中的数据；与“Edit→Clear”菜单命令不同，“Edit→Delete”菜单命令是删除选中的单元格及其数据。

2.2.2　数据管理

（1）数据排序

Origin 可以对单列、多列、工作表格的一定范围或整个工作表格进行排序（包括简单和嵌套排序）。

① 列排序　选择一列数据，在“Analysis”菜单中选择“Sort Column”命令，则对选择列排序，仅对选定的范围进行排序，而不管其数据同行的相关性。

② 选择范围排序　选择一定范围数据，在“Analysis”菜单中选择“Sort Range”命令，则对选择范围排序，同样仅对选定的范围进行排序，而不管其数据同行的相关性。

③ 工作表格排序　如选择列或一定范围后，在“Analysis”菜单中选择“Sort Worksheet”命令，则对选择范围排序，但基于同行数据的相关性。

如图 2-6 所示，以上两种排序有不同的结果。

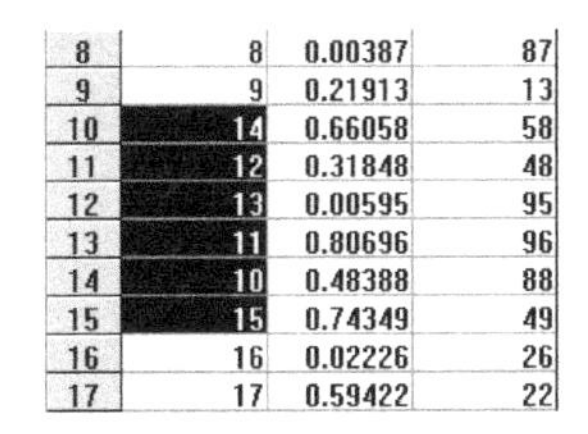

8	8	0.00387	87
9	9	0.21913	13
10	14	0.66058	58
11	12	0.31848	48
12	13	0.00595	95
13	11	0.80696	96
14	10	0.48388	88
15	15	0.74349	49
16	16	0.02226	26
17	17	0.59422	22

（a）原表格中的数据

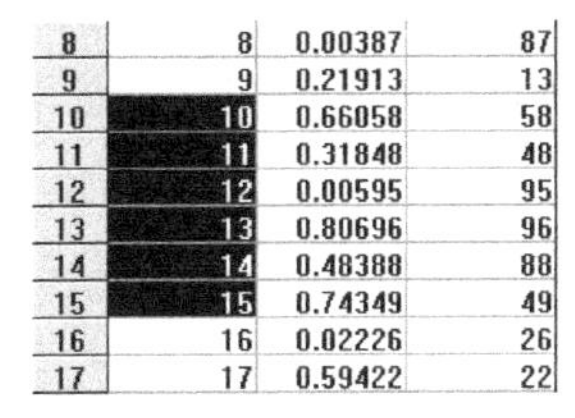

8	8	0.00387	87
9	9	0.21913	13
10	10	0.66058	58
11	11	0.31848	48
12	12	0.00595	95
13	13	0.80696	96
14	14	0.48388	88
15	15	0.74349	49
16	16	0.02226	26
17	17	0.59422	22

（b）执行“Sort Range”的结果

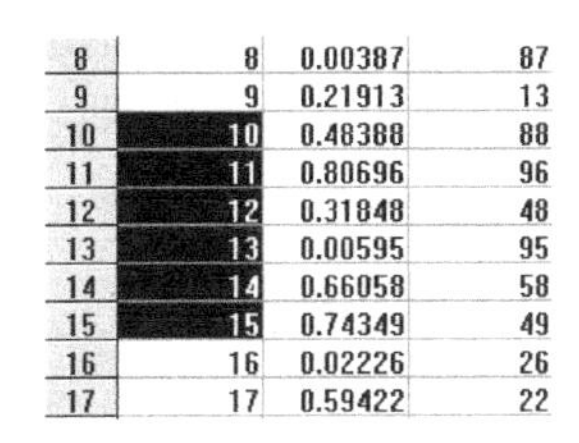

8	8	0.00387	87
9	9	0.21913	13
10	10	0.48388	88
11	11	0.80696	96
12	12	0.31848	48
13	13	0.00595	95
14	14	0.66058	58
15	15	0.74349	49
16	16	0.02226	26
17	17	0.59422	22

（c）执行“Sort Worksheet”的结果

图 2-6　两种不同的排序结果比较

（2）抽取数据

基于用户定义的表达式的条件，从一个旧的工作表格中可以选取部分数值到新的工作表格中。操作方法：将要选择的工作表格激活；在“Analysis”菜单中选择“Extract Worksheet Data”命令，打开对话框，如图2-7所示；对话框中输入数据范围、新工作表格名称和选取条件；单击对话框中的“Do it”按钮产生新工作表格。该表格保留原表格的所有格式，包括设置列值的数学表达式。

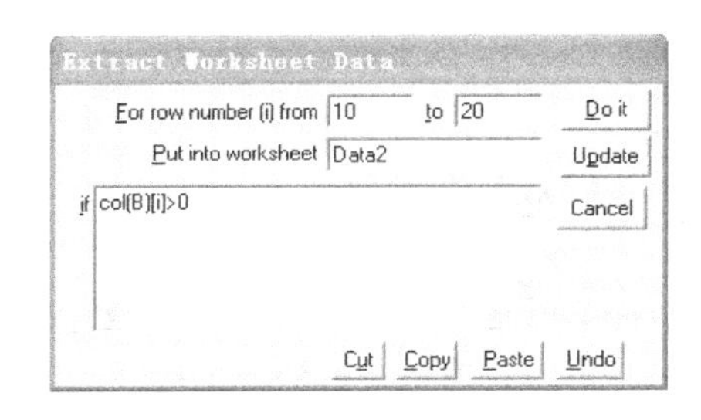

图 2-7　“Extract Worksheet Data”对话框

2.2.3　数据统计与筛选

（1）描述统计

描述统计（Descriptive Statistics）根据数组在工作表中输出统计结果，包括列统计、行统计、频数统计和正态统计。

对工作表进行列（或行）统计，首先选中要统计的数据列（或行），然后选择菜单命令“Statistics→Descriptive Statistics→Statistics on Columns”（或“Statistics on Rows”），即可对该列（或行）进行统计分析。该菜单命令会自动创建一个新的工作表窗口，给出平均值（Mean）、最小值（Minimum）、最大值（Maximum）、值域（Range）和（Sum）、数据点数（N）、标准差（Standard Deviation）和平均值标准误差（Standard Error of the Mean）等参数，如图 2-8 所示。

对工作表中一列或其中一段进行频数统计的方法为：选择菜单命令“Statistics→Descriptive Statistics→Frequency Count”，会弹出 Count 对话框，如图 2-8 所示。在该框指定最大值、最小值和步长后点击“OK”按钮，就会生成一个新的工作表窗口，完成频数统计。

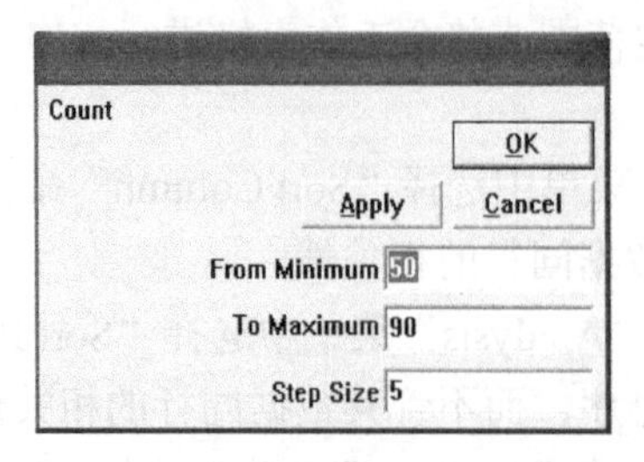

	BinCtr(X)	Count(Y)	BinEnd	Sum(Y)
1	52.5	1	55	1
2	57.5	0	60	1
3	62.5	5	65	6
4	67.5	3	70	9
5	72.5	7	75	16
6	77.5	12	80	28
7	82.5	6	85	34
8	87.5	3	90	37
9				
10				

图 2-8　频数统计的对话框及其统计结果

正态统计是用 Shapiro-Wilk 正态检验法检验一组数据是否符合正态分布，选择菜单命令“Statistics→Descriptive Statistics→Normality Test（Shapiro-Wilk）”，Origin 执行正态统计。计算每组数据的名称、个体总数、W 统计、P 值和在某一显著水平上是否是正态分布，如图 2-9 所示。

```
[2008-10-26 22:46 "/Data2" (2454765)]

Normality Test (Shapiro-Wilk)

    Dataset             N          W             P Value        Decision
    ---------------------------------------------------------------------------
    DATA2_Q             37         0.97025       0.50912        Normal at 0.05 level
    DATA2_Z             37         0.97098       0.53021        Normal at 0.05 level
    ---------------------------------------------------------------------------
```

图 2-9　两组数据的正态统计结果

（2）方差分析

方差分析（ANOVA）是统计中一个重要的分析方法，包括单因子分析和双因子分析。选择菜单命令“Statistics→ANOVA→One-Way ANOVA”或“Two-Way ANOVA”，会弹出单因子分析或双因子分析的对话框，如图 2-10 所示。

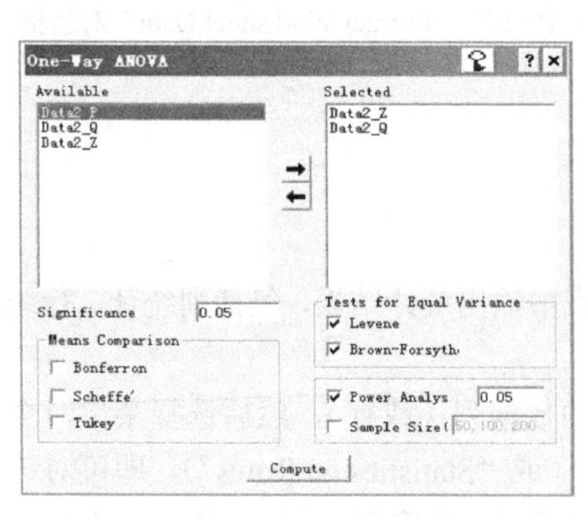

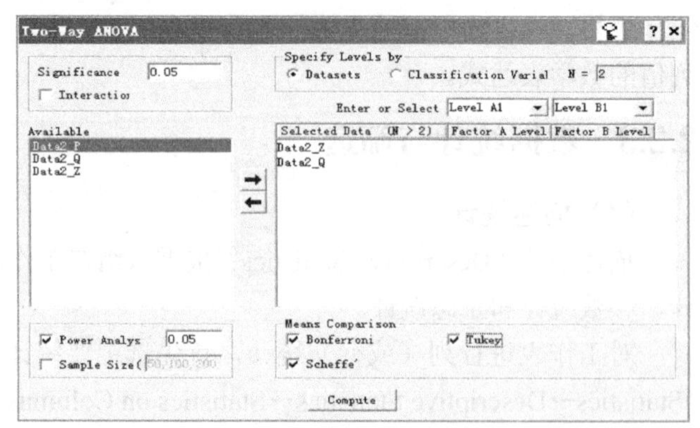

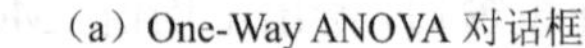
（a）One-Way ANOVA 对话框　　（b）Two-Way ANOVA 对话框

图 2-10　方差分析的对话框

这两个对话框类似，都包括 ANVOA、Levene 和 Brown-Forsythe 检验。设置完成后点击

“Compute” 即可进行方差分析。

2.3　Origin 绘图

Origin 的绘图功能非常灵活、十分强大，能绘出数十种精美的、满足绝大部分科技文献和论文的绘图要求的数据曲线图，它是 Origin 重要核心和特点之一。

2.3.1　简单 X-Y 图形的绘制

在 Origin 7.5 中，若要绘制简单的 X-Y 图形，首先要将数据按照 X、Y 坐标存为两列，然后按住鼠标左键拖动选定这两列数据，选择 “Plot→Line/Scatter/Line+Symbol”命令，或者采用如图 2-11 所示的最下面一排工具栏按钮的前三项，就可以绘制出如图 2-12 所示的三种不同效果的简单图形。

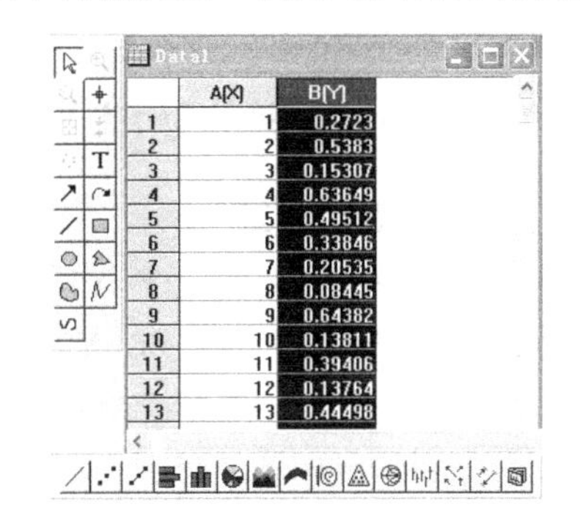

图 2-11　plot 选项中的常用工具栏按钮

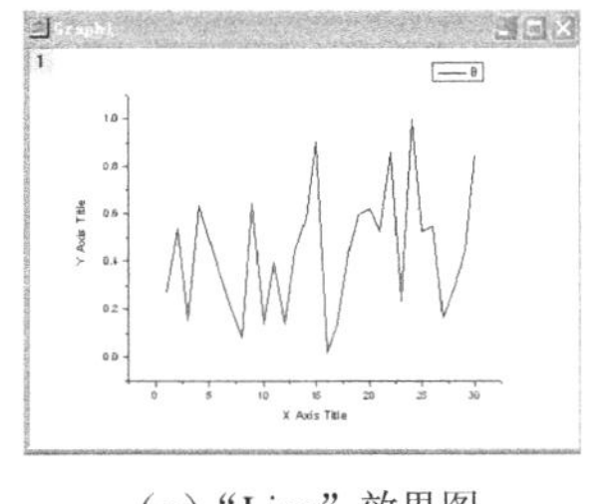

（a）“Line” 效果图

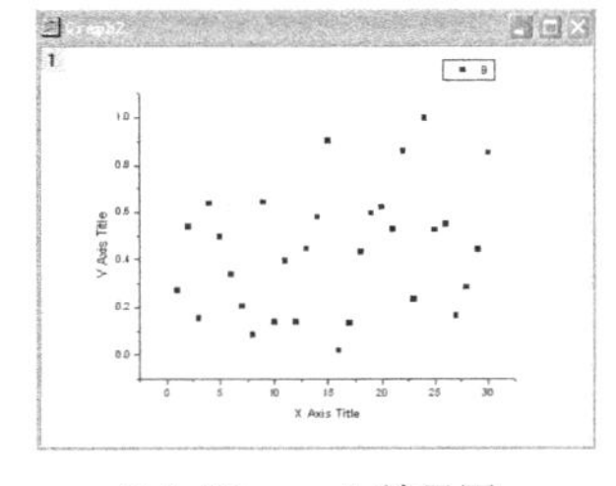

（b）“Scatter” 效果图

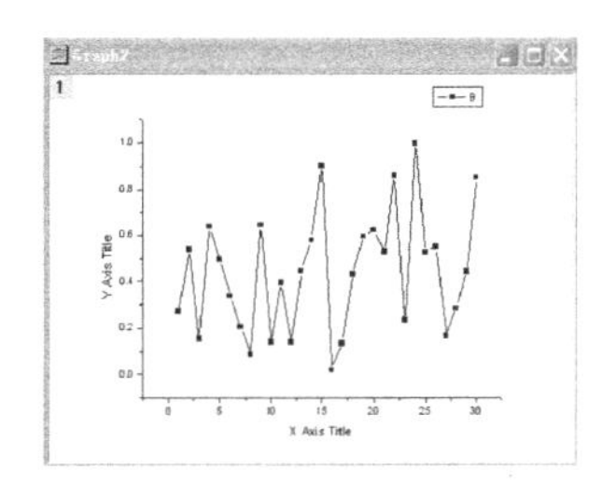

（c）“Line+Symbol” 效果图

图 2-12　三种不同效果的简单图形

2.3.2　图形的定制与标注

双击数据曲线，打开 “Plot Details” 对话框，如图 2-13 所示。通过这个对话框可以对曲线进行定制，可定制部分包括除坐标轴及说明以外所有内容。

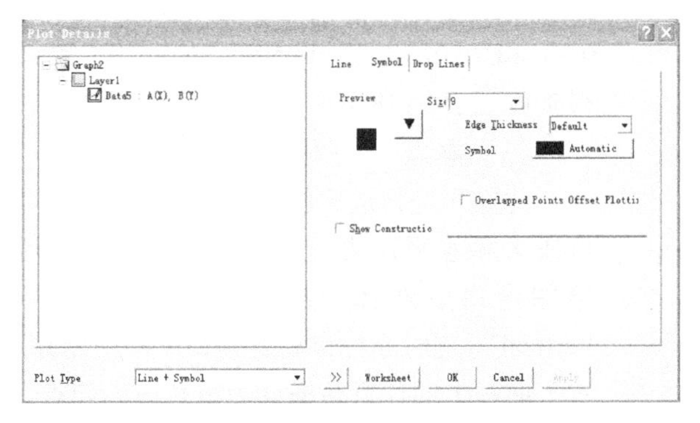

图 2-13　图形属性定制窗口

对话框左侧选项决定了右侧可以调整控制的内容，如果在对话框左下角的 “Plot Type” 选项里选择了 “Line+Symbol”，那么就可以编辑线条和符号的属性、数据点向坐标轴的引线（Drop Line），以及各条数据曲线线型、符号、颜色的顺序递增变化等。

为了进一步标注图形，可以在图形中添加包括文本（Text）、箭头（Arrow）、线条（Line）和实体（Shape）等在内的标注说明。文本工具（Text Tools）可以从左侧工具栏内选择 **T**，也可以右击图形中的任意位置，从弹出的快捷菜单内选择 “Add Text”。

2.3.3 坐标轴的定制

双击数据曲线图的任意坐标轴，可以打开坐标轴属性对话框，如图 2-14 所示。利用这个对话框，可以对坐标轴的属性进行定制，方法和操作与利用“Plot Details”对话框定制数据曲线属性类似。

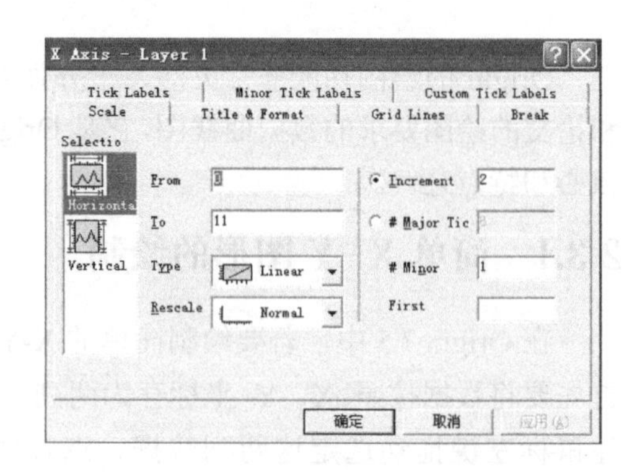

图 2-14 坐标轴属性定制窗口

2.3.4 图形中数据的处理

(1) 简单算术运算

如图 2-15 所示，要实现 Y=Y1(+、-、*、/)Y2 的运算，其中 Y 和 Y1 为数列，Y2 为数列或者数字。激活绘图窗口，选择“Analysis→Simple Math”命令后弹出如图 2-15 所示的对话框。在“Operator”中输入“/”，选中左边的第二项点击“Y2”前的“＝＞”按钮，表示 Y=Y1/Y2 的运算，点击“OK”即可。

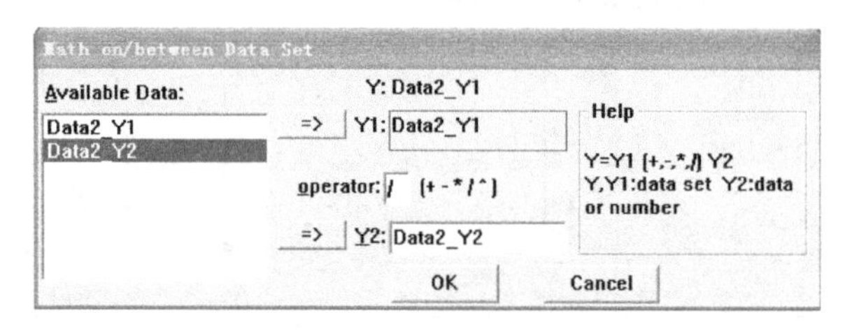

图 2-15 简单算术运算对话框

(2) 减去参考直线

使用此功能，可以将一条数据曲线的值减去一条自定义直线相对应点的数值后得到一条新的曲线。激活绘图窗口，选择“Analysis→Subtrart→Straight Line”命令，光标自动变为，然后在窗口上双击左键定起始点，然后再在终止点双击，由于两点确定一条直线，Origin 会自动将曲线减去由这两点确定的参考直线而获得一条新的曲线并在原绘图窗口中显示。例如，对图 2-12 中的曲线，使其减去（-2.5，0.2）和（10，-0.8）两点确定的曲线，可以得到如图 2-16 所示的曲线。

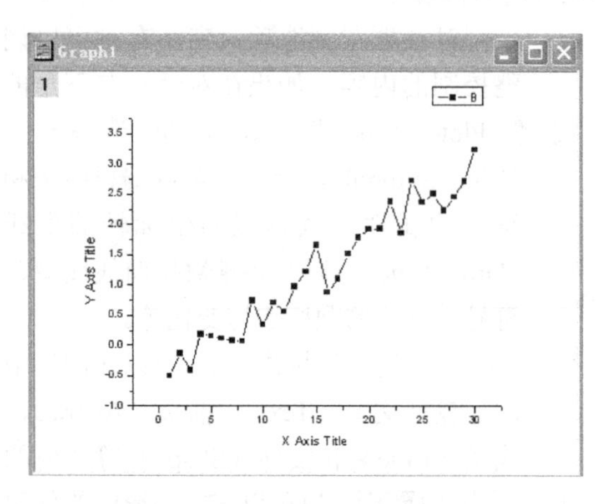

图 2-16 减去参考直线后的图形窗口

(3) 垂直/水平移动

此操作是将选定的数据曲线沿 Y 轴垂直或 X 轴水平移动。以垂直移动为例，激活绘图窗口后选择“Analysis→Translate→Vertical”，这时光标自动变为。移动光标，双击曲线上的任意数据点，将其设为起点。这时光标形状变为，双击屏幕上任意点将其设为终点。这时 Origin 将自动计算起点和终点纵坐标的差值，工作表内该数列的值也自动更新为该数列原来的值加上该差值，同时将曲线移动到新位置。水平移动选择“Analysis→Translate→Horizontal”，其余操作与垂直移动类似。

（4）微分/积分

此操作就是求当前数据曲线的导数或对其进行积分。激活绘图窗口后选择“Analysis→Calculus→Differentiate”或“Integrate”进行微分或积分操作。例如，对图 2-12 中的曲线进行微分和积分操作，程序会新建两个窗口并绘制出微分和积分的曲线，如图 2-17 所示。

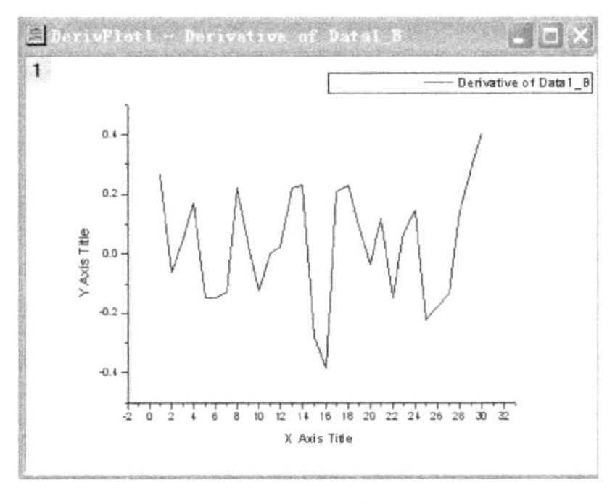

（a）微分后的图形

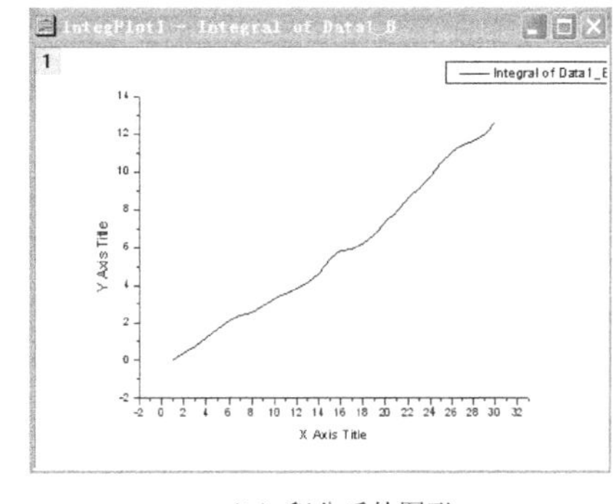

（b）积分后的图形

图 2-17　微分和积分运算后的图形窗口

2.3.5　保存项目文件和模板

现在，Origin 项目包括数据、工作表、图形和文件夹组织结构等。当你保存项目后，这些窗口以及它们所包含的数据都存储在这个项目文件中。保存项目的步骤如下：选择“File→Save Project”命令或者在上部工具栏中直接点击，就会打开文件保存对话框，在“文件名”文本框中键入“Sample”，单击“保存”按钮，这样当前的项目就保存在“Sample.OPJ”中了。

2.3.6　多层图

图层是 Origin 图形窗口中的基本要素之一，它是由一组坐标轴组成的一个 Origin 对象。一个图形窗口至少有 1 个图层，最多可高达 50 个图层。Origin 提供了常用的多图层模板，包括双 Y 轴（Double Y Axis）图形模板、左右对开（Horizontal 2 Panel）图形模板、上下对开（Vertical 2 Panel）图形模板、四屏图形（4 Panel）模板、九屏图形（9 Panel）模板和叠层图形（Stack）模板。

例如，图 2-18 所示的数据，B 和 C 对 A 分别利用左右对开图形模板和上下对开图形模板作图，只需点击“Plot→Panel→Horizontal 2 Panel”或“Vertical 2 Panel”即可；同样，B、C、D 和 E 对 A 分别利用四屏图形模板和叠层图形模板作图，只需点击“Plot→Panel→4 Panel”或“Stack”即可。结果如图 2-19 所示。

	A[X]	B[Y]	C[Y]	D[Y]	E[Y]
1	1	0.32191	-1.25469	0.36338	-0.51847
2	2	0.34567	0.94877	0.31334	0.92342
3	3	0.6377	0.41846	0.93151	-0.18803
4	4	0.55883	-0.8458	0.1028	-0.33534
5	5	0.29502	0.78466	0.92612	-0.41632
6	6	0.41198	-1.16249	0.94109	1.79621
7	7	0.67301	0.29162	0.86885	0.15567
8	8	0.42872	-1.73365	0.39928	-1.00338
9	9	0.21883	0.3967	0.04033	1.72517
10	10	0.54544	-1.00835	0.47739	0.6206
11	11	0.93577	-2.12449	0.32558	-0.67744
12	12	0.81075	-0.0642	0.18229	0.69171
13	13	0.04418	-0.9292	0.21163	-0.52963
14	14	0.60229	0.36928	0.54801	0.32062
15	15	0.22999	-1.01754	0.14429	-0.95279
16	16	0.16469	-0.29749	0.75901	-0.70362

图 2-18　举例数据

图层的标记在图形窗口的左上角用数字显示，压下状态时为当前图层。通过鼠标单击图层标记，可以选择当前图层，并可以通过选择菜单命令“View→Show→Layer Icons”，显示或隐藏图形标记。

在图形窗口中，对数据和对象的操作只能在当前图层中进行。如图 2-20 所示，通过打开图形窗口的“Plot Details”对话框，可以清楚的设置和修改图形的各图层参数。“Plot Details”对话框左边栏为该图形窗口中的图层结构，类似 Windows 目录的图层结构可以很容易使你了解各图层中的数据。对话框右边由“Background”、“Size/Speed”和“Display”三个选项卡栏组成，选取其中相应的选项卡可对当前选中的图层进行设置和修改。

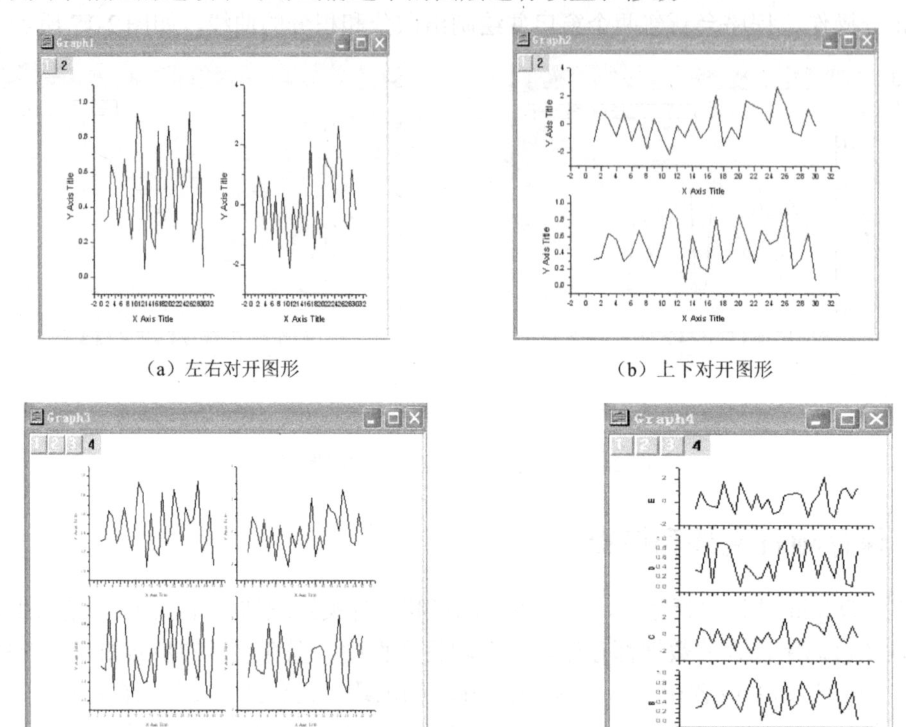

（a）左右对开图形　　（b）上下对开图形

（c）四屏图形　　（d）叠层图形

图 2-19　不同类型的多层图形

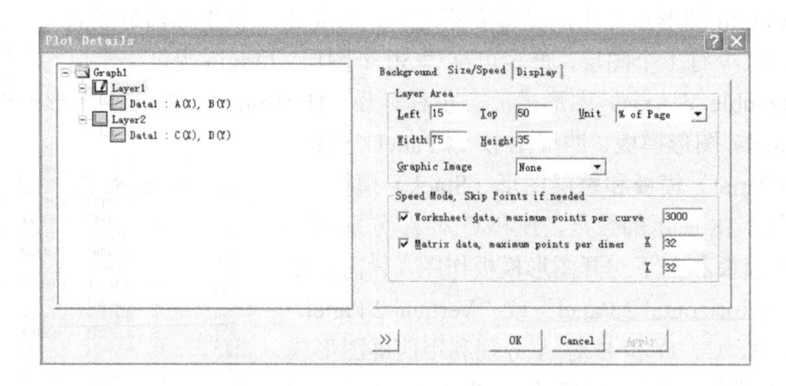

图 2-20　图形窗口的【Plot Details】对话框

2.3.7　双坐标图

在数据绘图处理时，有时希望将多组数据绘制在一张图中，这时就需要采用双坐标轴图绘制。下面仍以图 2-18 所示的数据为例说明双坐标轴图的绘制步骤。首先以 B 对 A 作图，在绘图窗口中选择菜单命令“Tools→Layer”，打开“Layer”工具对话框，如图 2-21 所示。在“Add”选项卡中，选择与 Y 关联按钮，这样就在绘图窗口中加入了一个图层。双击绘图窗口左上角的“2”图标，则弹出“Plot Setup”对话框，如图 2-22 所示。Y 列选中 C 后，单击“Add”按钮，然后单击“OK”即将 C 的数据曲线绘制在图层 2 中。双击右坐标轴，在弹出的对话框中将坐标范围改为-2.5～2.5。然后打开“Plot Details”对话框，双击左边窗口“Layer 2”，将曲线颜色改为蓝色，得到图 2-23。

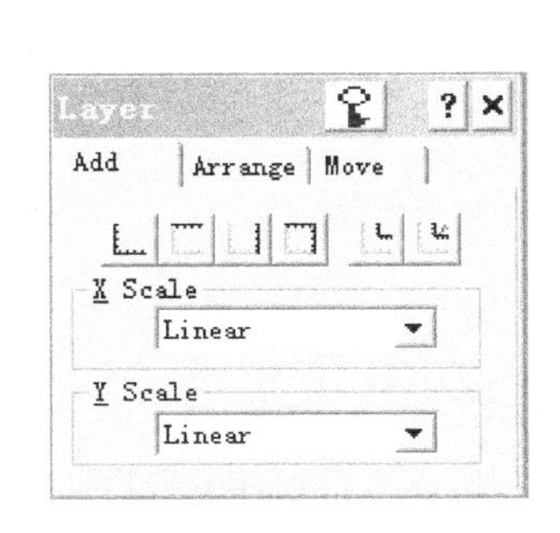

图 2-21 【Layer】工具对话框

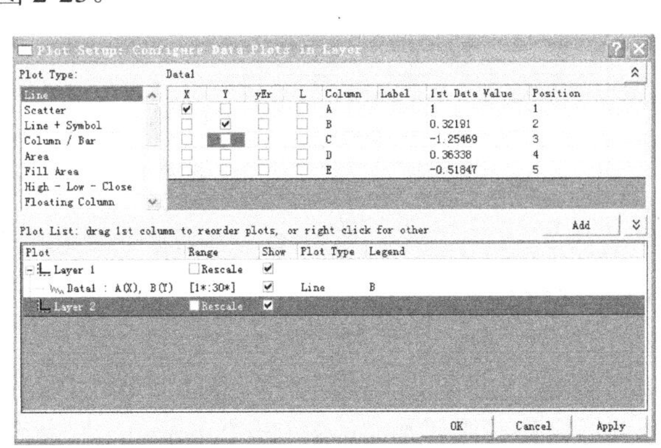

图 2-22 “Plot Setup”窗口

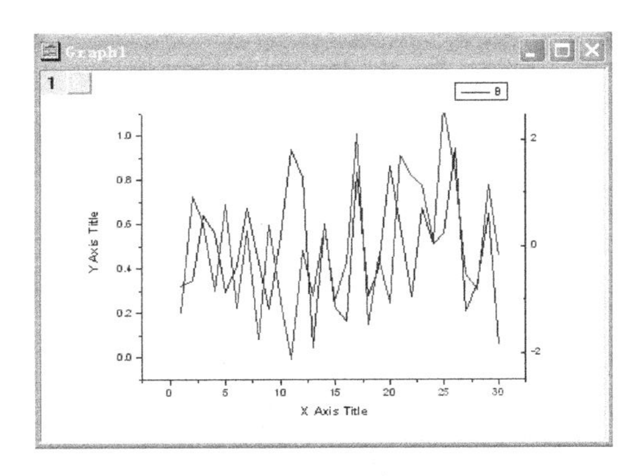

图 2-23　左右 Y 轴双坐标图

2.4　数据拟合

2.4.1　线性回归

欲对被激活的数据进行直线拟合，在绘图（Graph）窗口选择“Analysis→Fit Linear”命令，对 X（自变量）和 Y（因变量）的线性回归方程是 Y(i)=A+B*X(i)，参数 A（截距）和 B（斜率）由最小二乘法计算。拟合后，Origin 产生一个新的（隐藏的）包含拟合数据的工作表格，并将拟合出的数据在绘图窗口绘出，同时将拟合得到的参数的数值显示在结果记录（Results Log）窗口中。

例如，下表中的数据经线性拟合，得到的结果(Results Log)及图形如图2-24所示。

X	2	4	6	8	10	12	14	16	18	20
Y	14.58	21.75	29.14	36.41	43.83	51.12	58.35	65.59	72.88	80.21
X	22	24	26	28	30	32	34	36	38	40
Y	87.46	94.85	102.15	109.55	116.66	124.07	131.35	138.73	145.98	153.2

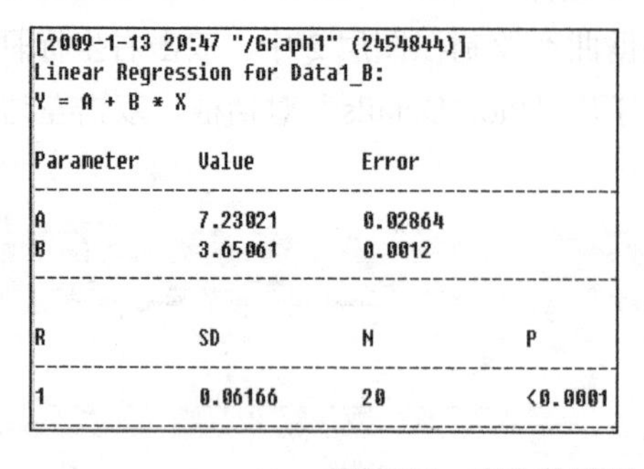

```
[2009-1-13 20:47 "/Graph1" (2454844)]
Linear Regression for Data1_B:
Y = A + B * X

Parameter    Value        Error
------------------------------------------------------------
A            7.23021      0.02864
B            3.65061      0.0012
------------------------------------------------------------

R            SD           N            P
------------------------------------------------------------
1            0.06166      20           <0.0001
------------------------------------------------------------
```

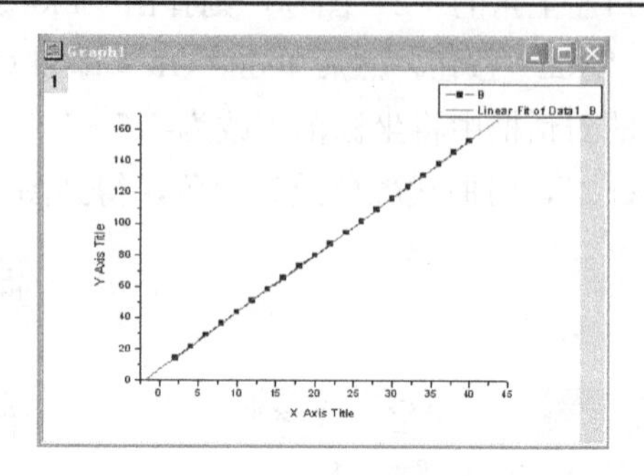

图 2-24　表中数据经线性拟合得到的结果及图形

2.4.2　多项式回归

对被激活的数据组用 Y=A+B1*X+B2*X^2+B3*X^3+...+Bk*X^k 进行拟合，在绘图（Graph）窗口选用“Analysis→Fit Polynomial”命令，Origin 会打开一个“Polynomial Fit to”对话框，如图2-25所示。

```
Polynomial Fit to Data2_Q:                OK
                                          Cancel
        Order (1-9, 1 = linear) 2
              Fit curve # pts 20
              Fit curve Xmin 15.2
              Fit curve Xmax 19.3
     Show Formula on Graph? □
```

图 2-25　多项式回归对话框

在对话框中可以设置级数（1～9）、拟合曲线的点数、拟合曲线的最大与最小 X 值，如果欲在绘图窗口显示公式，可勾选“Show Formula on Graph”选项。单击“OK”按钮完成拟合。拟合结束后，Origin 产生一个新的（隐藏的）包含拟合数据的工作表格，并将拟合出的数据在绘图窗口绘出，同时将拟合得到的参数的数值显示在结果记录（Results Log）窗口中。

例如，下表中的数据经多项式拟合，得到的结果(Results Log)及图形如图2-26所示。

X	2	4	6	8	10	12	14	16	18	20
Y	39	97	185	301	447	622	826	1060	1323	1615
X	22	24	26	28	30	32	34	36	38	40
Y	1936	2286	2665	3074	3512	3979	4475	5001	5556	6140

```
[2009-1-13 21:05 "/Graph1" (2454844)]
Polynomial Regression for Data1_B:
Y = A + B1*X + B2*X^2

Parameter        Value        Error
------------------------------------------------------------
A                9.93114      0.23585
B1               7.21561      0.02586
B2               3.65072      5.98146E-4
------------------------------------------------------------

R-Square(COD)    SD           N            P
------------------------------------------------------------
1                0.31702      20           <0.0001
------------------------------------------------------------
```

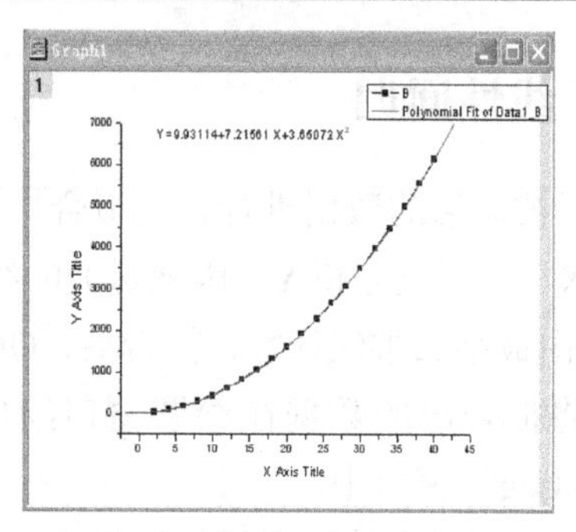

图 2-26　表中数据经多项式拟合得到的结果及图形

2.4.3 非线性回归

（1）从菜单命令拟合

在绘图窗口，“Analysis”菜单中选择相应的命令可以完成非线性拟合，拟合参数和统计结果显示在结果记录（Results Log）窗口。此类拟合包括：

“Fit Exponential Decay→First Order”：指数衰减拟合，拟合模型函数为 y=y0+A1exp(-x/t1)；

“Fit Exponential Decay→Second Order”：指数衰减拟合，拟合模型函数为 y=y0+A1exp(-x/t1)+A2exp(-x/t2)；

“Fit Exponential Decay→Third Order”：指数衰减拟合，拟合模型函数为 y=y0+A1exp(-x/t1)+A2exp(-x/t2)+A3exp(-x/t3)；

“Fit Exponential Growth”：指数增长拟合，拟合模型函数为 y=y0+A1exp(x/t1)；

“Fit Sigmoidal”：S 拟合，拟合模型函数为(A1-A2)/{1+exp((x-x0)/dx)}+A2；

“Fit Gaussian”：Gaussian 拟合，拟合模型函数为(A/w*sqrt(PI/2))*exp(-2*(x-x0)^2/w^2)+y0；

“Fit Lorentzian”：Lorentzian 拟合，拟合模型函数为(2*A*w/pi)/(w^2+4*(x-x0)^2)；

“Fit Multi-peaks→Gaussian”或“Fit Multi-peaks→Lorentzian”：多峰值拟合，每一段采用 Gaussian 或 Lorentzian 方法。

（2）非线性最小二乘拟合

Origin 的非线性最小二乘拟合（NLSF）能力是其最有力也是最复杂的部分之一。使用它用户可以将自己的数据对一个（或一套）函数，基于一个（或多个）自变量进行最高可达到200个参数的拟合。非线性最小二乘拟合有两种模式——初级(Basic)模式和高级(Advanced)模式可供选择，两种模式均可用来拟合数据，所不同的是提供的选项的多少和使用复杂程度的高低。

在缺省条件下，在工作表（Worksheet）或绘图（Graph）窗口中，选择“Analysis→Non-linear Curve Fit→Andvanced Fitting Tool”命令就可以打开非线性最小二乘拟合的初级模式界面。选择“Equation”命令按钮时，预览框显示拟合使用的方程式，选择“Curve”命令按钮时，预览框显示该方程式的曲线，如图2-27所示。

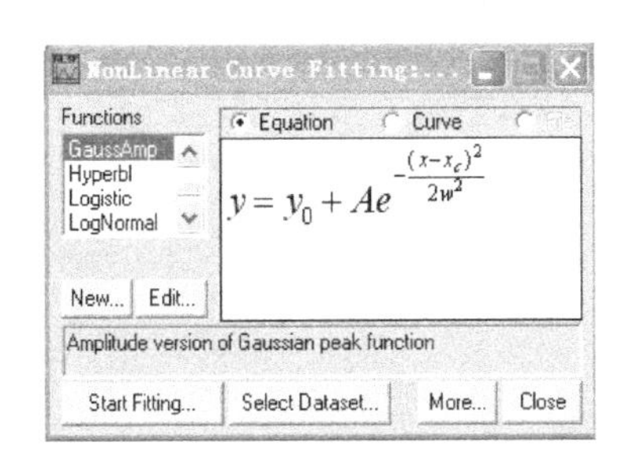

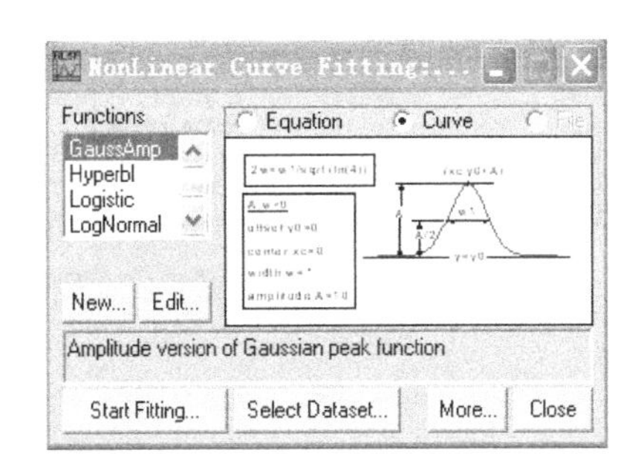

图 2-27　非线性最小二乘拟合的初级模式界面

高级条件提供了比初级模式多得多的拟合函数，为了便于查找，Origin 将这些函数进行了分类。单击初级模式界面中的“More”命令按钮就可以切换到高级模式界面，如图2-28所示，窗口顶部为菜单和工具栏，下面左为类别（Categories）列表框，右为函数（Functions）列表框，窗口底部为预览框，共有方程式、曲线和函数文件预览三种方式。

例如，对下表中的数据进行非线性最小二乘拟合的步骤。

X	0.1	0.2	0.3	0.4	0.5	0.6	0.7	0.8	0.9	1
Y	17.62	18.01	18.42	18.86	19.31	19.79	20.29	20.82	21.37	21.95
X	1.1	1.2	1.3	1.4	1.5	1.6	1.7	1.8	1.9	2
Y	22.57	23.21	23.89	24.60	25.35	26.14	26.96	27.83	28.75	29.71

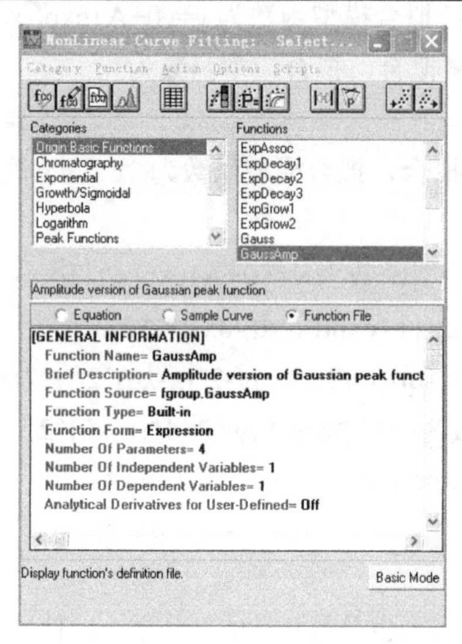

图 2-28　非线性最小二乘拟合的高级模式界面

① 选中数据表中的 X 和 Y 两列，选择菜单命令“Plot→Scatter”作散点图。

② 选择菜单命令“Analysis→Non-linear Curve Fit→Andvanced Fitting Tool”打开非线性最小二乘拟合窗口。

③ 根据图中散点的趋向，在“Origin Basic Functions”目录中选取“ExpGrow1”回归函数。

④ 在非线性最小二乘拟合窗口中，选择菜单命令“Action→Fit”，函数的参数会自动初始化。

⑤ 点击“Iteration”按钮数次，直至窗口中的参数和误差值不改变，回归结果满意为止。

⑥ 点击“Done”按钮完成回归，得到的结果（Results Log）及图形如图2-29所示。

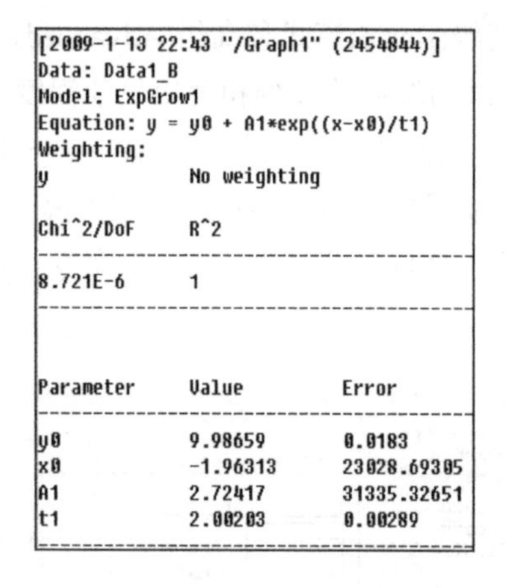

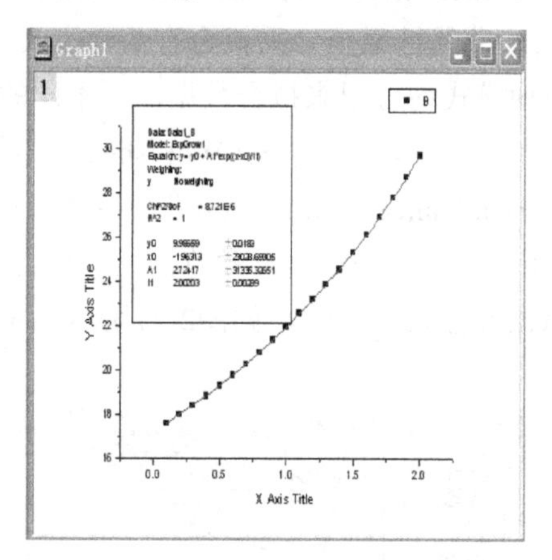

图 2-29　表中数据经非线性最小二乘拟合得到的结果及图形

第 3 章 绘制示意图软件 VISIO

化学化工行业的工作人员要表达自己的想法，如撰写研究论文、设计工艺流程、描述设备工作原理、厂区平面布置等，可以使用纯文字进行描述，但如果配合示意图来表述，则会收到事半功倍的效果。一方面，示意图不仅可以明确表达作者的意愿，表达出难以用文字描述的内容；另一方面，读者理解配有示意图的内容也要比阅读纯文字容易得多。

Visio 是一种可以将构思迅速转化成图形的流程视觉化应用软件，是众多绘图软件中将易用性和专业性结合得最好的一个软件。使用者可以轻松地将脑海中的复杂想法以容易理解的视觉方式呈现出来，让人们更容易了解与沟通。从前需要几个工作日才能完成的图表。现在只需要通过鼠标拖动形状，轻轻松松几个步骤就能实现。

Visio 于 2000 年被微软公司以 15 亿美元的巨资收购，现在 Visio 已经成为 Office 的一个组成部分，由此可见微软公司对其重视程度。现在 Visio 正风靡全世界，在同类产品中 Visio 排名已列世界第一位。

在本章中，将依次为读者介绍 Visio 的基本功能以及 Visio 的界面、菜单、工具栏、模板等，之后将介绍文件、页面、基本绘图等操作，最后以实例学习 Visio。

3.1 Visio 功能概述

本章所用的 Visio 版本为 Microsoft Word Visio2003 专业版。Visio2003 可以和 Office 系列软件以及 Auto CAD 等目前流行的软件完全兼容，实现数据共享。Visio 具有以下多方面的特点。

① Visio 具有丰富的绘图类型。共包含了 16 种绘图类别，分别是 WEB 图表、地图、电气工程、工艺工程、机械工程、建筑设计图、框图、灵感触发、流程图、软件、数据库、图表和图形、网络、项目日程、业务进程、组织结构图。在化学化工领域用的较多的是工艺工程、流程图、地图等类型。

② Visio 拥有直观的绘图方式。Visio 提供了快速创建和共享具有专业外观的图表所需的工具。熟悉的 Microsoft Office 环境使 Visio 很容易学习和使用。有了 Visio，无需专业绘图技术就可以创建具有专业外观的图表。

③ Visio 与 Microsoft 其他软件无缝集成。我们既可以在 Office 文档中插入 Visio 图表，并在适当位置进行修改，也可以从一个 Office 文档内部启动 Visio 来创建一个新图表。Visio 还可以为存储在图形中的数据自动地创建报表和清单。这些数据可以即时输出到 Word、Excel 或 Access 程序中，让看图表的人可以掌握图表数据。

④ 强大的 Web 发布功能。Visio 可以用来制作网页，用它的“另存为网页”功能，能制作出“高难度”的网页。如地图，打开网页后，既可以整体查看，也可以在当前页任意放大查看，最高可以放大 12 倍。

⑤ Visio 拥有全新的 XML 文件格式。提供了与其他支持的 XML 应用程序的互用性，促进了基于图表信息的存储和交换。Visio 还拥有独立的 VBA 项目的数字签名，确保了资料的可信度。

3.2 Visio 主界面

3.2.1 主界面

启动 Visio2003 后，首先出现选择绘图类型画面，如图 3-1 所示。窗口中左侧“选择绘图类型”内有 16 个绘图类型可供选择。Visio 为每种绘图类型提供了多种模板，单击模板可以进入 Visio 主界面，如图 3-2 所示。

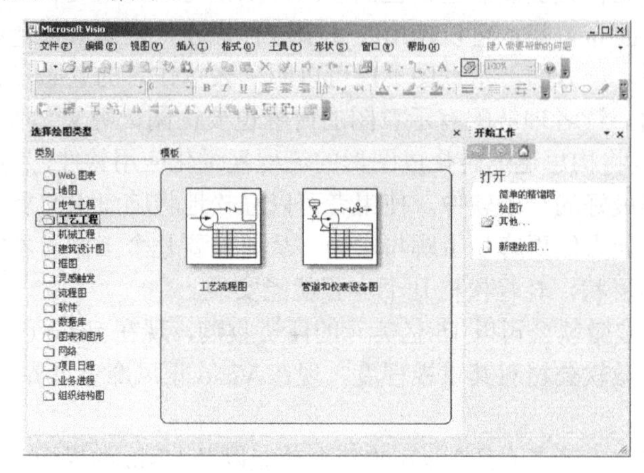

图 3-1　选择绘图

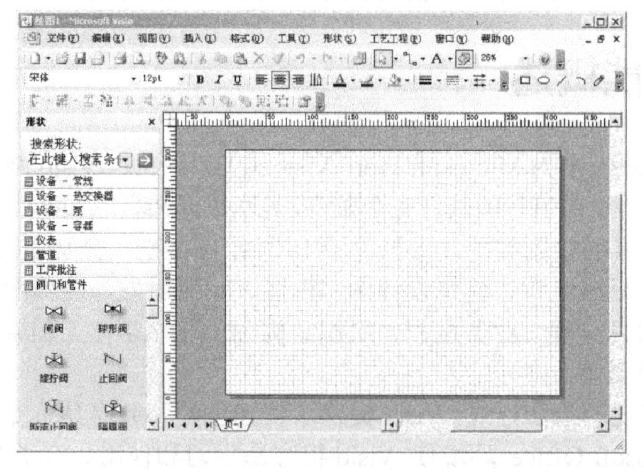

图 3-2　Visio 主界面

3.2.2 菜单栏

菜单栏如图 3-3 所示。在菜单栏内，除有在 Office 里常见的“文件”、“编辑”、“视图”、“插入”、“格式”、“工具”命令之外，还有 Visio 特有的命令如“形状”、“工艺工程”和“窗口”命令。

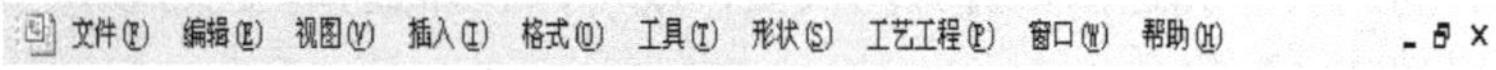

文件(F)　编辑(E)　视图(V)　插入(I)　格式(O)　工具(T)　形状(S)　工艺工程(P)　窗口(W)　帮助(H)

图 3-3　菜单栏

“插入”菜单：用来插入“新建页”、“图片”、“注释”等，还可以用来插入“对象”（如公式编辑器）、“控件”、“CAD 绘图、“超链接”等。

“格式”菜单：用来编辑文字，图形、图层等的格式。

“形状”菜单：是 Visio 特有的菜单命令，使用频率很高。包括了“自定义属性”、“组合”、“顺序”、“旋转或翻转”、“操作”、“对齐形状”、“分配形状”、“连接形状”、“排放形状”、“绘图居中”、“动作”等菜单命令，其中还包括了很多子菜单。

3.2.3　工具栏

Visio 每次打开时，会同时默认打开如下一些工具栏，熟练的使用各种工具栏，将极大的提高工作效率。常用工具栏如图 3-4 所示，格式工具栏如图 3-5 所示。

图 3-4　常用工具栏

常用工具栏中除了常见的操作和编辑工具外，有很多 Visio 特有的工具，如（形状工具）、（指针工具）、（连接线工具）、A（文本工具）和（绘图工具）。

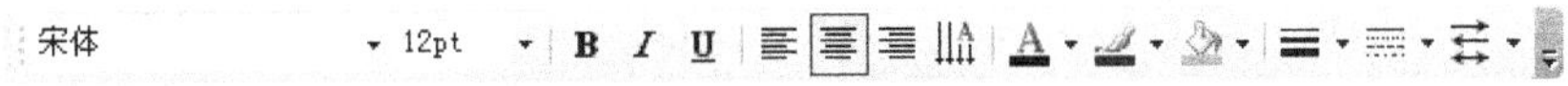

图 3-5　格式工具栏

格式工具栏内有常用的字体、字号、加粗、斜体和下划线之外，还包括文字的左右对齐、居中和竖排。依次代表了设定文字颜色、线条颜色和背景色。最右侧的依次代表设定线条粗细程度、线条类型和线条的箭头类型。

Visio 默认打开的工具栏很有限，在制作各种形状和示图的时候，往往需要打开更多的工具栏，方法是执行菜单“工具→自定义”命令，弹出工具栏选项卡如图 3-6 所示。或者直接在某工具栏空白处单击右键得到快捷菜单，如图 3-7 所示。勾选所需要的工具栏，便可在主界面上看到该工具栏。

在制作一般的化学化工类示意图及流程图时，常需再打开“绘图”工具栏（如图 3-8 所示）和“动作”工具栏（如图 3-9 所示）。

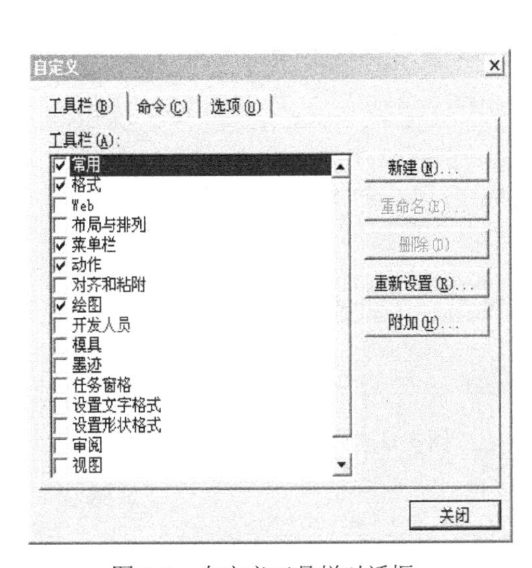

图 3-6　自定义工具栏对话框

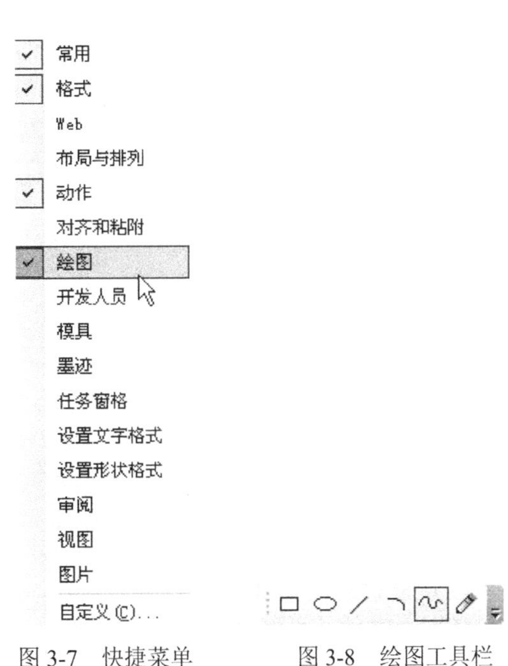

图 3-7　快捷菜单

图 3-8　绘图工具栏

“绘图”工具栏包括了“矩形工具”、“椭圆形工具”、“线条工具”、“弧形工具”、“自由绘制工具”和“铅笔工具”。

图 3-9 动作工具栏

3.3 文件与页面操作

3.3.1 文件操作

（1）新建绘图文件

当用户在已经启动 Visio 后又想建立新的绘图文件，可以使用菜单栏“文件→新建”，打开自己需要的绘图模板。或者单击常用工具栏的新建工具右侧的下拉按钮，同样可以起到上述作用。

（2）保存绘图文件

Visio 文件绘制完成后，可以使用菜单栏“文件→另存为”，弹出保存文件对话框，将其保存为 Visio 文件，默认的扩展名为“.vsd”，同时输入文件名。

Visio 文件除了可以保存为“.vsd”格式外，还可以保存为各种图形文件格式，如 bmp、tif、jpg 或者 AutoCAD 等文件格式，这些文件类型可在保存文件对话框的下拉菜单中找到。

3.3.2 设置页面

（1）插入新页

一个 Visio 文件可以包括多个页面，第一次新建 Visio 文件后，页面标签为“页-1”（显示在窗口的左下方）。在“页-1”标签上单击右键，弹出快捷菜单，如图 3-10 所示。单击“插入页”命令，弹出“页面设置”对话框，如图 3-11 所示。

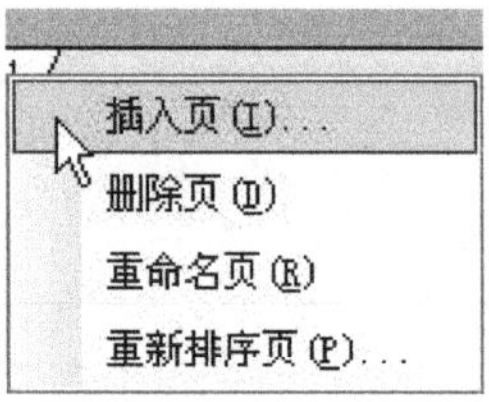

图 3-10 插入新页

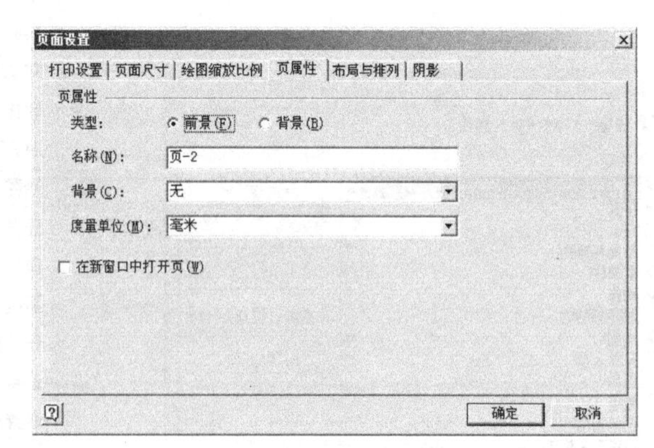

图 3-11 页面设置

（2）设置绘图页面

使用“文件→页面设置”命令，弹出“页面设置”对话框，如图 3-12 所示。

在“打印设置”中，默认打印方向为纵向，如果需要可改成横向。

在“页面尺寸”中，Visio 默认的“预定义的大小”随模板不同而不同，必要时可选择“与打印机纸张大小相同”。

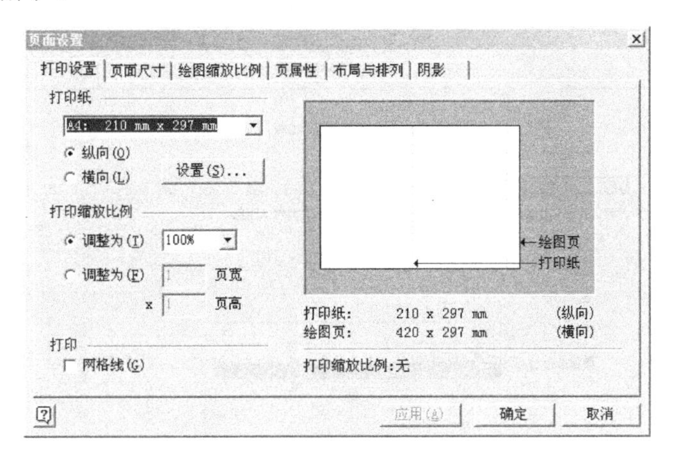

图 3-12　页面设置对话框

3.3.3　标尺与网格

（1）标尺

默认情况下，Visio 页面上有水平和垂直两个标尺。使用标尺可以精确定位图的大小和所在位置。使用“视图→标尺”命令，可以打开或关闭标尺。

（2）网格

网格可以帮助用户确定图形位置并对齐图形。Visio 默认的网格是可变网格，这种网格会随着视图的缩放比例而改变。另外一种网格是固定网格，要改变标尺和网格属性，可使用“工具→标尺和网格”命令，弹出对话框如图 3-13 所示。

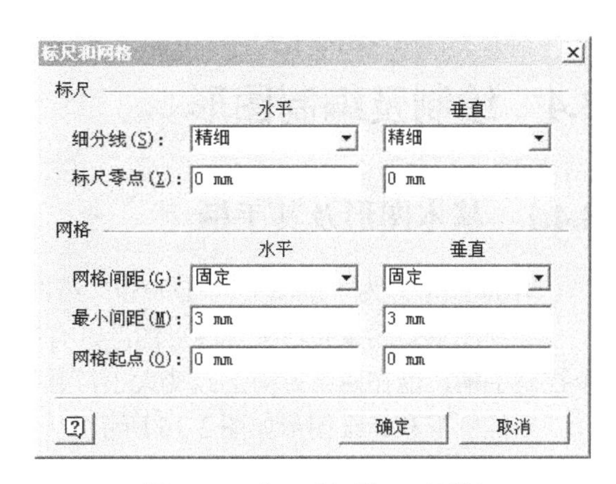

图 3-13　“标尺和网格”对话框

3.3.4　背景页

Visio 绘图至少包括一个前景页，也可以拥有一个或多个背景页。

使用“文件→形状→其他 Visio 方案→背景”命令，可以打开背景模具。将选中的背景拖到绘图页上，就自动完成了背景页的添加。

需要说明的是，如果要删除背景页，必须先解除背景页与前景页的分配关系，否则会出现如图 3-14 所示的警告窗口。

可以使用“文件→页面设置”命令，弹出“页面设置”对话框，单击“页属性”，如图 3-15 所示，对其属性进行相应修改。

图 3-14　警告窗口

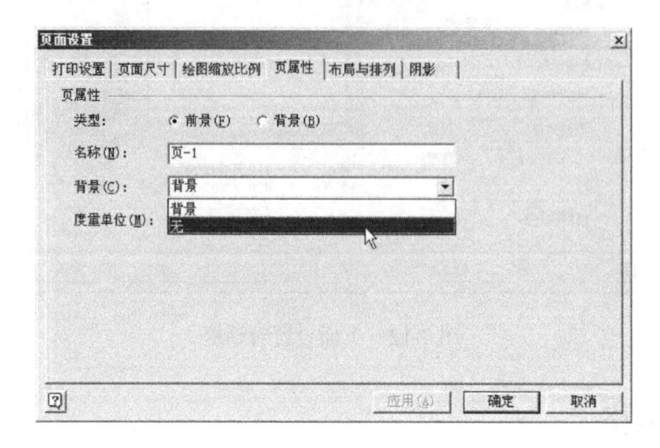

图 3-15 “页属性”

3.4　绘制及编制图形

3.4.1　基本图形及其手柄

Visio 图形分为一维图形（1D）和二维图形（2D）两种。

一维图形是线条和箭头等线形图形，有起点和终点。二维图形具有两个维度，通常有 8 个控制手柄，能在两维方向上改变大小，且没有起点和终点。

一维图形和二维图形如图 3-16 所示。

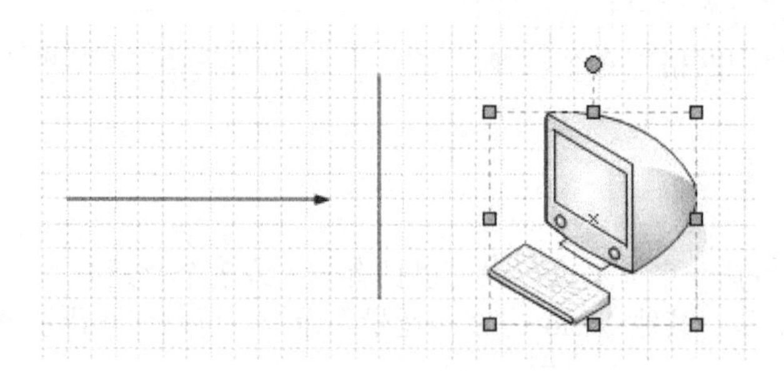

图 3-16　一维图形和二维图形

选中图形后，图形上会出现各种手柄用来对图形进行操作。Visio 的图形手柄有如下 7 种。

① 端点和选择手柄　绿色方块形状■，用来改变图形大小，一维图形有 2 个选择手柄，二维图形有 8 个选择手柄。拖动角上的手柄可以改变图形的长宽比例。

② 控制手柄　黄色菱形◇，将鼠标放在该手柄上片刻，会出现动态帮助信息，说明此

手柄的功能。

③ 旋转手柄　绿色圆点，选中图形后，旋转手柄出现在图形顶端位置。将鼠标放在该手柄上，会出现旋转中心。按住鼠标左键并拖动鼠标，可使图形围绕旋转中心旋转。

④ 连接点　用 x 表示，可将图形的连接点用线连接起来。Visio 为每个图形都提供了默认的连接点。如果需要增加连接点，可点击连接线工具右侧的下拉按钮，即出现连接点工具。如果要删除该连接点，可选中后（变成红色），按 Del 键删除。

⑤ 顶点　使用等工具时，可以看到图形的顶点，单击变成紫色，用鼠标拖动即可改变形状。

⑥ 离心率手柄　使用工具单击有弧线的图形时，会出现紫色的离心率手柄，拖动此手柄可以改变弧度。

⑦ 锁定手柄　如果单击某个图形后，图形四周出现灰色方块手柄，说明图形处于锁定状态，不能进行修改编辑。

3.4.2　绘制图形

Visio 虽然提供了大量的图形形状，但有时根据不同要求，创建个性化的形状，就需要用到“绘图”工具。

① 矩形工具　用来绘制图形。使用此工具沿着 45 度角拖动或按住 shift 键拖动时，得到的是正方形。

② 椭圆形工具　用来绘制椭圆形。使用此工具沿着 45 度角拖动或按住 shift 键拖动时，得到的是正圆形。

③ 线条工具　用来绘制直线。按住 shift 键拖动时，可得到水平、垂直或具有 45 度倾角的直线。

④ 铅笔工具　用来绘制直线或圆弧。

⑤ 自由绘制工具　用来绘制波浪线等任意曲线。波浪线上有很多手柄，拖动手柄可以修改波浪线的形状。

3.4.3　绘制图形

① 复制形状　单击形状，执行“编辑→复制”命令即可完成复制，执行“编辑→粘贴”命令即可将形状或文本转贴在绘图页上。另外一种快捷方式，选中要复制的形状，按住 Ctrl 键，按住鼠标左键拖动形状即可。完成复制后，要首先松开鼠标键，然后松开 Ctrl 键。

② 删除形状　选中需要删除的形状，然后按 Del 键即可删除。

3.4.4　编辑图形

① 形状的连接　将一维形状附加或者粘附到二维形状，需要使用（连接线）工具将两个形状的连接点连接起来。初学者通常使用工具，这样的缺点是当移动图形时，线条位置不会重排，而使用连接线连接形状的优点就是移动形状时连接线会保持粘附状态，自动重排或者弯曲。

② 形状的堆叠　Visio 是以形状拖到绘图页上的先后顺序来决定形状的堆叠层次。但在某些特殊情况下，如两个形状需要重叠时，重叠顺序变得十分重要。改变形状堆叠层次的办法很简单，可以单击鼠标右键弹出快捷菜单，选择“形状→置于顶层（或置于底层）”命令

将形状置于顶层或底层。

③ 形状的对齐　Visio 提供了形状对齐功能，对齐形状按钮在“动作”工具栏中。单击右侧下拉按钮弹出包括的各种对齐方式按钮。分别包括左对齐、居中、右对齐、顶端对齐、中部对齐和底端对齐。使用对齐命令时，首先将第一个形状位置调好，后面将以此形状为基准对齐。按住shift键，分别单击各个形状，点击对齐按钮。

④ 形状的组合　通过组合将两个或两个以上的单独形状组合成一个形状，方便移动或者缩放。使用工具，拖出一个较大范围包住所需要组合的形状，或者按住shift键依次选择需要组合的形状，单击“动作”工具栏的（组合）按钮。若要取消组合，可选中组合后，单击（取消组合）按钮将组合取消。

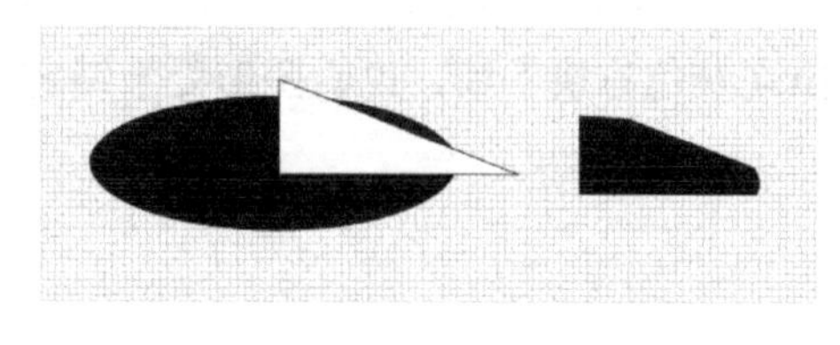

图 3-17　相交操作

⑤ 形状的相交操作　相交操作只保留形状的相交部分，其他部分自动删除，得到的形状保留第一个形状的各种属性。例如：向绘图页添加一个椭圆形状，将形状填充为黑色以示区别，再添加一个三角形，如图 3-17（左）所示。使用拖出一个较大矩形圈住这两个形状，使用“形状→操作→相交”命令将其相交。相交后的结果如图 3-17（右）所示，得到一个像机翼的新形状。

⑥ 形状的剪除操作　形状的剪除以选中的第一个形状为基础，删除其他形状与第一个形状的重叠部分。例如：在绘图页添加一个圆形，填充为黑色以示区别，再添加一个六边形。按住shift键依次点击圆形和六边形，如图 3-18（左）所示，使用“形状→操作→剪除”命令，剪除后的结果如图 3-18（右）所示。

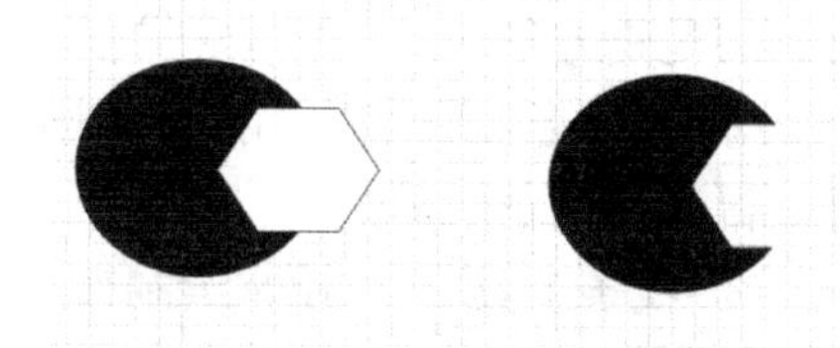

图 3-18　形状的剪除

3.5　基本文字操作

3.5.1　向形状中添加文本

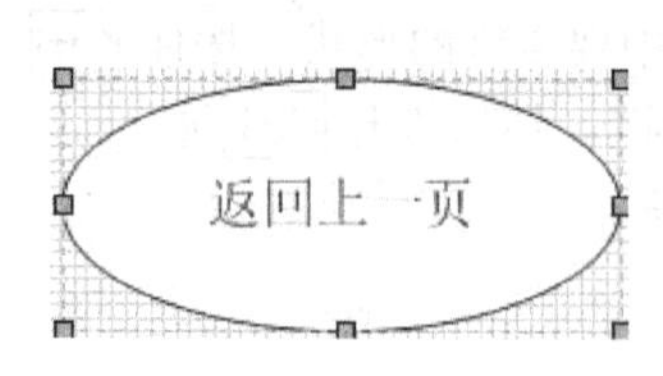

图 3-19　向形状输入文本

在 Visio 中向形状添加文本内容，只需单击某个形状后输入文本即可。同时 Visio 会放大以便你能看到所输入的文本。

双击形状，弹出文本输入框，如图 3-19 所示。单击空白区域可退出文本编辑模式。

删除形状中的文本同样需要双击形状，出现文本编辑框，按Del键删除。单击空白区域退出文本编辑模式。

3.5.2　添加独立文本

向绘图页添加独立的文本，与形状没有任何关系。

单击“常用”工具栏中的A·“文本”工具，点击绘图页空白处，出现文本输入框，输入文字后，按ESC键退出编辑模式。

3.5.3　改变文字方向

更改文字方向按钮在格式工具栏，化学化工应用中有时会用到竖排文字。选中文本，单击按钮。文字变成竖排后，此按钮也变成即横排文字。

3.5.4　特殊符号

在使用过程中如果需要使用特殊符号，方法与 Word 中的方法类似。首先进入文本编辑状态，执行“插入→符号”命令，弹出“符号”对话框如图 3-20 所示。

图 3-20　插入特殊符号

单击需要使用的符号，单击插入按钮，单击关闭按钮完成符号插入。

3.6　将图形添加到 Word 文档

多数情况下我们需要的是 Word 形式的文本，这时需要将 Visio 编辑的图形粘贴到 Word 文档中。由于 Visio 与 Word 可实现无缝结合，只需在 Visio 中将需要的图形使用复制命令即可粘贴到 Word 文本框内。复制图形前建议把相关形状组合成一个图形。

在 Word 文档中，双击 Visio 图形，将自动进入 Visio 编辑状态，编辑结束后，单击 Word 文档中的空白区域，即退出 Visio，回到 Word 文档中。

3.7　Visio 绘图实例

本节以实例的方式展开 Visio 的绘图功能。本节示例内容主要以组织结构图和工艺流程图等为介绍对象。

3.7.1　组织结构图

（1）绘制组织结构图

① 启动 Visio。

② 选择“组织结构图”类别，双击打开“组织结构图”模板，如图 3-21 所示。

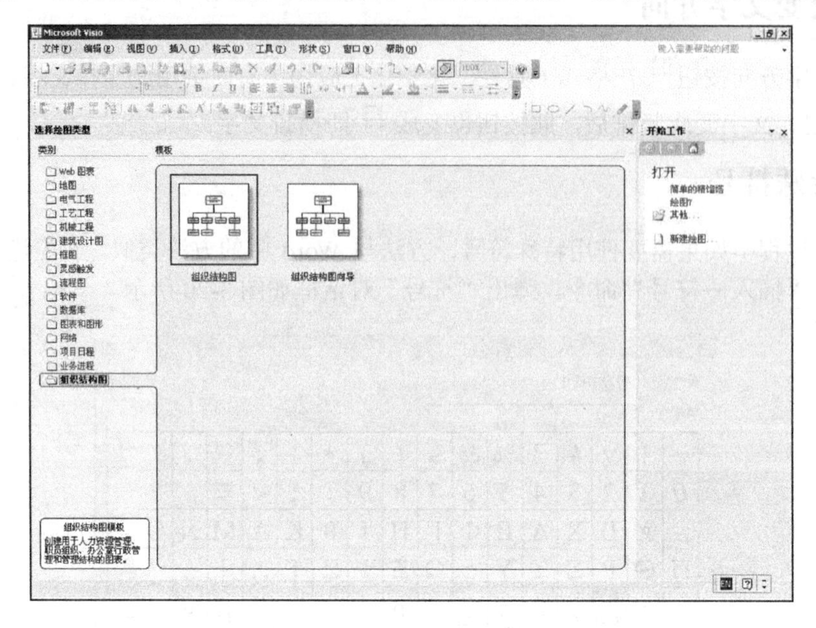

图 3-21　打开组织结构图模板

③ 单击组织结构图形状模具。

④ 拖动“总经理形状”至绘图页。

⑤ 拖动“经理”形状至“总经理”形状上，释放鼠标，Visio 自动将前者变为后者的子形状，并在两者之间建立连接线，如图 3-22 所示。

⑥ 将 4 个“职位”形状拖到绘图页的“经理”形状的上面，一次拖动一个。

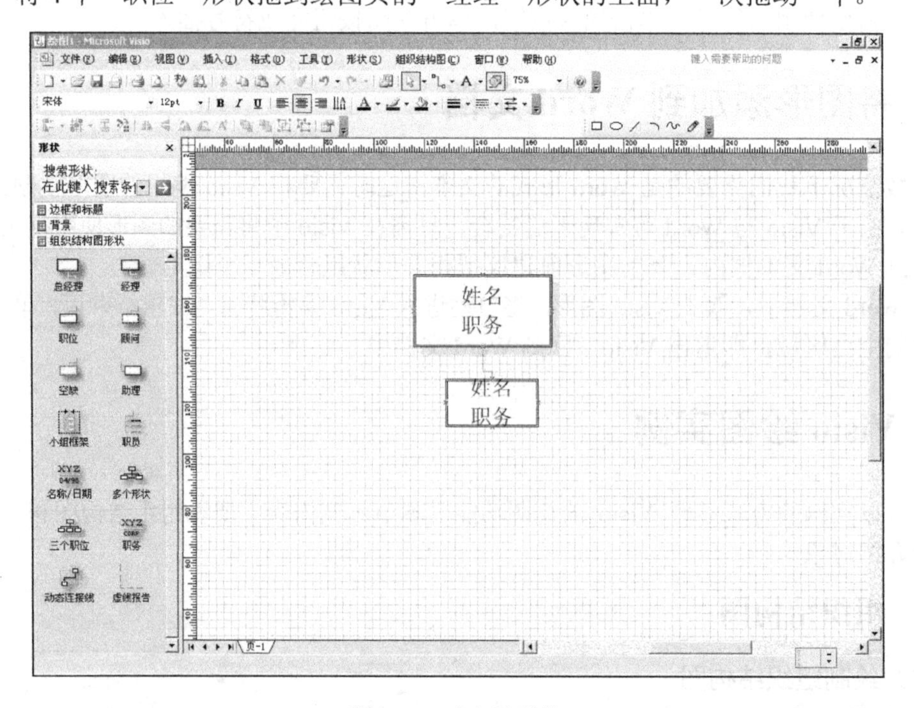

图 3-22　建立子形状

Visio 将把“职位”形状安排在“经理”形状的下面并自动与“经理”形状相连接。如图 3-23 所示。

这样的图形看起来对称性不够好，可以使用“组织结构图”工具重新布局。

（2）更改形状的布局

当打开“组织结构图”模板后，会弹出“组织结构图”工具栏。使用“组织结构图”工具可以排放、同步、隐藏和移动图形中的形状，“组织结构图”工具栏如图 3-24 所示。

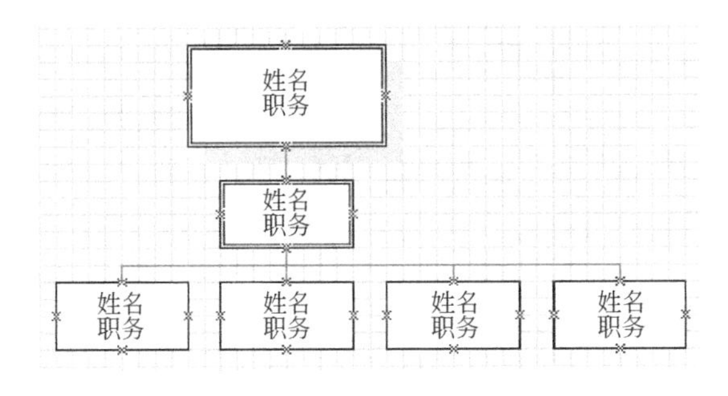

图 3-23　创建组织层次结构

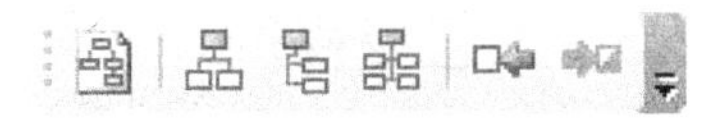

图 3-24　“组织结构图”工具栏

上面 6 个按钮分别是“重新布局”、“水平布局”、“垂直布局”、“并排”、“左移”和“右移”。

① 单击选中“经理”形状。

② 在“组织结构图”工具栏上，单击“重新布局”按钮将“经理”以下的形状重新布局，如图 3-25 所示。

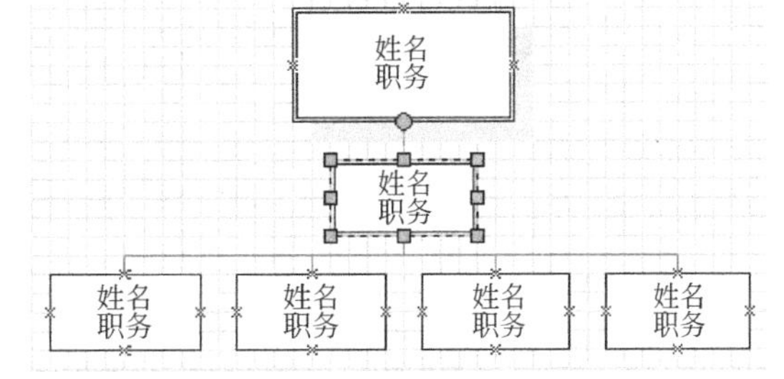

图 3-25　更改形状的布局

（3）在组织结构图形状中添加雇员照片和其他信息

① 在“职员”形状上点击右键，弹出快捷菜单，选择“插入图片”命令，弹出其对话框，找到所需的图片，单击打开或者双击即可完成图片插入，插入图片信息后，“职员”形状的大小也会发生变化，因此需要重新布局形状。

② 双击各形状进入文本编辑状态，可以依次为各个职员添加文字说明，如图 3-26 所示。

（4）显示更详细的雇员信息

默认的雇员信息包括姓名和职务两项。如果想添加更多信息，可以单击“组织结构图”菜单，选择“选项”命令，弹出“选项”对话框，单击“字段”选项卡，如图 3-27 所示。选择想要添加的内容即可。

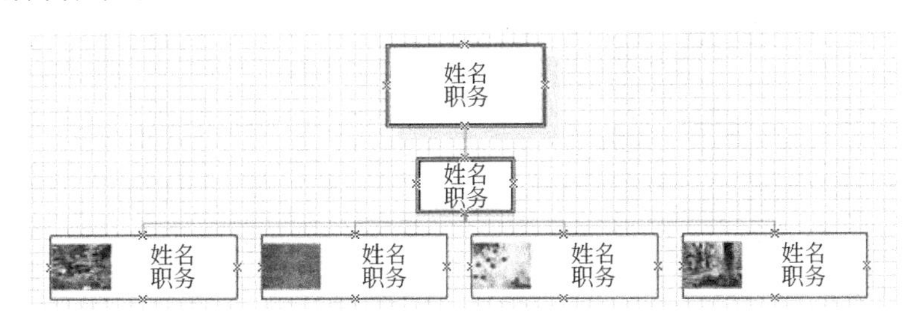

图 3-26　添加照片后重新布局

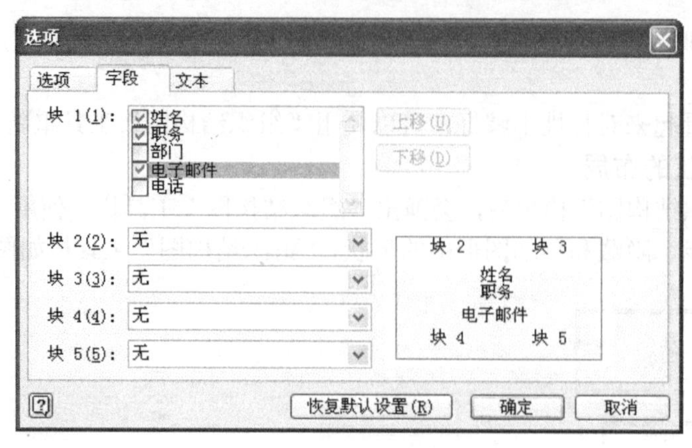

图 3-27 “选项”对话框

3.7.2 工艺流程图

下面绘制一个简易的净水设备，首先来看一下这个设备的工艺流程方框图，如图 3-28 所示。这个方框图是使用“流程图”模块的“基本流程图”模板制作的。

经过分析得到一个结论，该净水设备使用的形状大致有四类：容器、管道、仪表和阀门。可以将每个或几个方框图作为一个单元来单独绘制，最后将几个形状组合连接到一起即可绘制出一张工艺流程示意图。绘制过程如下所述。

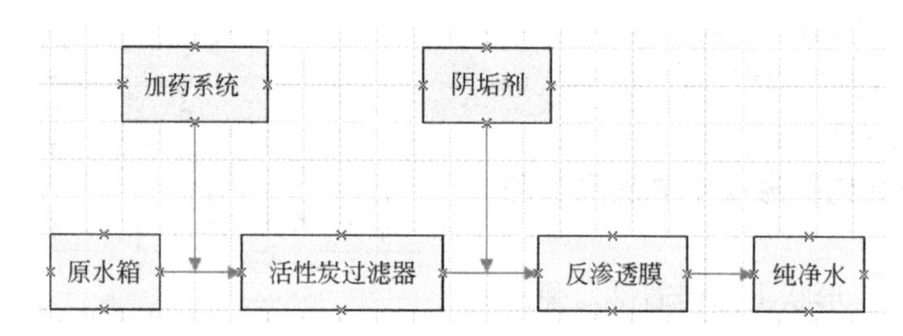

图 3-28 某净水设备工艺流程方框图

① 启动 Visio。

② 选择“工艺工程”模块类别，单击打开“工艺流程图”模板，如图 3-29 所示。

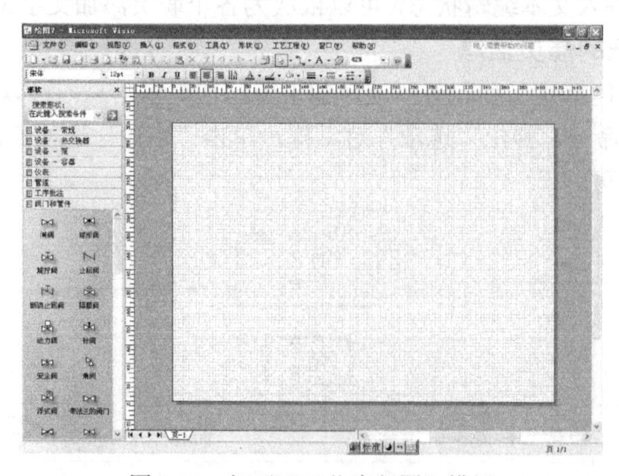

图 3-29 打开“工艺流程图”模板

③ 单击“设备-容器”模具，将其展开，拖动“容器”和“封顶箱”图形至绘图区，并

调整到合适大小。

④ 单击展开“设备-泵”模具，拖动“离心泵”图形至绘图区。

⑤ 单击展开“阀门和管件”模具，拖动“旋拧阀”图形至绘图区。

这样，目前绘图页上有了如图 3-30 所示的几种形状。

⑥ 单击离心泵形状，并按住 CTRL 键复制出一个离心泵放于水箱下面。

⑦ 同样方法复制 4 个旋拧阀，放在合适位置上。

⑧ 使用连接线工具连接各形状，结果如图 3-31 所示。

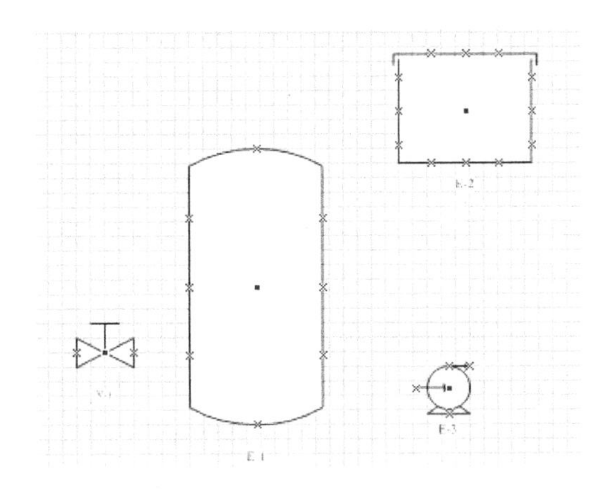

图 3-30　添加各个形状

⑨ 选中所有形状，执行“形状→组合”命令，将所有形状组合起来。

⑩ 在页名称“页-1”上单击右键，修改名称为“原水箱及加药单元”。

⑪ 新建一个页并将其命名为“过滤单元”。

⑫ 拖动“容器”图形至绘图区，调整合适大小。

⑬ 拖动 5 个“旋拧阀”图形至绘图区，并排列到合适位置。

⑭ 使用连接线工具连接各形状，结果如图 3-32 所示。

⑮ 再新建一个页面来绘制“反渗透膜单元”。

⑯ 打开“设备-常规”模具，将“过滤器 2”拖入绘图页。如图 3-33 所示，调整其大小，并复制形成 3 个过滤器。

⑰ 添加封口箱、离心泵、容器、压力表等形状。

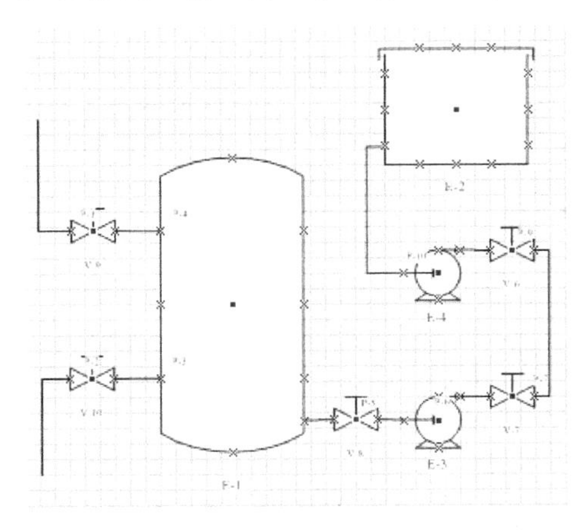

图 3-31 “原水箱和加药单元”

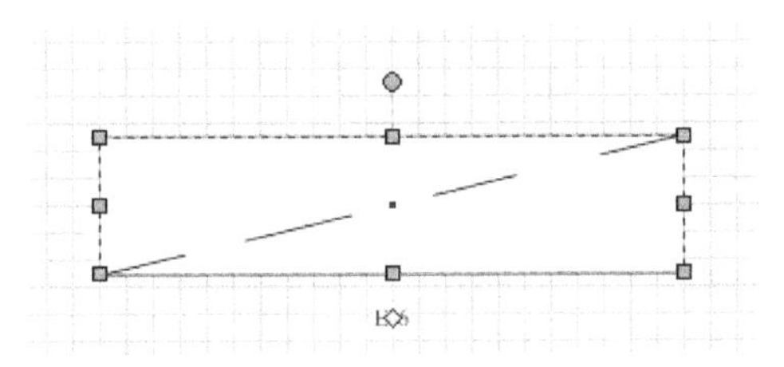

图 3-33　过滤器

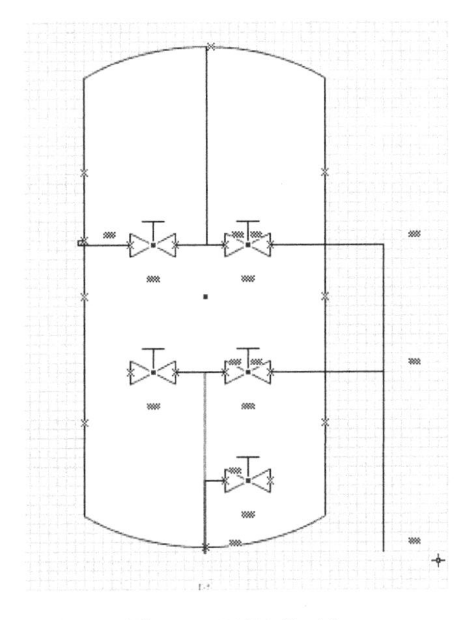

图 3-32 “过滤单元”

⑱ 用连接线将各形状连接起来，如图 3-34 所示。

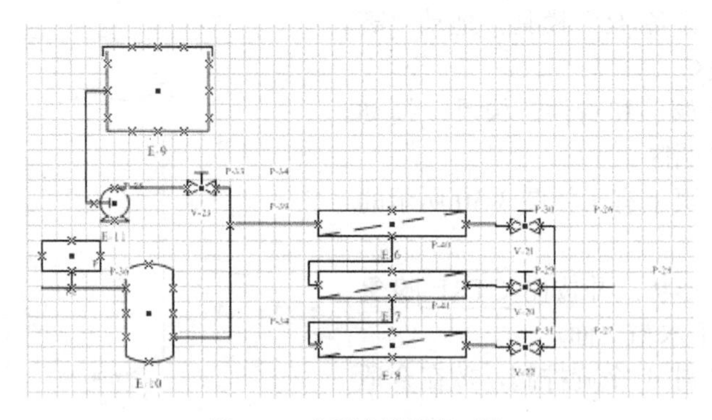

图 3-34 “反渗透膜单元”

⑲ 插入新绘图页，命名为“纯水箱单元”。

⑳ 添加容器、阀门、流量计、过滤器、压力表等形状，并用连接线将各形状连接起来，如图 3-35 所示。

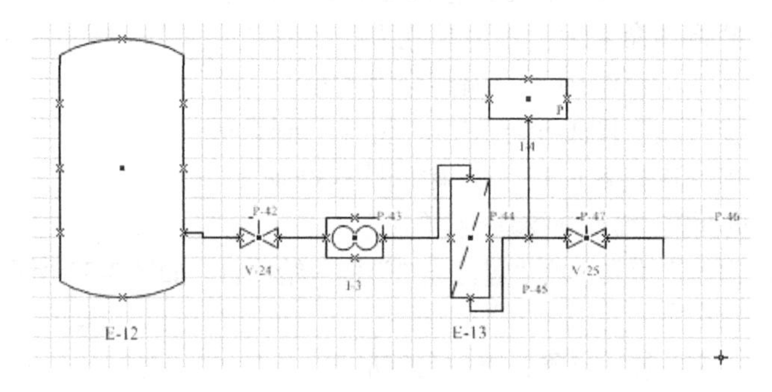

图 3-35 “纯水箱单元”

㉑ 插入新绘图页，命名为“工艺流程图”，分别将各个单元复制到“工艺流程图”中再连接起来。最后得到工艺流程图如图 3-36 所示。

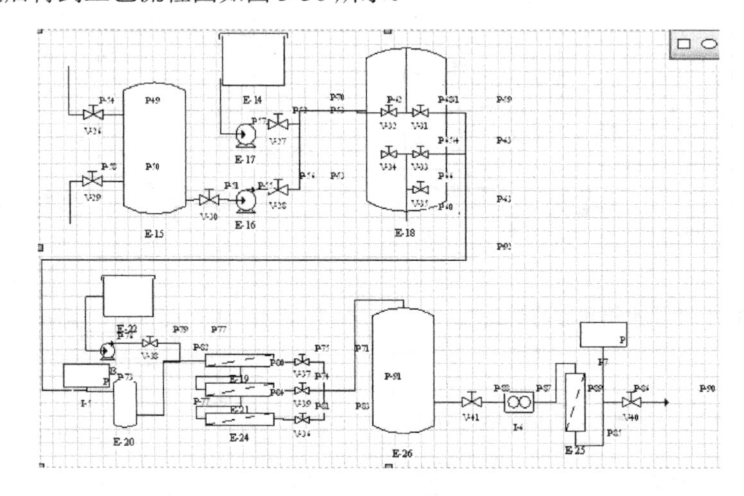

图 3-36 工艺流程图

㉒ 下面的工作是为各种形状做出标记，Visio 会自动给出分类标记，如“E22”表示第

22 个容器，“V70”表示第 70 个阀门等，标记是可以修改的，但修改之前要取消形状的组合。

双击“阀门”形状，修改标记为“上水阀”，在上水阀形状上单击右键，弹出快捷菜单，单击“设置阀门类型”，弹出“自定义属性”，如图 3-37 所示。

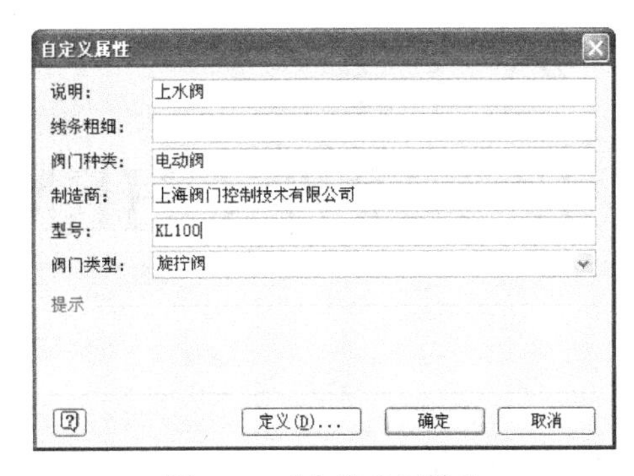

图 3-37 “自定义属性”

㉓ 按照以上方法可以修改工艺流程图中的各部件的标记和属性。

㉔ 将所有形状选中并组合起来，存盘，得到如图 3-38 所示的工艺流程图。

㉕ 打开“工序批注”模具，将“设备列表”形状拖入绘图区，Visio 自动产生“设备列表”，如图 3-39 所示。

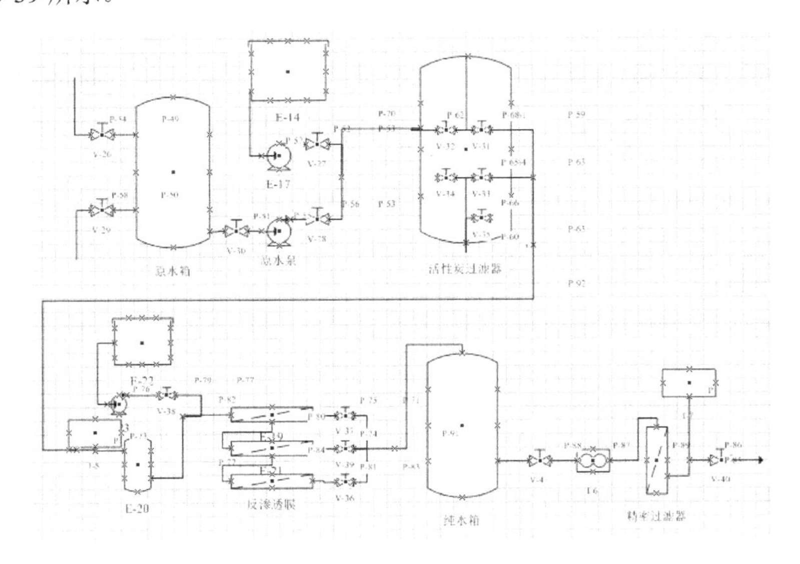

图 3-38　净化水系统工艺流程图

设备列表

显示的文本	说明	制造商	材料	型号
E-15				
E-20				
E-21				
E-22				
E-23				
加药系统				
原水泵				
原水箱				
反渗透膜				
活性炭过滤器				
精密过滤器				
纯水箱				
阻垢剂投加系统				

图 3-39　设备列表

㉖ 同样的方法，可以将“管道列表”、“阀列表”、“仪表列表”形状都拖入绘图区，产生各自列表。

第4章 化学软件 CHEMOFFICE

4.1 概述

ChemOffice软件是由剑桥化学软件公司开发的集成化学软件桌面系统，集成了Chem3D、ChemDraw、ChemFinder、ChemInfo 以及 Chem TableEditor 等软件，具有强大的高端开发功能。

以ChemOffice2004（8.0）版为例，因功能不同分为几个版本，其中ChemOffice Ultra 2004包含了ChemDraw Ultra 8.0 化学结构绘图、Chem3D Ultra 8.0 分子模型及仿真、ChemFinder Pro8.0 化学信息搜寻整合系统，此外还加入了E2Notebook Ultra8.0、BioAssay Pro8.0、量化软件MOPAC、Gaussian和GAMESS的界面，ChemSAR Server Exce，ClogP，CombiChemPExcel等，ChemOffice Pro还包含了全套ChemInfo数据库，有ChemACX 和ChemACX2SC、Merck索引和ChemMSDX。

- ChemDraw Ultra8.0：是国际上最受欢迎的化学结构绘图软件，为各论文期刊指定的格式。
- AutoNom：是Beilsteiny 最强的软件，已包含在ChemDraw Ultra 内，它可自动依照IUPAC标准命名化学结构。
- ChemNM：在ChemDraw内预测13C 和1H的NMR 光谱，可节省实验的费用。
- ChemProp：用以预测BP、MP、临界温度、临界气压、吉布斯自由能、logP、折射率、热结构等性质。
- ChemSpec：可以输入JCAMP 及SPC频谱资料，用以比较ChemNMR 预测的结果。
- Chem3D Ultra8.0：为分子模型及仿真提供工作站级的3D 分子轮廓图及分子轨道特性分析，并和数种量子化学软件结合在一起。由于 Chem3D 提供完整的界面及功能，已成为分子仿真分析最佳的前端开发环境。
- Excel Add2on：与微软的Excel 完全整合，并可连接ChemFinder。
- Gaussian Client：量化计算软件Gaussian 03的客户端界面，直接在Chem3D运行，并提供数种坐标格式。
- CS Gamess：量子化学计算软件Gamess的客户端界面，直接在Chem3D运行Gamess的计算。
- ChemFinder Pro8.0：化学信息搜寻整合系统ChemFinder 是一个智能型的快速化学搜寻引擎，所提供的ChemInfo 是目前世界上最丰富的数据库之一，包含ChemACX、ChemINDEX、ChemRXN、ChemMSDX，并不断有新的数据库加入。
- ChemOffice WebServer：化学网站服务器数据库管理系统可将您的 ChemDraw、Chem3D 发表在网站上，使用者可用ChemDraw Pro Plugin网页浏览工具，用www

方式观看 ChemDraw 的图形，WebServer 还提供 250000 种的化学品数据库。

本章以 ChemDraw Ultra 化学结构绘图软件为例，重点来了解 ChemOffice 软件的特点和使用方法；4.3 和 4.4 主要介绍分子模型及仿真软件 Chem3D Ultra8.0 和化学信息搜寻整合系统 ChemFinder Pro8.0 的相关使用方法。

4.2　化学结构绘图软件 ChemDraw

ChemDraw 软件是目前国内外最流行、最受欢迎的化学绘图软件，是 ChemOffice 系列软件中最重要的一员。ChemDraw 软件内嵌了许多国际权威期刊的文件格式，近几年来已成为化学界出版物、稿件、报告、CAI 软件等领域绘制结构图的标准。

ChemDraw 软件功能十分强大，可以编辑、绘制与化学有关的一切图形，如建立和编辑各类分子式、方程式、结构式、立体图形、对称图形、轨道等，并能对图形进行编辑、翻转、旋转、缩放、存储、复制、粘贴等多种操作。用它绘制的图形可以直接复制粘贴到 Word 软件中使用。最新版本的软件还可以生成分子模型、建立和管理化学信息库，并增加了光谱化学工具等功能。

4.2.1　主界面

ChemDraw 的主界面如图 4-1 所示，与 Windows 窗口相同。最上边是菜单栏，每一个菜单栏都可以下拉，出现与之相关的命令；菜单栏下方为工具栏，提供对绘图文件进行相关操作的命令；左边是主工具图标板，上边是可供选择的绘图工具；中间为编辑区模板，为主要工作区域；右边有滚动条，下边为信息栏，可同时打开多个编辑区模板。

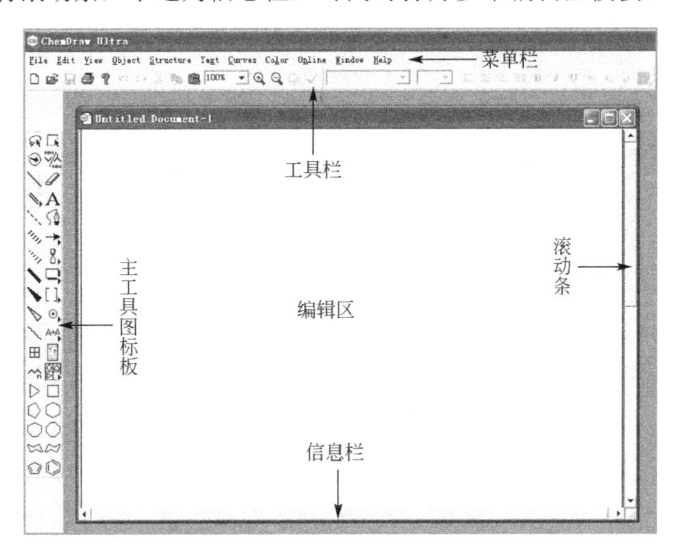

图 4-1　ChemDraw 的主界面

（1）菜单栏

菜单栏共有 11 个下拉菜单，每一个下拉菜单中都包括相应的命令。其中如果相应的命令前有√，则该条命令已经被执行；若命令后有小三角表示该指示条有子菜单；指示条灰色表示该命令未激活（图 4-2）。

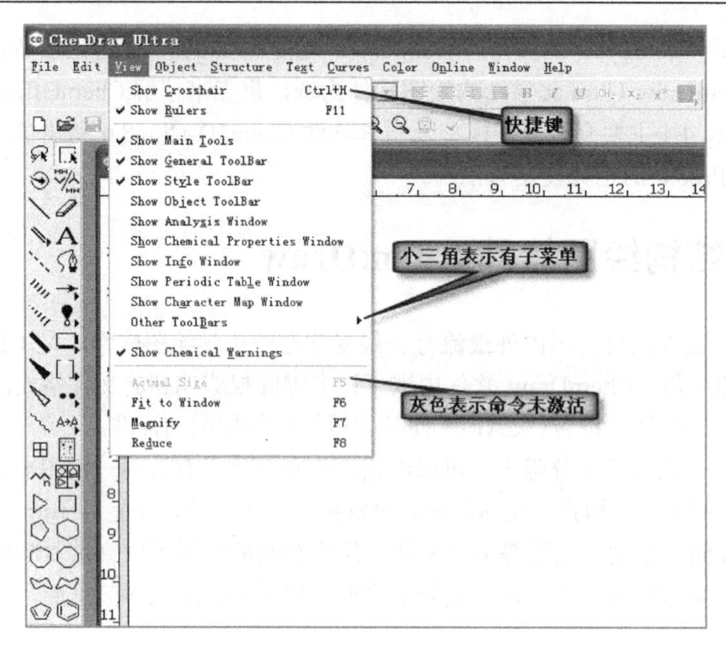

图 4-2　ChemDraw 的菜单栏

“File”菜单命令主要是对绘图文件的相关操作，如存储、打开等；其中可以对绘图区模板的尺寸进行调整或选择相关刊物规定的模式（图 4-3）。

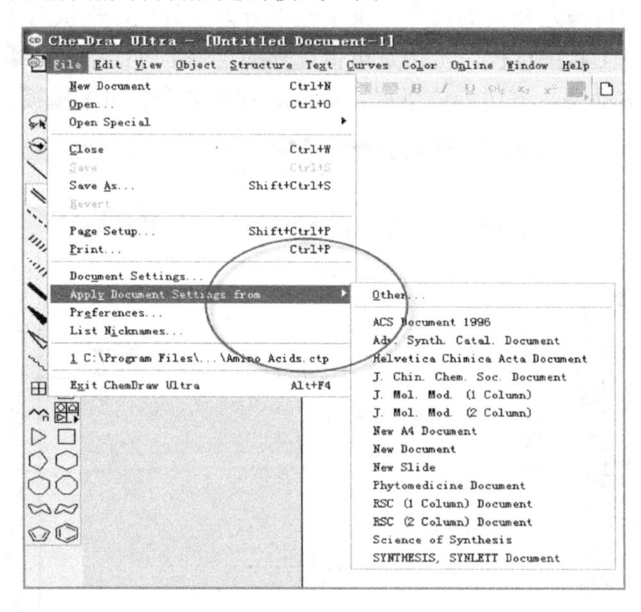

图 4-3　文件命令的下拉菜单

“Edit”菜单命令主要对绘图进行选择、拷贝、插入对象等操作（图 4-4）。

“Object”菜单命令主要对图像元素进行变形、旋转、调整等操作。

“Structure”菜单命令主要对绘制化学结构、元素等相关属性信息进行调整及命名。

“Text”菜单命令对结构中的文本信息进行相关调整。

“Curve”菜单命令对绘制结构中的平面、直线以及箭头等进行操作。

“Colour”菜单命令对选择的图形、区域以及文本的颜色进行调整。

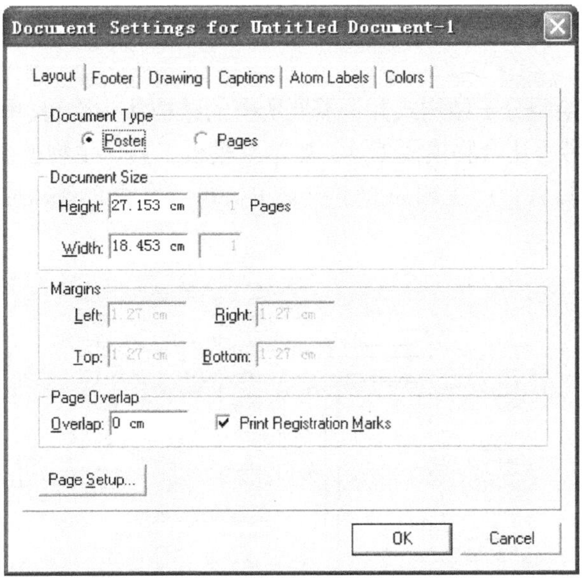

图 4-4　文件命令的对话框

"Online"菜单命令包括相关的网络连接。

"Window"菜单命令包括对主界面窗口的调整命令。

"Help"帮助命令。

（2）主工具图标板

主工具图标板提供所有绘图所需的工具，如图 4-5 所示，鼠标左键点击图标后，在编辑区再次鼠标左键点拉即可绘图。带有小箭头的图标点击后会产生子图标板，如图 4-6 所示。

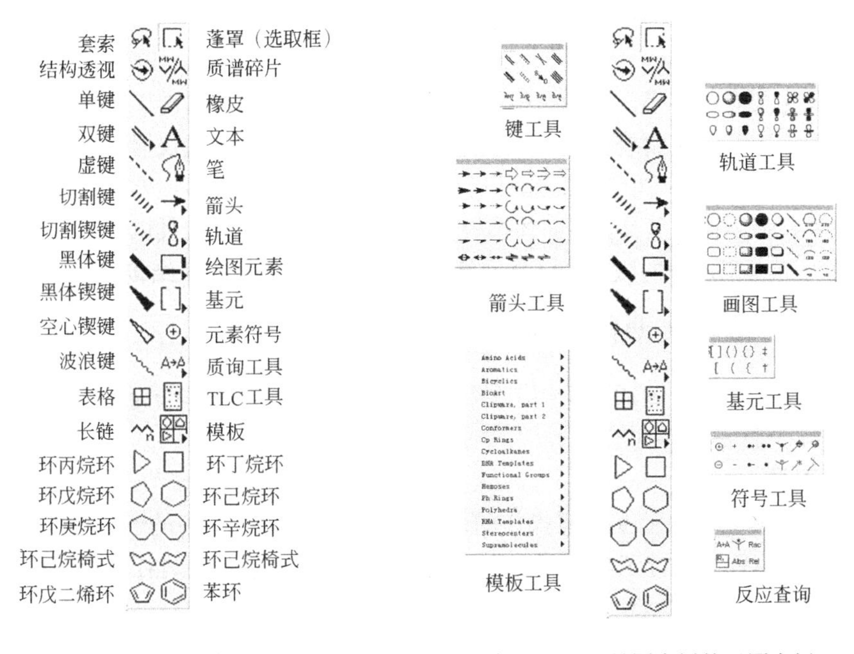

图 4-5　主工具图标板

图 4-6　主工具图表板的子图表板

4.2.2 模板

在 ChemDraw 中绘制分子结构式并不需要所有的结构从头绘起，程序提供了许多常用结构的模板供选择。如芳香化合物模板工具、氨基酸模板工具、生物模板工具等。点击主工具图标板的模板工具图标就会产生相关的下拉菜单，每一个菜单条对应这一类模板工具，如图 4-7 所示。

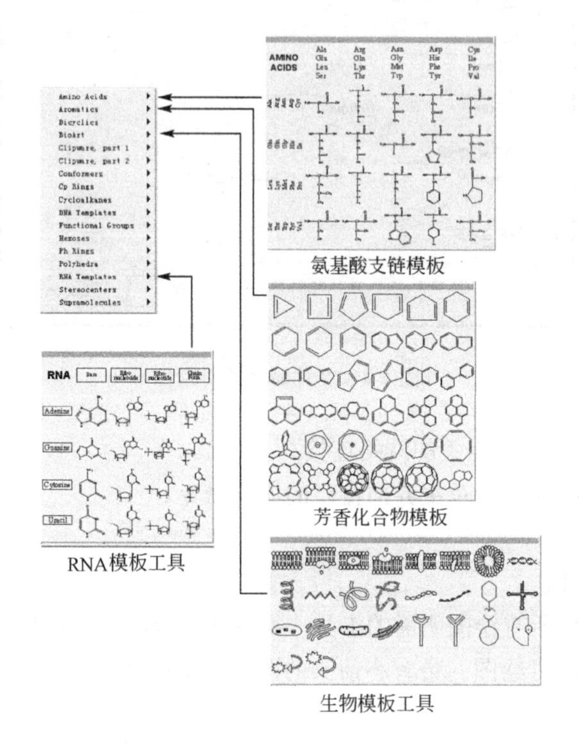

图 4-7 模板工具图表板示例

模板工具主要有 17 类，在菜单栏中从上到下依次是氨基酸支链工具、芳香化合物模板工具、双环模板工具、生物模板工具、实验仪器模板工具 1、实验仪器模板工具 2、构象异构体模板工具、环戊二烯模板工具、脂环模板工具、DNA 结构模板工具、功能图案模板工具、己糖模板工具、苯环模板工具、多面体模板工具、RNA 结构模板工具以及立体中心模板工具和超分子模板工具等，有的版本中还含有微管结构模板工具和多肽结构模板工具。

4.2.3 绘制与编辑典型化学物质结构式

物质结构式的绘制主要通过选择工具板上的各种工具连接操作绘制。核心工具是 9 个键工具、10 个环工具和 1 个链工具。

（1）键工具

主工具图标板上提供了 9 个键操作的命令，其中双键命令板中的子菜单中还包括 12 个键命令，见图 4-8。利用键工具进行结构绘制操作的基本操作：首先在命令面板中选取键命令，绘制的基本操作是“点位”、“拖动”和“点击”。

① 键的产生

➢ 点位后，向某一方向拖动可以产生；

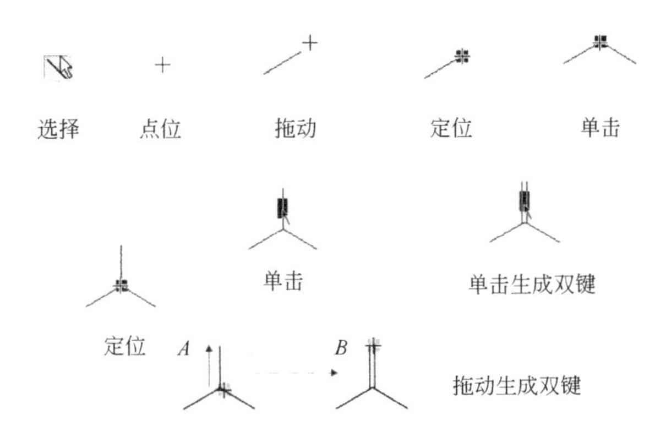

图 4-8　绘制分子结构的基本操作

- 直接单击，产生所选择类型的化学键，连续点击两键相连默认角度为 120 度；
- 点位位于一键的起点（显示小蓝块），沿键拖动会产生重键；
- 点位位于键中间，单击同样可以产生重键（三键点击后变单键）。

② 元素符号的输入

- 一般 C 原子和 H 原子不用表示，其他原子直接表示；
- 在主命令板中选择文本命令，在键的起点、终点或两键相交处双击，产生文本输入框，直接在文本中输入官能团或元素符号，见图 4-9；

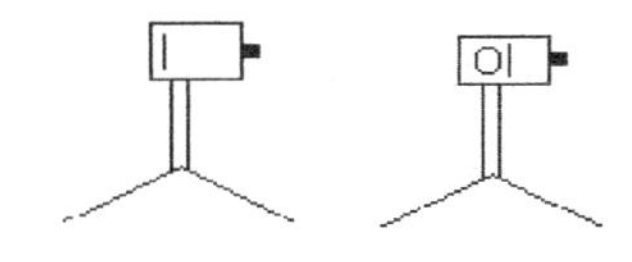

图 4-9　官能团或元素符号的输入

- 文本编辑过程中，可以利用工具栏中的命令进行上下标的选择以及特殊符号的选择；在“View”菜单中可以调出元素周期表以及字符映射表。

③ 键及元素文本属性的设置

- 在主工具面板中选取蓬罩（选取框）命令，利用单击或拖动选取框操作对目标进行选取，可以是键、元素文本或是整个结构式；
- “Object”菜单中调出目标设置窗口如图 4-10 所示，其中可以设置键的长度、两键同方向连接之间的默认角度、双键两条直线间键的距离、线的宽度、颜色以及文本字体等参数；同时也可以对选择的键或文本在“Structure”菜单中对其属性进行相应的设定。

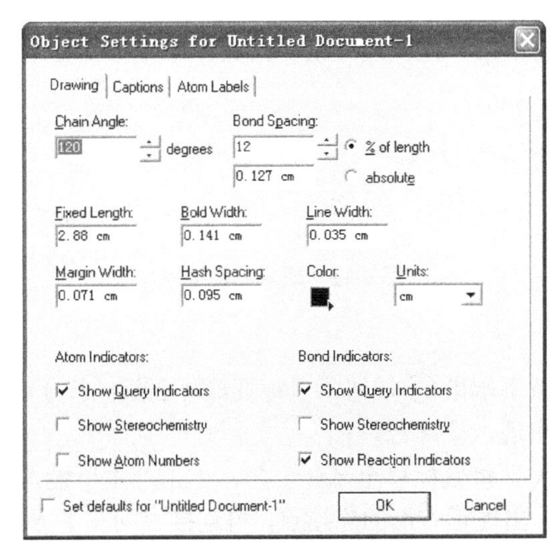

图 4-10　目标设置窗口

（2）环工具

主工具面板中提供了 10 种环工具命令，在模板命令中还有芳香化合物模板和双环模板可以绘制环状化合物。

① 环的绘制

➢ 面板中选取相应的环命令后，直接在绘制区点击可产生相应的环。点住鼠标左键不放，拖动鼠标可以对环的大小、放置的角度进行自由改变；

➢ 环己烷的椅式构型直接点击为水平放置，按Shift键点击可由水平变为垂直；

➢ 在面板中任选一环命令，按Ctrl键点击，可以在环中产生不定域共轭圈。

② 环的连接

➢ 选择键命令或环命令，直接在环的任何一个节点处点击或拖动可以实现键的连接或环与环的点连接；

➢ 选择环的一个节点，按住鼠标左键，从一个节点拖至另一个节点，可以实现环与环的双点连接。

③ 元素符号的输入与目标参数的设置与键操作类似，同样在“Structure”菜单中可以对选择的键的属性进行设定。

（3）链工具

① 链的绘制

➢ 选取长链工具，在需要进行的连接原子或环上点击或拖动可产生链；同时弹出链长对话框，可以设置链的长度，如图 4-11 所示。

➢ 前后添加的链如果需要相互垂直，可以在添加后，从“Object”菜单中选择“Flip Section”命令。

② 链属性的设置　在“Object”菜单中调出目标设置窗口，其中可以设置键的长度、同方向连接的两个键之间的默认角度。在“Structure”菜单中可以对选择的键的属性进行设定。

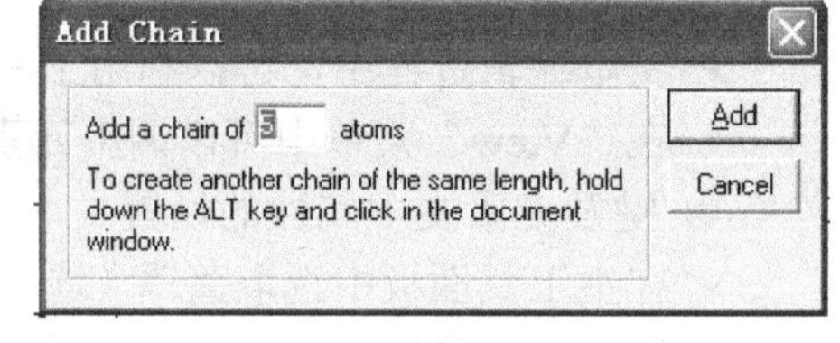

图 4-11　链长对话框

（4）化合物结构绘制示例

以胡萝卜素结构（图 4-12）为例进行绘制，具体操作步骤如下：

图 4-12　胡萝卜素结构

➢ 启动 ChemDraw；

➢ 单击主工具图标板下端的⬡按钮，鼠标变成环己烷的样子；

➢ 在绘图区单击，出现一个环己烷；

➢ 单击单键按钮“＼”将鼠标移至苯环一角，单击产生单键，如图 4-13 所示；

➢ 将鼠标移至间位，出现正方形的连接点，自连接点向左下方拉出实现一根单键，松开鼠标，同一连接点向右下方拉出一根单键；

➢ 然后将鼠标移至中间邻位，选择链工具，单击，产生链工具对话框，如图 4-14 所示，选择链长为 9；

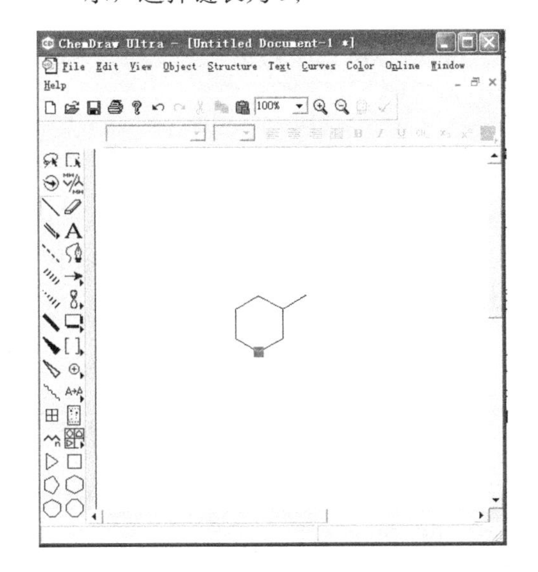

图 4-13　连接点及单键的产生

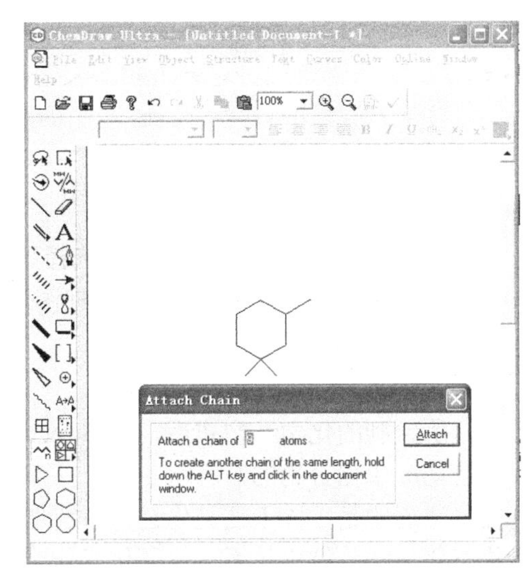

图 4-14　长链的生成

➢ 用同样的方法，在链上单击产生两个单键；
➢ 在相应单键上单击可将其键变为双键；
➢ 将鼠标移至连接点上按 C 键，ChemDraw 会依据键的饱和度自动出现 CH_3；
➢ 选择所绘制的部分结构式，通过复制命令产生相同结构式，单击鼠标右键，在产生的命令菜单中选择“Rotate 命令”，弹出旋转对话框，选择旋转角度 180 度，如图 4-15 所示；

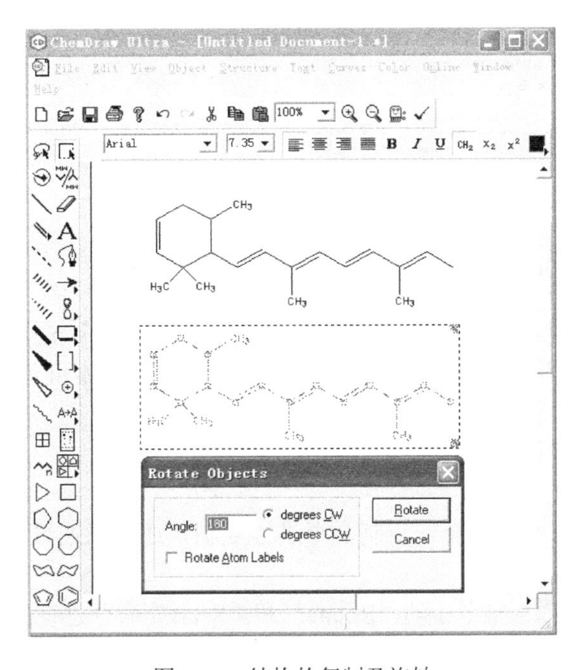

图 4-15　结构的复制及旋转

➢ 将旋转后的结构与前边绘制的结构水平通过双键连接，即得到胡萝卜素结构式图 4-16；

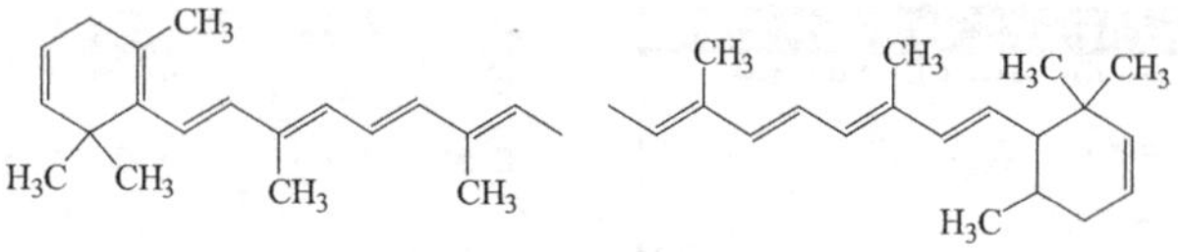

图 4-16　两个结构的连接

➢ 绘制完成后，利用选取框命令选择整个胡萝卜素结构式，执行“Structure”菜单中的“Clean Up Structure”命令，整理图形以得到结构合理的胡萝卜素结构式。

4.2.4　化合物结构与命名

选定所绘制的化学结构式后，在“Structure”菜单中选择“Convert Structure to Name”命令便会自动产生化合物的命名。

需要注意的是，以下几类化合物系统难以自动命名：多于一桥以上的桥环、自由基、非标准价态化合物、螺旋体系、含同位素化合物、聚合物、生物分子。

如果写出英文形式的系统命名，程序可以直接转换成化学结构式，如图 4-17 所示。

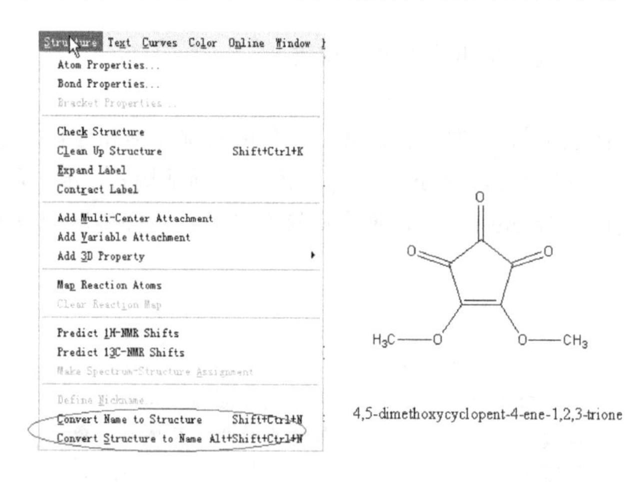

图 4-17　命名示例图示表

4.2.5　绘制化学反应方程式

将反应物结构式与目标产物结构式以一定形式连接得到反应方程式，主要以有机化学反应为主。反应物结构涉及的类型有有机分子、离子、反应中间体和立体化学结构式。连接方式有箭头、加号和等号等。

（1）反应物结构式的绘制

① 普通分子结构的绘制

➢ 类似的结构可以通过选择、复制命令进行复制，还可以通过选择目标后，按住 Ctrl 键拖动复制；

➢ 可以通过“Object”菜单中的“Rotate”和“Scale”命令进行旋转和放大缩小的调整，也可以按住鼠标左键，在选择框拐角处通过拖动鼠标来进行类似的调整；

➢ 直接利用选择框命令，选择原子，拖动原子可以调整相应键的位置和角度，也可以通过选择键进行操作。

② 离子结构的绘制　绘制好相应的结构后，直接在主命令面板中“符号工具”子面板中选取电荷，利用“选择”命令放置适当位置。

③ 中间体结构的绘制　利用橡皮工具打开原有结构，选择笔工具进行电子转移过程的标记。选择笔工具后，在“Curve”菜单中对笔绘制曲线的特征进行设定，通常定为“Full arrow at End”。定位后拖动鼠标左键产生一条修饰虚线，单击生成曲线箭，按 ESC 键退出绘制模式；单击箭头，按住小手形光标，拉出另一条修饰虚线，小手形光标选中虚心柄，拖动改变虚线箭形状，按 ESC 键退出绘制模式。

④ 立体结构的绘制　合理利用锲键绘制立体结构，定位选择后，在“Object”命令中选择“Show Stereochemistry”，还可以通过对结构图进行合理的压缩得到立体结构。

（2）方程式的建立

① 箭头的选择：在主工具面板的箭头子面板中选择合适的箭头在两结构式中间单击生成箭头，选择后通过拖拉选择框可以改变箭头的大小。

② 利用绘图工具选择合适的阴影框罩住方程式。

（3）化学反应方程式绘制举例

乙酰水杨酸又称为阿司匹林，为常用的退热镇痛药物。制备乙酰水杨酸最常用的方法是将水杨酸与乙酐作用生成乙酰水杨酸。

$$\text{C}_6\text{H}_4(\text{OH})(\text{COOH}) \xrightarrow[\text{70~80℃,15min水浴}]{(CH_3CO)_2} \text{C}_6\text{H}_4(\text{OOCCH}_3)(\text{COOH})$$

乙酰水杨酸合成反应方程式绘制方法如下：

- 使用主工具图标板下方的苯环模板绘制苯环；
- 使用单键工具，在苯环的邻位上分别绘制出羟基和羧基；
- 用选取框选中所绘制的水杨酸结构式，按住 Ctrl 键，拖动鼠标将水杨酸复制到一个新位置；
- 利用文本工具 **A** 将复制得到的新结构式修改，成为乙酰水杨酸的结构式，如图 4-18 所示；这样反应原料和产物都绘制出来了，下面添加反应条件；

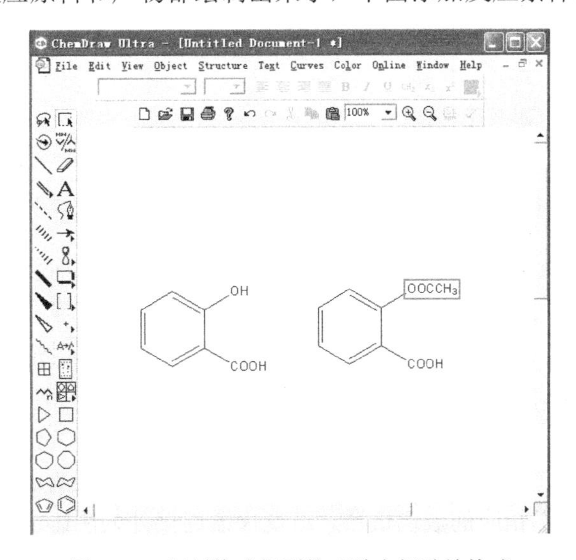

图 4-18　复制修改得到的乙酰水杨酸结构式

- 使用工具在原料结构式与产物结构式之间绘出水平箭头；
- 使用文本工具**A**在箭头上方输入“$(CH_3CO)_2$”，在其下输入“70～80℃，水浴 15min”，最终结果如图 4-19 所示。

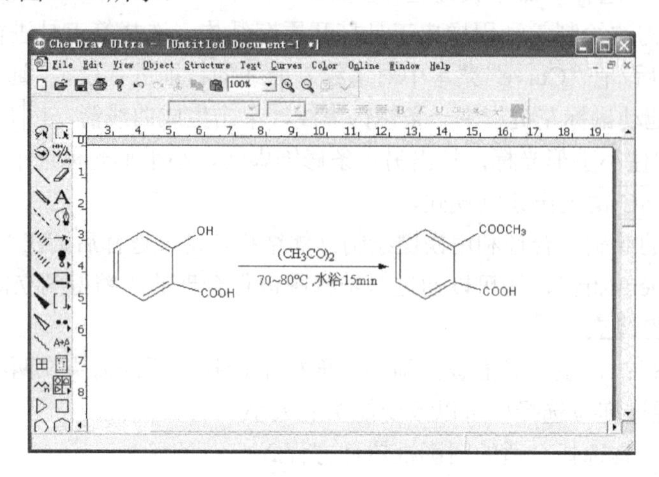

图 4-19　乙酰水杨酸合成反应方程式

在绘制需要输入的一些特殊符号可以执行“View”菜单中的“Show Character Map Window”菜单命令以打开符号窗口进行选择，如图 4-20 所示。

单击下拉按钮，可以选择各种 Windows 字体和符号，包括汉字。同时可以利用“Text”菜单中的“Font”命令改变字体类型，如图 4-21 所示。

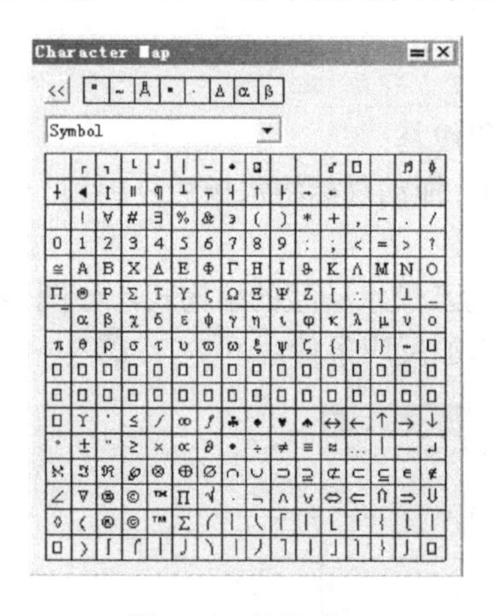

图 4-20　符号窗口

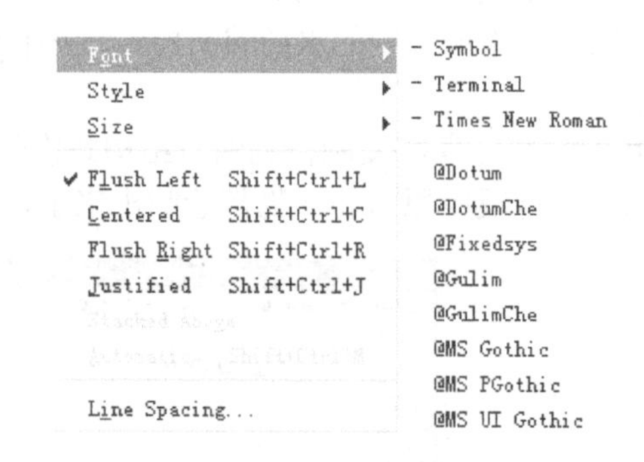

图 4-21　字体选项

默认状态下 ChemDraw 的文字和绘制的图形都是黑色的，有时我们需要将图形变成其他颜色，比方制作 PPT，此时选择绘制好的结构式，执行“Color”菜单命令选择 8 种颜色，也执行其中的“Other”选项调出调色板，选择自己心仪的颜色。如图 4-22 和图 4-23 所示。

4.2.6　绘制实验装置

利用实验仪器模板工具 1 和实验仪器模板工具 2 进行实验装置的绘制，在模板中选择所需的实验仪器，单击产生相应的玻璃仪器。玻璃仪器连接处为阴影。通过旋转选择框改变角度和大小进行玻璃仪器的连接，示范图例见图 4-24。

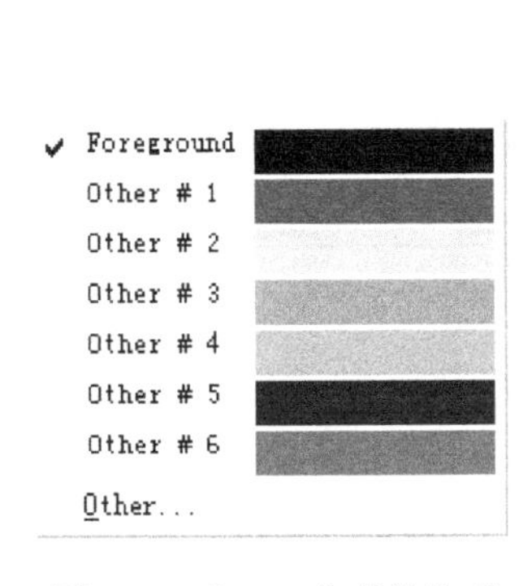

图 4-22　“Color”菜单选项

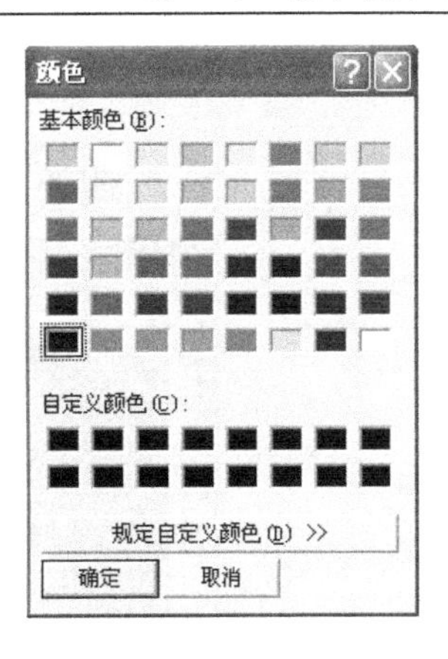

图 4-23　调色板

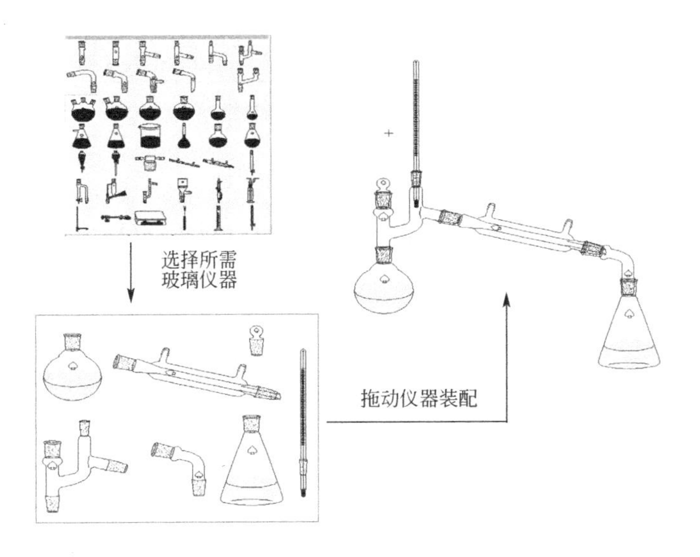

图 4-24　仪器绘制示例

4.3　分子模型及仿真软件 Chem3D

分子模型及仿真软件 Chem3D 为化学工作者提供分子模拟工具。其中包括便捷分子结构建立、分析及计算工具，并拥有友好的交互界面。

Chem3D 提供的计算工具包括分子结构的优化、分子动力学以及分子单点能的计算等。

4.3.1　主界面

Chem3D 在可视化的用户交互界面中进行任务操作。主界面如图 4-25 所示，包括模拟窗口、信息窗口、数据列表窗口、视频控制按钮、工具面板、菜单、命令以及对话窗口等。在交互界面的最下方是一个状态栏，其中显示正在控制模拟的相关信息以及结构中隐藏原子的信息。

常用工具在左侧工具面板中，和 ChemDraw 相比，Chem3D 的垂直工具栏要简单一些。

Chem3D 的水平工具栏中有显示属性设置选项，单击右侧的 按钮，可以选择任意模型表现三维分子结构。

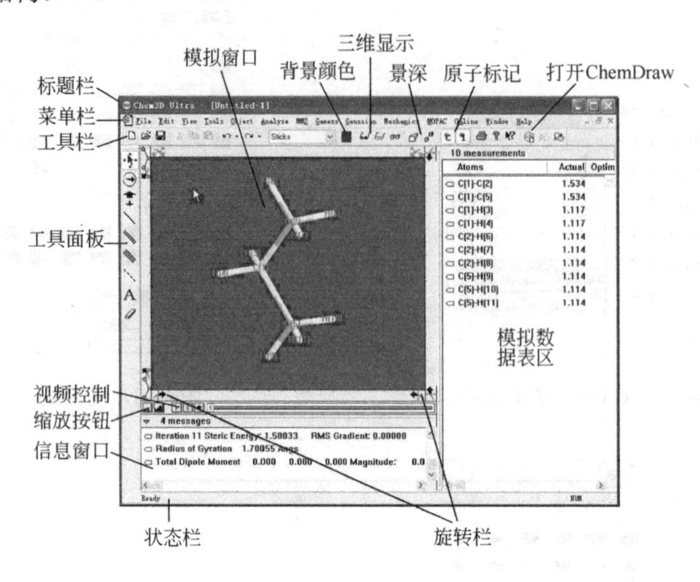

图 4-25　Chem3D 的主界面

可以利用旋转栏对模型分子沿不同旋转轴进行旋转操作，转轴依赖于对原子的选择。

4.3.2　3D 模型绘制与编辑

Chem3D 提供了多种多样的 3D 模型建立方法。可以利用单键、双键或三键工具直接绘制 3D 模型，可以将分子式直接转换成 3D 模型，也可以用 Chem3D 提供的子结构或模板建立形成。

（1）利用键工具建立模型

利用垂直工具栏中的键工具，通过拖拉即可以建立立体分子模型。用单键工具每拖拉出一条直线，松开鼠标即成一个乙烷立体模型。将鼠标放在其中一个原子上，每拖拉出一条直线即成一键。原子默认为 C 原子。

（2）利用文本工具建立模型

利用垂直工具栏中的 **A** 按钮，将鼠标移至模型窗口，单击鼠标出现文本框，在输入框中输入分子式，按回车键，Chem3D 自动将输入的分子式变成相应的 3D 模型，如图 4-26 所示。

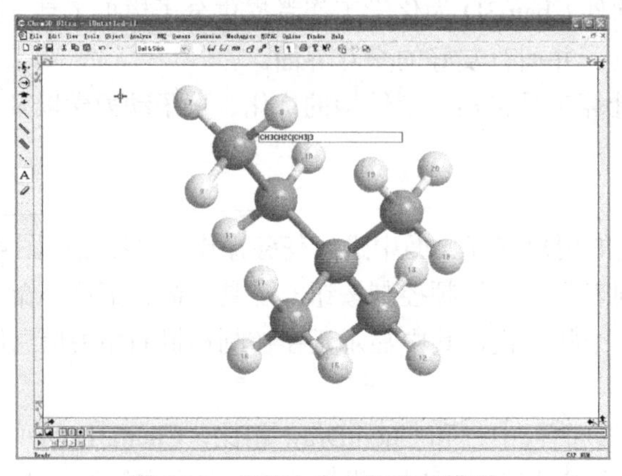

图 4-26　胡萝卜素立体分子模型

若化合物带有支链，可以将支链用括号括起来。

（3）利用子结构建立 3D 模型

Chem3D 提供了子结构库，用户可以选择其中的子结构，然后拼装起来，形成复杂的结构。在“View”下拉菜单中选择“Substructures.TBL”命令，弹出“Table-Editor-Substructures”窗口，从窗口中可以选择所需的子结构。

选中所需子结构的“Model”，单击工具栏中“复制”按钮复制子结构。回到 3D 模型窗口中，将子结构粘贴至窗口，利用工具栏中的键工具将相应的结构连接起来，如图 4-27 所示。

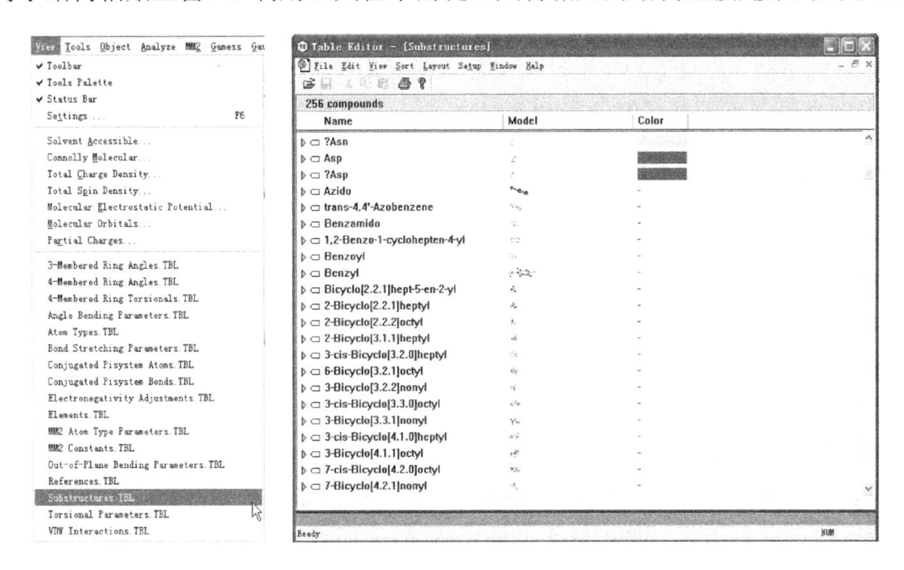

图 4-27　子结构模型库

（4）使用模板建立 3D 模型

利用程序提供的模板库建立 3D 模型。

在“File”下拉菜单中选择“Template”子菜单中含有一些常用复杂结构的模板。可以直接在模板上做一些修改。

例如执行“Template”子菜单中的“Buckminsterfullerene.C3T”命令，出现富勒烯的 3D 模型，如图 4-28 所示。

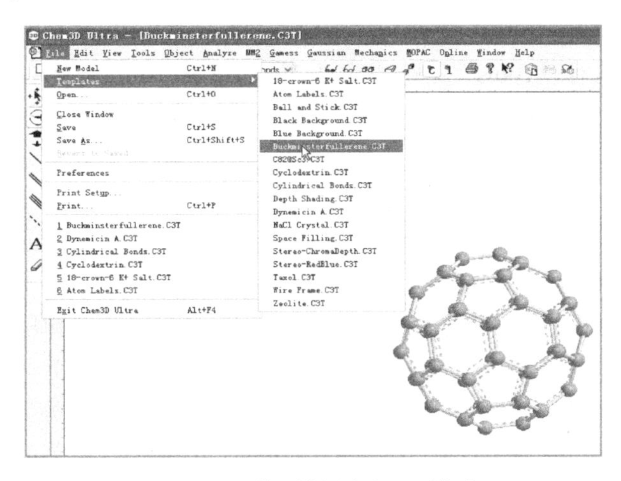

图 4-28　利用模板建立 3D 模型

（5）改变元素序号与替换元素

建立了 3D 模型之后，许多元素编号不符合我们的要求或需要改变一些原子类型，就需要对结构中的编号和原子属性进行修改。

① 改变元素序号　首先选中模型。执行“Edit”菜单中的“Select All”命令或“ctrl+A”快捷键；然后整理结构，执行“Tools”菜单中的“Clean Up Structure”菜单命令。使用垂直工具栏中的工具，双击需要改变序号的原子，弹出输入框，输入原子序号，按回车键完成原子序号的更改。

② 改变元素　双击需要改变元素符号的原子，弹出输入框，输入元素符号，按回车键完成原子序号的更改。若原子的三维结构中显示孤对电子，执行关闭“Tools”菜单中的“Show H’s ans Lp’s”命令，可不显示氢原子和孤对电子。

4.3.3　ChemDraw 结构式与 3D 模型的转换

最直接最方便的 3D 模型建立方法还是利用 ChemDraw 绘制分子的平面结构式，然后将平面结构式转换成 3D 模型。同时 3D 模型也可以转换成为平面结构式。

（1）ChemDraw 结构式转换为 3D 模型

在 ChemDraw 中绘制出分子的结构式后，选中结构，将结构复制到 Chem3D 中，平面结构式直接自动转化为 3D 模型。

（2）直接打开 ChemDraw 文件

在 Chem3D 中，直接打开相应的 ChemDraw 文件，也可以将 Chem3D 文件中的结构转换为 3D 模型。还可以直接在 Chem3D 主界面中选择命令进行导入。

（3）3D 模型转换为平面结构式

选中 3D 模型后，执行“Edit”中“Copy As”子菜单中的“ChemDraw”命令复制模型，然后粘贴到 ChemDraw 窗口中直接转换为平面结构。

4.3.4　Chem3D 的计算功能

（1）整理结构和简单优化

由于直接建立的 3D 模型键长和键角可能不正常，应首先对其进行整理操作，然后做简单优化处理，以便得到能量最低的构象。

① 选中模型：执行“Edit”菜单中的“Select All”命令或使用“ctrl+A”快捷键。

② 整理结构：执行“Tools”菜单中的“Clean Up Structure”菜单命令。

③ 结构优化：执行“MM2”菜单中的“Minimize”菜单命令，弹出“Minimize Energy”对话框，单击 Run 开始进行优化，每迭代一次模型就会发生改变，最终给出最低能量状态。

图 4-29 中选择了“Display Every Iteration”，迭代计算过程中，Chem3D 窗口最下方的状态栏会显示迭代过程中各种参数的变化。

④ 3D 模型信息的显示：将鼠标移动至 3D 模型的原子上，会弹出一个窗口，显示原子的相关信息；鼠标移动到键上，会显示键的相关信息。按住 Shift 键不动，用鼠标顺序选中连续的 3 个原子，即可显示 3 个原子形成的键角。

更详细的显示：执行“Analyze”中“Show Measurements”子菜单中的命令，会在界面右侧数据表区显示相关信息。

选中模型后执行“Object”中“Show Element Symbols”中的命令，显示全部元素的符号和序号。

（2）分子体积的计算

Chem3D 提供了许多的数据表库，可以直接调用查找与原子结构相关的数据，如可以在“View”菜单中的“Atom Types. TBL”菜单命令中调出原子信息表，如“CDW”栏为原子的范德瓦耳斯半径。

① 分子大小的观察　建立分子的 3D 模型，执行“View”菜单中的“Connolly Molecur”命令，弹出“Connolly Molecur Surface”对话框，可以在“Surface Type”中选择不同的表面显示类型，默认为“Solid”。

调节相应参数后，按 Show Surface 键后（该键变为 Hide Surface ，两者之间可以切换），即可显示分子的表面情况，如图 4-30 所示。

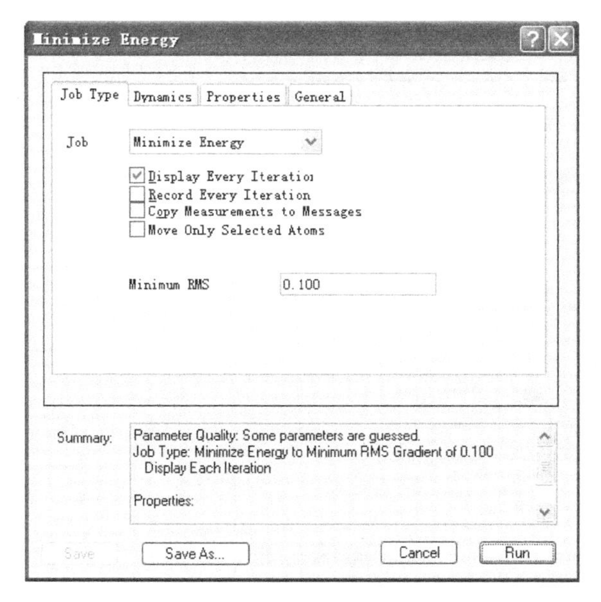

图 4-29　结构优化对话框

图 4-30　执行“View”命令建立 3D 分子模型

② 计算分子体积　执行“Analyze”菜单中的“Compute Properties”菜单命令，弹出“Compute Properties”对话框如图 4-31 所示，在“Available Properties”选项框中，双击“Connolly Solvent-Excluded Volume [SEV] –ChemPropStd”选项，使之加入到下面的“Selected Properties”框中。单击 OK 按钮，开始计算，计算结果显示在窗口下面的消息栏中，如图 4-32 所示。

③ 计算内旋转势能　C—C 单键在保持键角不变的情况下可以绕轴旋转，然而如果这种旋转受到周围环境的阻力，必须消耗一定的能量以克服旋转势垒，下面以 1,2-二氯乙烷为例计算其处于不同构象状态时势能的变化。

使用单键工具建立分子的球棍模型后，选择模型，对结构进行整理，执行“Tools”菜单中的“Clean Up Structure”命令整理模型。执行“MM2”菜单中“Minimize Energy”命令，优化结构，得分子结构如图 4-33 所示。

执行“MM2”菜单中“Compute Properties”菜单命令，弹出“Compute Properties”对话框，选择“Steric Energy Summery”，单击 Run 按钮开始计算，如图所示。计算结果显示在窗口下面的消息栏中。

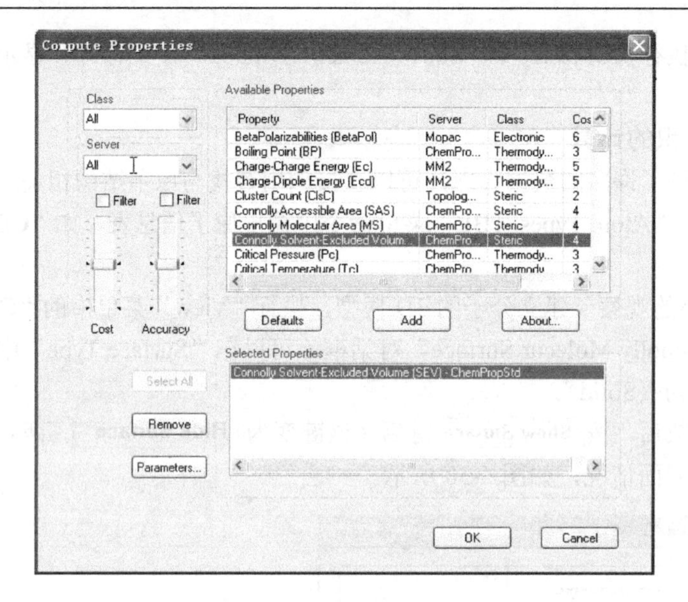

图 4-31　分子体积计算对话框

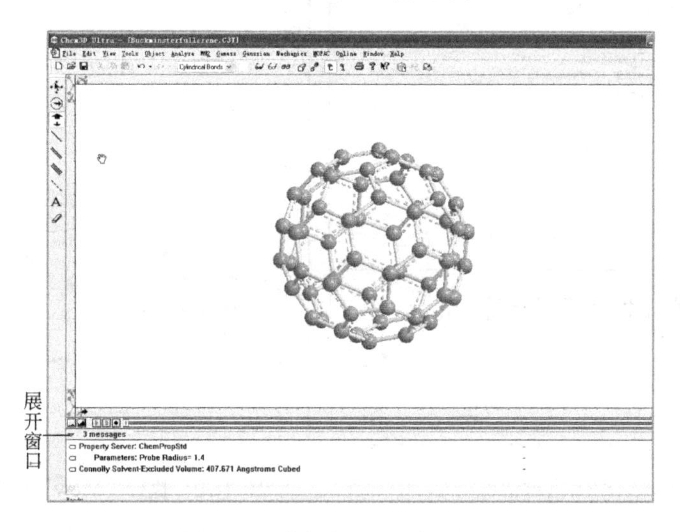

图 4-32　消息窗口与计算结果

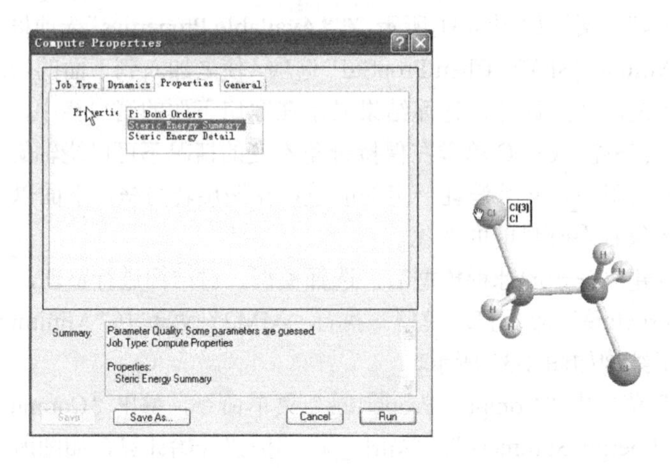

图 4-33　内旋转势能计算

使用单击选中 C1 原子，双击左上角的旋转按钮，如图 4-34 所示。在弹出的“Rotate”输入框中输入旋转角“10”，单击“Rotate”按钮后，重复执行上述“MM2”菜单命令，以 10 度为增量计算势能直到 360 度为止。得到旋转角度与势能的对照表，在“Origin”中绘制出势能对旋转角度的关系图。

④ 计算 Huckel 分子轨道　以乙烯分子为例说明 Huckel 分子轨道的计算过程。

➢ 使用双键工具建立乙烯分子的 3D 球棍模型。

➢ 执行“Analyze”菜单中“Extended Huckel Surface”命令。

➢ 执行“View”菜单中“Molecular Orbital 命令”，弹出“Molecular Orbital Surface”对话框，如图 4-35 所示。

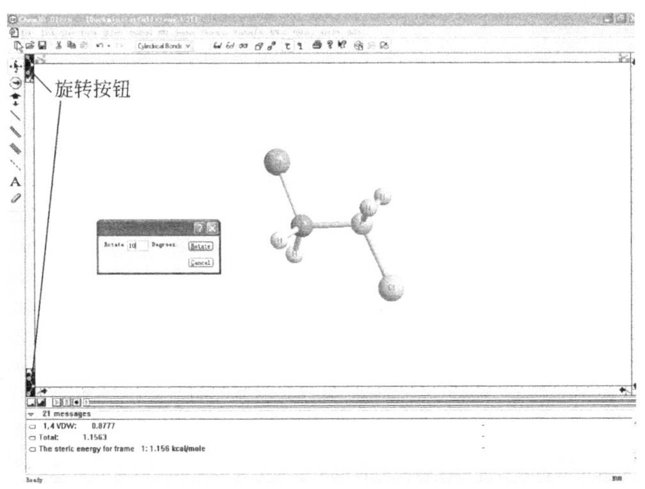

图 4-34　旋转角输入框

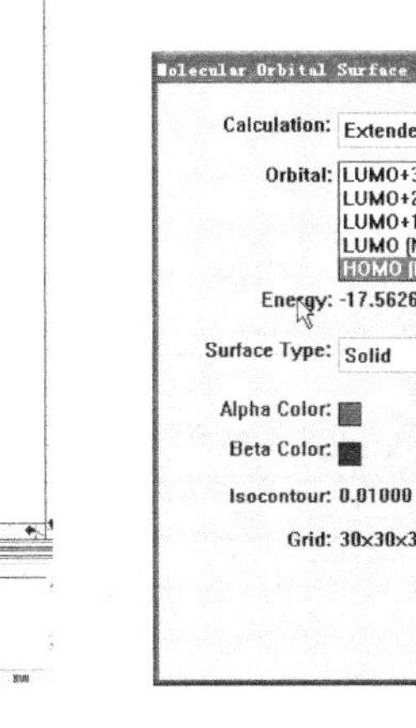

图 4-35　HOMO 轨道对话框

➢ 在“Molecular Orbital Surface”对话框中有以下几个选项：

“Orbital”：选择轨道类型，默认为“HOMO”，另一个常用选项为“LUMO”；

“Surface Type”：轨道表面显示类型 4 个，默认为“Solid”；

Set Grid... 按钮：栅格设置，点击出现栅格对话框，默认值为 30，拖动滑块改变数值，数值设置越高，计算精度越高，计算量越大；单击 OK 按钮开始计算，如图 4-36 所示。

Show Surface 按钮：显示轨道图，若在“Orbital”中选择“LUMO N=7”，则显示 LUMO 轨道，如图 4-37 所示。

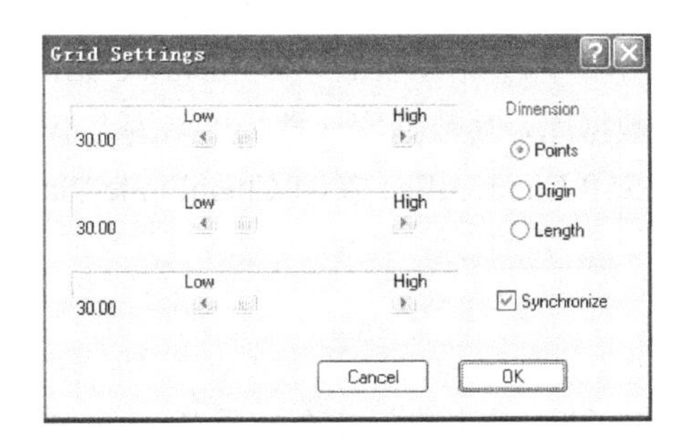

图 4-36　栅格设置对话框

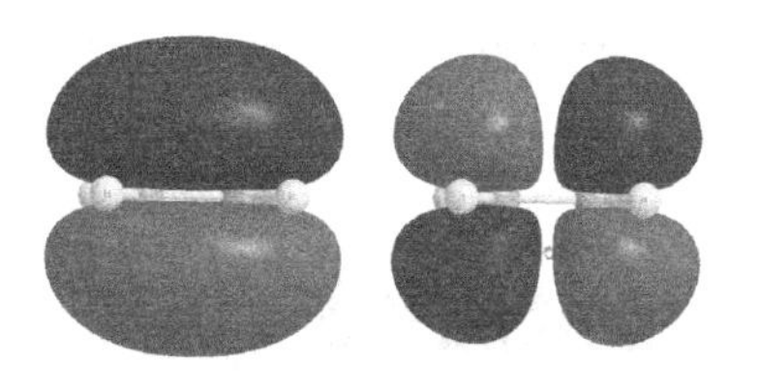

乙烯的HOMO轨道　乙烯的LUMO轨道

图 4-37　乙烯的 LUMO 分子轨道图

（3）MOPAC 量子力学计算

Chem3D Ultra 版包括了一个半经验量子化学计算程序 MOPAC97，其中包括了 AM1、MINDO、MINDO/3、PM3 等半经验方法，在此采用 PM3 方法计算乙烯分子的键长和键角。

首先建立分子结构的球棍立体模型。

执行“MOPAC”菜单中的“Minimize Energy”命令，弹出“Minimize Energy”对话框，其中单击“Theory”选项卡，选中“PM3”，单击 Run 按钮开始计算。运算结果显示在下端的消息窗口中，如图 4-38 所示。

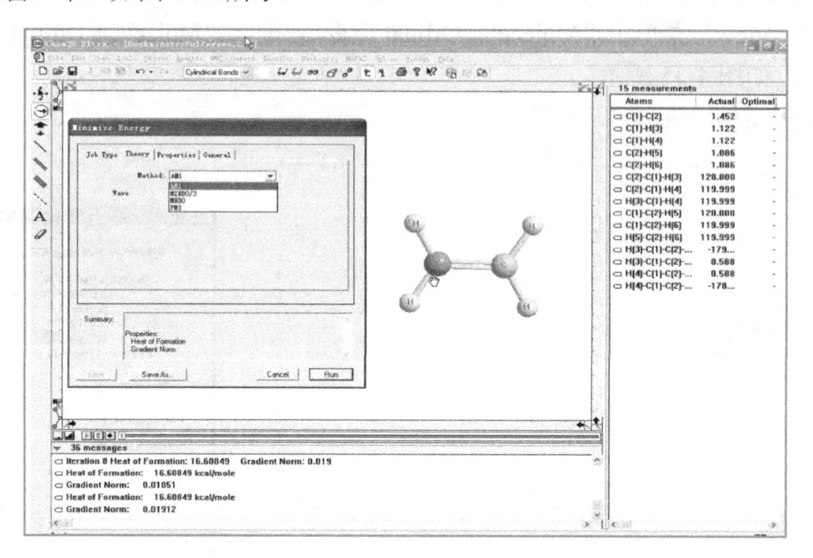

图 4-38　PM3 方法结构优化图

详细的键长、键角信息可执行“Analyze”菜单中“Show Measurements”子菜单中的命令，显示在右侧数据窗口中。

此外 Chem3D 还提供了量化计算软件 Gaussian 03 的客户端界面，直接在 Chem3D 运行，并提供数种坐标格式以及量子化学计算软件 Gamess 的客户端界面，直接在 Chem3D 运行 Gamess 的计算。

4.4　化学信息搜索引擎 ChemFinder

ChemFinder 是一个智能型的快速化学搜寻引擎，所提供的 ChemInfo 是目前世界上最丰富的数据库之一，包含 ChemACX、ChemINDEX、ChemRXN、ChemMSDX 等，并不断有新的数据库加入。该程序可以从本机、网络、服务器中搜索 Word、ChemDraw、ISIS、Excel 等格式的分子结构文件。ChemFinder 自带多个数据库，其数据库文件扩展名为“sfw”，这些数据库默认存放在 C：\Program Files\CambridgeSoft\ChemOffice 2004\ChemFinder\Samples 文件下。

4.4.1　化学物质检索方法

首先启动 ChemFinder，出现“ChemFinder”对话框，其中包括 3 个选项卡，单击“Existing”选项卡后，在数据库默认文件夹 C：\Program Files\CambridgeSoft\ChemOffice 2004\

ChemFinder\Samples 中单击选中“CS_DEMO.CFW”数据库，单击 打开(O) 按钮，得到窗口如图 4-39 所示。

得到 ChemFinder 的结构检索窗口，窗口中间是一个示例结构。在“Structure”输入框中输入一个苯环结构，这是数据库中的一个结构，“Formula”显示其分子式，“Mol Weight”显示分子量；“Mol name”显示的是其英文名称，“Mol_ID”显示其所有的别名。按◎工具，清空以上所有输入框，分别输入其中任意输入框的内容都可以得到相关的结构信息，如图 4-40 所示。

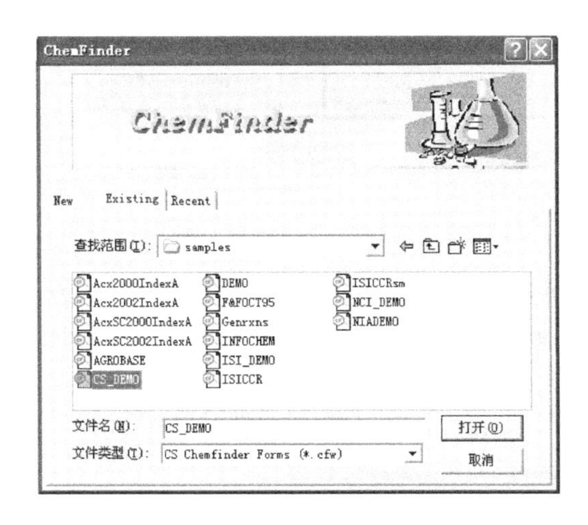

图 4-39　“ChemFinder”对话框

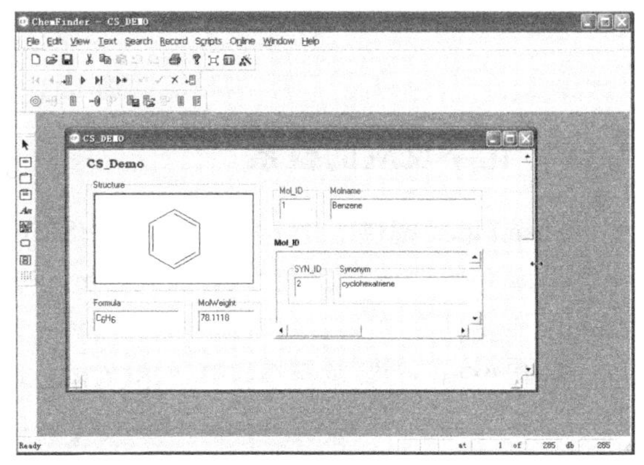

图 4-40　分子结构信息对话框

清空所有窗口后，双击“Structure”窗口，出现 ChemDraw 绘制分子式的工具栏，在窗口中绘制五元环后，单击查找按钮查找，可得到相应分子结构。

在同样的相关窗口中输入信息可以用分子式、分子量以及化学名称检索，如图 4-41 所示。

分子式检索中有模糊检索输入模式，原子个数范围输入，类似“C5-8 N4-6”，可得下图 4-42 所示。

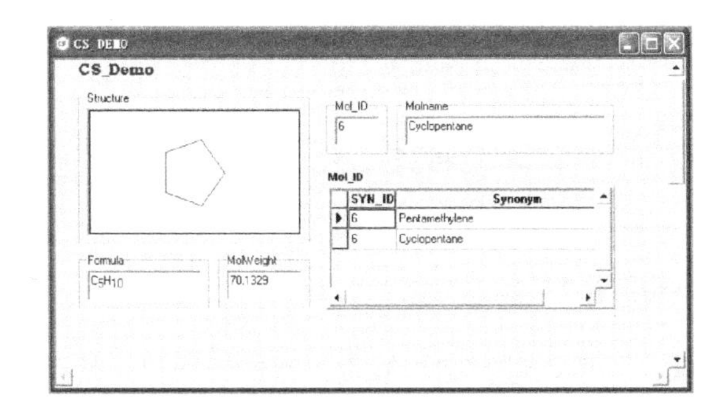

图 4-41　检索分子式对话框

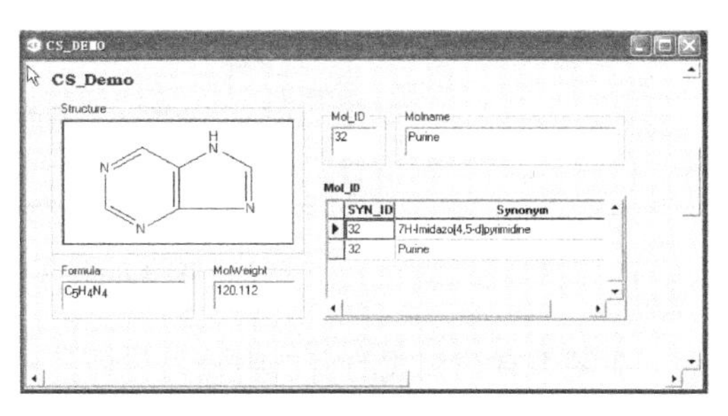

图 4-42　模糊检索分子式对话框

与之相关的结构有 6 项，按▤，显示窗口变列表，如图 4-43 所示。

使用分子的分子量同样可以模糊查询，例如：输入“170-180”。

英文名称输入“*nico*”，可检索所有英文名称含有“nico”的结构。

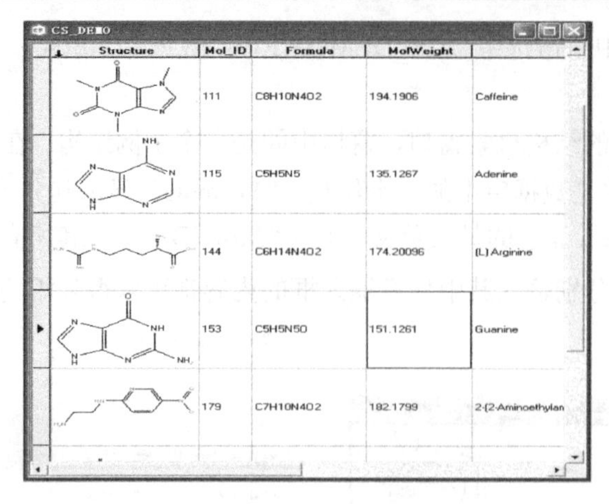

图 4-43　列表查看

4.4.2　化学反应的检索

ChemFiner 提供了化学反应数据库“ISICCRsm.CFW”，打开该数据库可以检索化学反应。该数据库文件默认存放在“C：\Program Files\CambridgeSoft\ChemOffice2004\ChemFinder\Samples”文件夹中。

利用“Open”菜单命令打开“ISCCRsm.CFW”数据库，显示界面如图 4-44 所示。

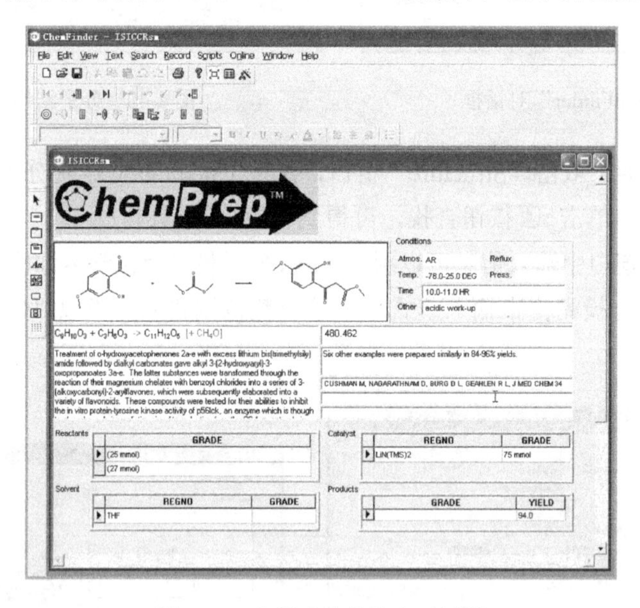

图 4-44　分子式结构检索对话框

在图中有结构式的窗口中输入相应的结构式，就可以进行结构检索；双击该窗口，就会自动弹出 ChemDraw 并打开绘图工具栏。在其中绘制分子式和箭头后，关闭 ChemDraw，绘制的图形自动进入化学反应窗口，如图 4-45 所示。

单击按钮查找，可得结果。单击显示窗口变列表，见相关检索结果，如图 4-46 所示。

改变搜索窗口中箭头的位置，可以分别对产物和反应物进行检索。箭头位于分子结构前为以产物检索化学反应；箭头位于分子结构后为以反应物检索化学反应。

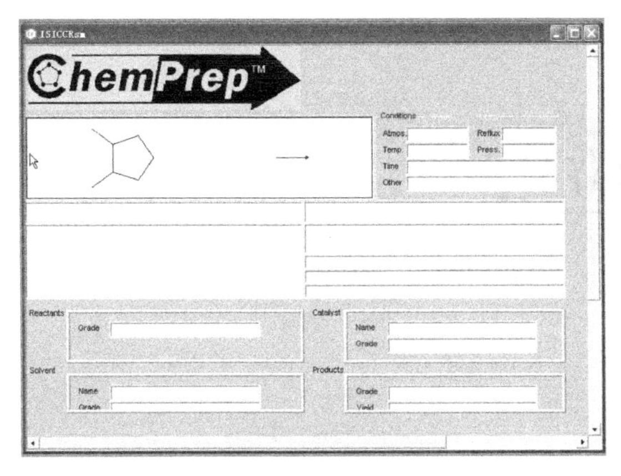

图 4-45　化学反应窗口

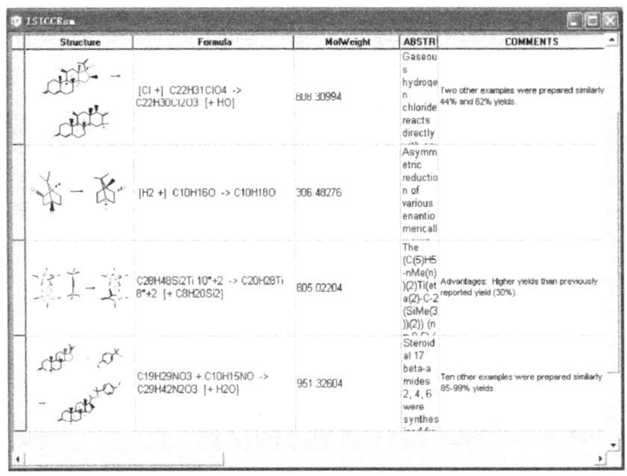

图 4-46　检索结果列表图

ChemFiner 提供了许多的化学相关数据库，读者不妨依次尝试，寻找对自己有帮助的数据库。

4.4.3　查找免费网络资源

如果注意观察，会发现 ChemFinder 菜单栏上有一个“Online”菜单，其中提供一些链接可以在线查找有用的化学信息。菜单命令如图 4-47 所示，读者不妨依次尝试。

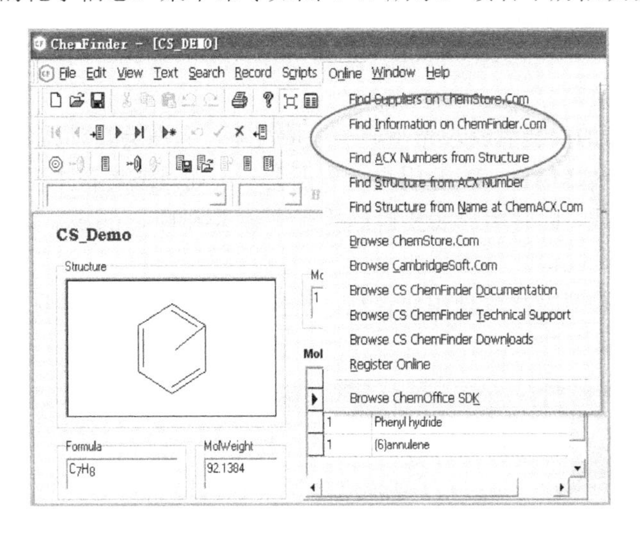

图 4-47　免费资源查找链接

第 5 章 MATLAB 介绍及应用

5.1 MATLAB 简介

MATLAB 源于 MATrix LABoratory 一词，即矩阵实验室。一开始它是一种专门用于矩阵数值计算的软件。随着 MATLAB 逐渐市场化，MATLAB 不仅具有了数值计算功能，而且具有了数据可视化功能。在目前的常用版本 MATLAB 6.5 中，MATLAB 不仅在数值计算、符号运算和图形处理等功能上进一步加强，而且又增加了许多工具箱。目前，MATLAB 已拥有数十个工具箱，以供不同专业的科技人员使用，而计算速度也有了明显的提高。

5.1.1 MATALAB 运行环境介绍

（1）MATLAB 6.5 的安装

本节将介绍在操作系统为 Microsoft Windows XP Professional 的 PC 上安装 MATLAB 6.5 的具体步骤。

将 MATLAB 6.5 的安装盘放入光驱，一般情况下，系统会自动搜索到 autorun 文件并进入安装界面。对已安装 MATLAB 的用户，界面会一闪而过或者根本看不到界面的出现，这时系统认为安装已完成，此时用户需要自己执行支装盘内的 setup.exe 文件启动 MATLAB 6.5 的安装程序。

当用户填写注册信息及接受使用协议后，将进入 MATLAB 6.5 的选择安装界面，如图 5-1 所示。

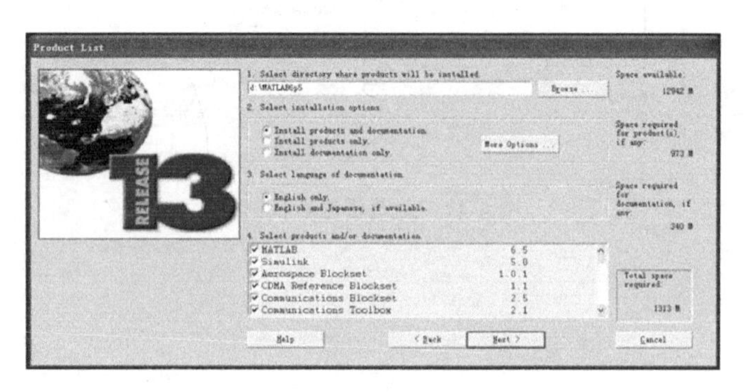

图 5-1　MATLAB 6.5 的组件安装选择界面

用户可以根据使用的要求有选择地安装各组件。此界面中同时显示了所需磁盘空间大小与当前磁盘可用空间大小的信息，可以依此更改安装目录。

（2）MATLAB 6.5 的启动

启动 MATLAB 6.5 有多种方式。最常用的就是双击系统桌面的 MATLAB 图标，也可以在开始菜单的程序选项中选择 MATLAB 快捷方式，还可以在 MATLAB 的安装路径的 bin 子目录中双击可执行文件 matlab.exe。

初次启动 MATLAB 6.5 后，将进入 MATLAB 默认设置的桌面平台，如图 5-2 所示。

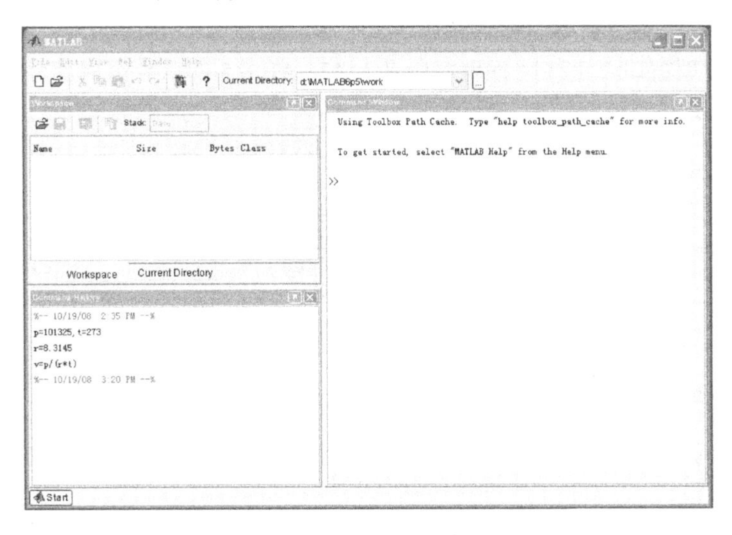

图 5-2　MATLAB 6.5 的桌面平台

默认情况下的桌面平台包括 5 个窗口，分别是 MATLAB 主窗口、命令窗口、历史窗口、当前目录窗口和工作间管理窗口。下面分别对各窗口做简单介绍。

① MATLAB 主窗口　与 MATLAB 早期版本不同的是，MATLAB 6.5 增加了一个主窗口，如图 5-2 所示。其他几个窗口都包含在这个大的主窗口中。主窗口不能进行任何计算任务的操作，只用来进行一些整体的环境参数的设置。

② 命令窗口　MATLAB 6.5 的命令窗口如图 5-3 所示。

其中，“>>”为运算提示符，表示 MATLAB 正处于准备状态。当在提示符后输入一段运算式并按回车键后，MATLAB 将给出计算结果，然后再次进入准备状态。

③ 历史窗口　历史窗口在 MATLAB 的早期版本中曾有过雏形，在 MATLAB 6.5 中再次出现，而且被赋予了更为强大的功能，其窗口形式如图 5-4 所示。

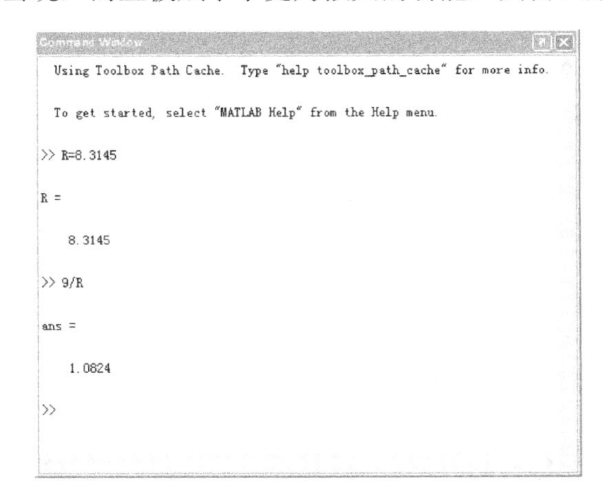

图 5-3　MATLAB 6.5 的命令窗口

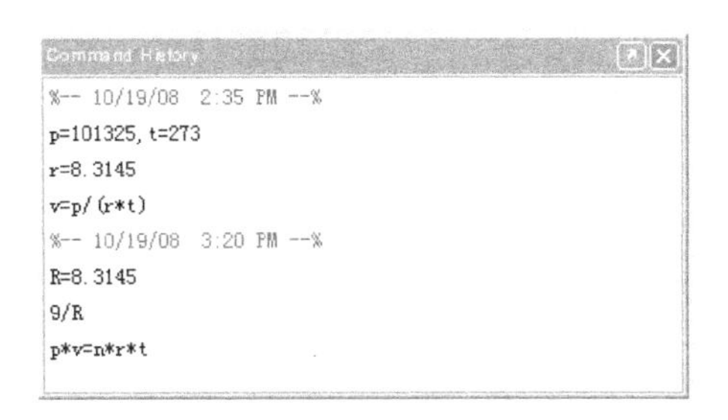

图 5-4　MATLAB 6.5 的历史窗口

在默认设置下，历史窗口中会保留自安装起所有的历史记录，并标明使用时间，这就方便了使用者查询。双击某一行命令，即在命令窗口中执行该行命令。

④ 当前目录窗口　在当前目录窗口中可显示或改变当前目录，还可以显示当前目录下的文件并提供搜索功能，其窗口形式如图 5-5 所示。

⑤ 工作间管理窗口　工作间管理窗口是 MATLAB 6.5 的重要组成部分，如图 5-6 所示。

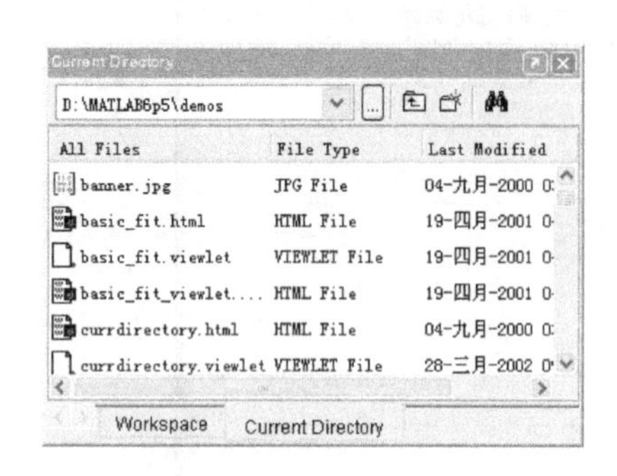

图 5-5　MATLAB 6.5 的当前目录窗口

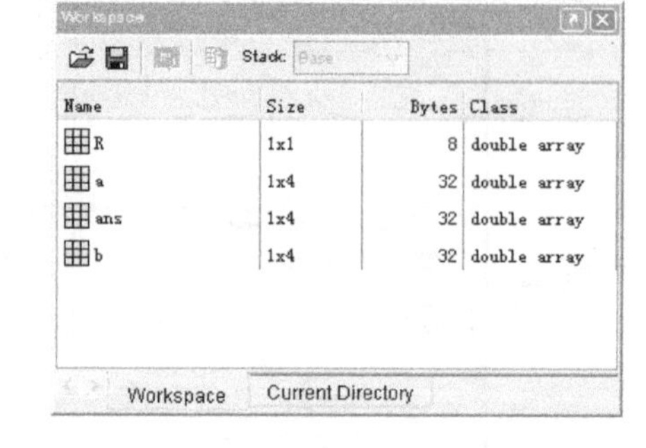

图 5-6　MATLAB 6.5 的工作间管理窗口

在工作间管理窗口中将显示目前内存中所有 MATLAB 变量的变量名、数学结构、字节数以及类型，不同的变量类型分别对应不同的变量名图标。

5.1.2　MATLAB 的帮助系统

完善的帮助系统是任何应用软件必要的组成部分。MATLAB 6.5 同样提供了相当丰富的帮助信息，同时也提供了获得帮助的方法。它的帮助系统大致可以分为三大类：联机帮助系统、命令窗口查询帮助系统和联机演示系统。下面分别对它们进行简单介绍。

（1）联机帮助系统

MATLAB 6.5 的联机帮助系统非常系统全面，简直就是一本 MATLAB 的百科全书。进入 MATLAB 联机帮助系统的方法很多，最简单的方法就是直接按下 MATLAB 主窗口的 **?** 按钮，还可以点击主窗口【Help】下拉菜单中的前 4 项中的任何一项。另外，也可以在命令窗口中执行 helpwin、helpdesk 或 doc。以上几种方法都可以进入如图 5-7 所示的联机帮助系统窗口。

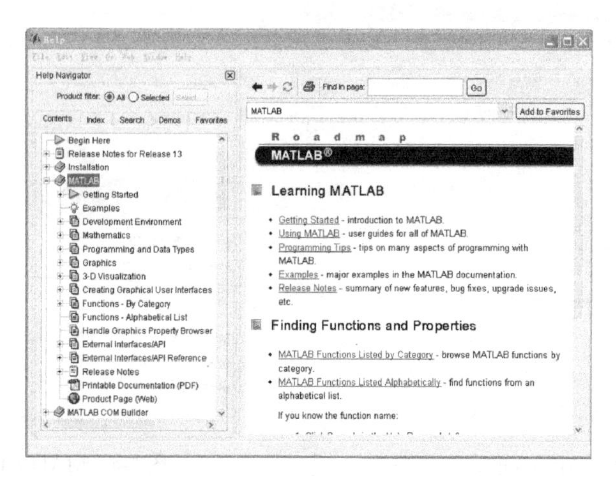

图 5-7　联机帮助系统窗口

（2）命令窗口查询帮助系统

熟练的用户可以使用更为快速的命令窗口查询帮助。这些帮助可以分为“help”系列、lookfor 命令和其他常用帮助命令。

① help 命令是最为常用的命令。在命令窗口直接输入 help 命令将会显示当前帮助系统所包含的所有项目，即搜索路径中所有的目录名称，结果如下所示：

```
>> help
HELP topics:
matlab\general        -  General purpose commands.
matlab\ops            -  Operators and special characters.
matlab\lang           -  Programming language constructs.
matlab\elmat          -  Elementary matrices and matrix manipulation.
matlab\elfun          -  Elementary math functions.
matlab\specfun        -  Specialized math functions.
……
xpc\xpcdemos          -  xPC Target -- demos and sample script files.
kernel\embedded       -  xPC Target Embedded Option
MATLAB6p5\work        -  (No table of contents file)
For more help on directory/topic, type "help topic".
For command syntax information, type "help syntax".
```

② 在实际应用中，“help+函数（类）名”是最有用的一个帮助命令，可以辅助用户进行深入的学习。例如想了解求解代数方程组的函数“fsolve”的相关用法，可以直接键入“help fsolve”然后得到该函数的详细说明及使用语法。

```
>> help fsolve\
 FSOLVE Solves nonlinear equations by a least squares method.
    FSOLVE solves equations of the form:
    F(X)=0      where F and X may be vectors or matrices.
    X=FSOLVE(FUN,X0) starts at the matrix X0 and tries to solve the
    equations in FUN.  FUN accepts input X and returns a vector (matrix) of
    equation values F evaluated at X.
    X=FSOLVE(FUN,X0,OPTIONS) minimizes with the default optimization
    parameters replaced by values in the structure OPTIONS, an argument
    created with the OPTIMSET function.  See OPTIMSET for details.  Used
    options are Display, TolX, TolFun, DerivativeCheck, Diagnostics, Jacobian,
    JacobMult, JacobPattern, LineSearchType, LevenbergMarquardt, MaxFunEvals,
    MaxIter, DiffMinChange and DiffMaxChange, LargeScale, MaxPCGIter,
    PrecondBandWidth, TolPCG, TypicalX. Use the Jacobian option to specify that
    FUN also returns a second output argument J that is the Jacobian matrix at
    the point X. If FUN returns a vector F of m components when X has length n,
    then J is an m-by-n matrix where J(i,j) is the partial derivative of F(i)
    with respect to x(j). (Note that the Jacobian J is the transpose of the
    gradient of F.)
    X=FSOLVE(FUN,X0,OPTIONS,P1,P2,...) passes the problem-dependent
    parameters P1,P2,... directly to the function FUN: FUN(X,P1,P2,...).
    Pass an empty matrix for OPTIONS to use the default values.
    [X,FVAL]=FSOLVE(FUN,X0,...) returns the value of the objective function at X.
    [X,FVAL,EXITFLAG]=FSOLVE(FUN,X0,...) returns a string EXITFLAG that
    describes the exit condition of FSOLVE.
    If EXITFLAG is:
       > 0 then FSOLVE converged to a solution X.
       0    then the maximum number of function evaluations was reached.
```

```
    < 0 then FSOLVE did not converge to a solution.
[X,FVAL,EXITFLAG,OUTPUT]=FSOLVE(FUN,X0,...) returns a structure OUTPUT
with the number of iterations taken in OUTPUT.iterations, the number of
function evaluations in OUTPUT.funcCount, the algorithm used in OUTPUT.algorithm,
the number of CG iterations (if used) in OUTPUT.cgiterations, and the first-order
optimality (if used) in OUTPUT.firstorderopt.
[X,FVAL,EXITFLAG,OUTPUT,JACOB]=FSOLVE(FUN,X0,...) returns the
Jacobian of FUN at X.

Examples
  FUN can be specified using @:
      x = fsolve(@myfun,[2 3 4],optimset('Display','iter'))
where MYFUN is a MATLAB function such as:
     function F = myfun(x)
     F = sin(x);
FUN can also be an inline object:
     fun = inline('sin(3*x)');
     x = fsolve(fun,[1 4],optimset('Display','off'));
See also OPTIMSET, LSQNONLIN, @, INLINE.
```

③ 当知道某函数的函数名而不知其用法时，help 命令可以帮助用户准确地了解此函数的用法。然而，若要查找一个不知其确切名称的函数名时，就只能用 lookfor 命令来查询根据用户提供的关键字搜索到的相关函数。例如：

```
>> lookfor diff
SETDIFF Set difference.
DIFF Difference and approximate derivative.
POLYDER Differentiate polynomial.
DDE23    Solve delay differential equations (DDEs) with constant delays.
DEVAL    Evaluate the solution of a differential equation problem.
ODE113    Solve non-stiff differential equations, variable order method.
ODE15S Solve stiff differential equations and DAEs, variable order method.
ODE23    Solve non-stiff differential equations, low order method.
ODE23S    Solve stiff differential equations, low order method.
ODE23TB Solve stiff differential equations, low order method.
ODE45    Solve non-stiff differential equations, medium order method.
DIFFUSE Diffuse reflectance.
……
```

MATLAB 中还有一些可能会遇到的查询、帮助命令，例如：exit（变量检验函数）、what（目录中文件列表）、who（内存变量列表）、whos（内存变量详细列表）、which（确定文件位置）等。

（3）联机演示系统

除了在使用时查询帮助，对于 MATLAB 或某个工具箱的初学者，最好的办法就是查看它的联机演示系统。

单击 MATLAB 6.5 主窗口菜单的“Help→Demos”选项，或者在命令窗口输入“demos”，就会进入 MATLAB 帮助系统的主演示界面，如图 5-8 所示。

界面左边是可以演示的选题，双击某个选题即可进入具体的演示界面，如图 5-9 所示的是选中“MATLAB→Graphics→3-D Surface Plot”的情形。图 5-10 所示为运行后的某一结果图，绘制此图形的 MATLAB 语句显示在图形下面的文本框里，便于用户的学习和使用。

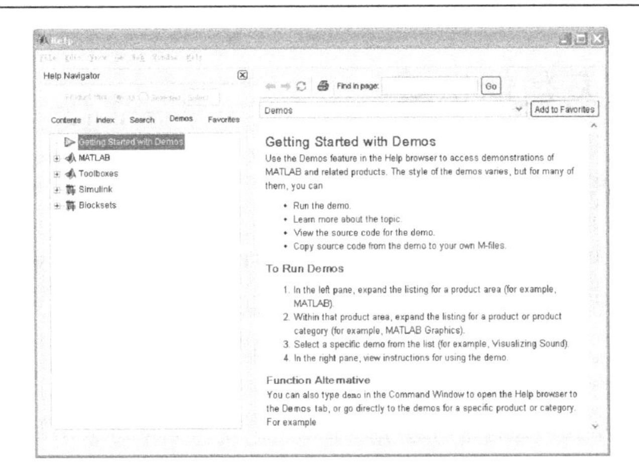

图 5-8　主演示界面

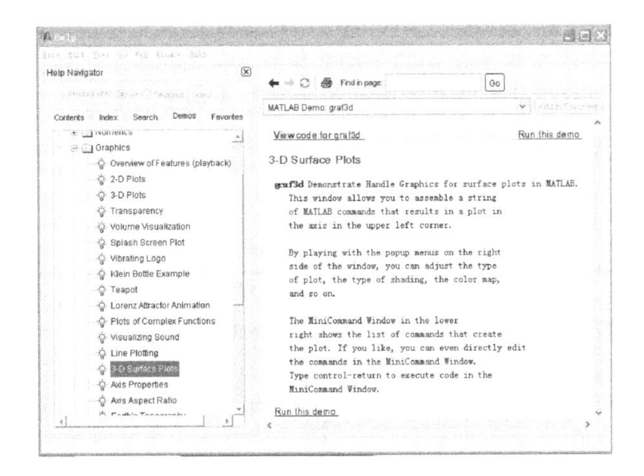

图 5-9　“3-D Surface Plot”演示界面

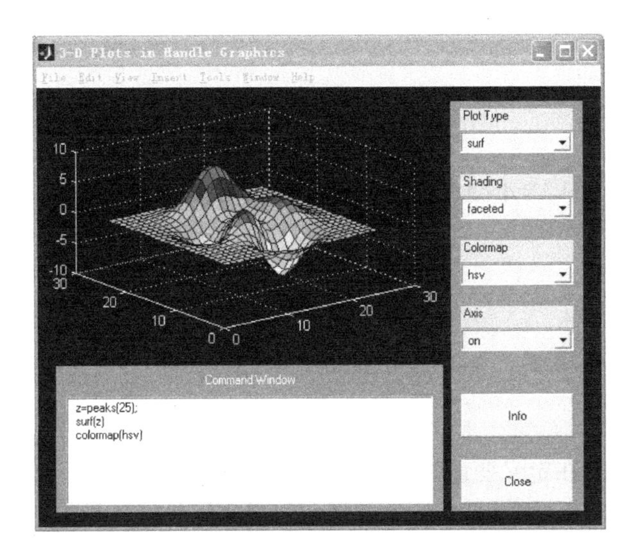

图 5-10　运行结果显示界面

5.2 数据类型及数值运算

5.2.1 基本数据类型——常量和变量

① 变量　与其他程序设计语言不同的是，MATLAB 语言并不要求对所使用变量进行事先声明，也不需要指定变量类型，它会自动根据所赋予变量的值或对变量所进行的操作来确定变量的类型。在赋值过程中，如果变量已存在，MATLAB 语言将使用新值代替旧值，并以新的变量类型代替旧的变量类型。

在 MATLAB 语言中变量的命名遵守如下原则：变量名区分大小写；变量名长度不超过 31 位，第 31 位之后的字符就被忽略；变量名以字母开头，可包含字母、数字、下划线，但不能使用标点。

与其他程序设计语言相同的是，MATLAB 语言也存在变量作用域的问题。在未加特殊说明的情况下，MATLAB 语言将所识别的一切变量视为局部变量，即仅在其所调用的 M 文件内有效。若要定义全局变量，应对变量进行声明，即在该变量前加关键字 global。

② 常量　MATLAB 有一些预定义的变量，这些特殊的变量成为常量。表 5-1 给出了 MATLAB 语言中经常使用的一些常量及其说明。

表 5-1　MATLAB 语言中常量

常　量　名	说　　明	常　量　名	说　　明
i，j	虚数单位，定义为 $\sqrt{-1}$	Realmin	最小正浮点数 2^{-1022}
pi	圆周率	Realmax	最大的浮点数 2^{1023}
eps	浮点运算的相对精度 10^{-52}	Inf	无穷大
NaN	不定值，Not-a-Number		

例如：

```
>> pi
ans =
     3.1416
>> 1/0
Warning: Divide by zero.
(Type "warning off MATLAB:divideByZero" to suppress this warning.)
ans =
   Inf
>> 0/0
Warning: Divide by zero.
(Type "warning off MATLAB:divideByZero" to suppress this warning.)
ans =
   NaN
```

MATLAB 语言中，在定义变量时应避免与常量名相同，以免改变这些常量的值，如果已改变了某个常量的值，可以通过“clear+常量名”命令恢复该常量的初始设定值。当然，重新启动 MATLAB 系统也可以恢复这些常量值。例如：

```
>> pi=1
pi =
```

```
        1
>> clear pi
>> pi
ans =
      3.1416
```

5.2.2　数组及向量运算

（1）向量的生成

生成向量最直接的方法就是在命令窗口中直接输入。格式上的要求是，向量元素需要用“[ ]”括起来，元素之间可以用空格、逗号或分号分隔。需要注意的是，用空格和逗号分隔生成行向量，用分号分隔生成列向量。

另外，利用冒号表达式也可以生成向量，其基本形式为“$x=x_0$：step：x_n”，其中 x_0 表示向量的首元素数值，x_n 表示向量尾元素数值限，step 表示元素数值大小与前一个元素值大小的差值。

在这里需要注意的是：x_n 为尾元素数值限，而非尾元素数值，当 x_0-x_n 恰为 step 值的整数倍时，x_n 才能成为尾值；若 $x_0>x_n$ 则需 step<0,若 $x_0<x_n$ 则需 step>0,若 $x_0=x_n$ 则向量只有一个元素；若 step＝1，则可省略此项的输入，直接写成 x_0：x_n。例如：

```
>> x=1:2:10
x =
      1      3      5      7      9
>> y=10:-2:1
y =
     10      8      6      4      2
>> z=1:5
z =
      1      2      3      4      5
```

在 MATLAB 中还提供了线性等分功能函数“linspace”，用来生成线性等分向量，其调用格式如下：

```
y＝linspace(xl，x2)          %生成 100 维的行向量，使得 y(1)=x1，y(100)=x2
y＝linspace(xl，x2，n)       %生成 n 维的行向量，使得 y(1)=x1，y(100)=x2
```

例如：

```
>> a=linspace(1,100,6)
a =
     1.0000    20.8000    40.6000    60.4000    80.2000   100.0000
```

（2）向量的运算

① 向量与数的相加（减）、相乘（除）以及向量与向量的相加（减）运算非常简单。例如：

```
>> x-y      %这里的 x、y 即上面生成的 x、y
ans =
     -9     -5     -1      3      7
>> a*2      %这里的 a 即上面生成的 a
ans =
     2.0000    41.6000    81.2000   120.8000   160.4000   200.0000
```

② 向量与向量的相乘比较复杂，可以分为点乘与叉乘两类：向量的点乘是指两个向量在其中某一个向量方向上的投影的乘积，通常可以用来引申定义向量的模；向量的叉乘表示过两相交向量的交点且垂直于两向量所在平面的向量。

在 MATLAB 中，向量的点积可由函数“dot”来实现，其调用格式如下：

dot(a，b)　　%返回向量 a 和 b 的数量点积，a 和 b 必须同维

例如：

```
>> a=[1;2;3];b=[4;5;6];
>> dot(a,b)
ans =
     32
```

在 MATLAB 中，向量的叉积可由函数“cross”来实现，其调用格式如下：

cross（a，b）　　%返回向量 a 和 b 的叉积向量，a 和 b 必须为三维向量

例如：

```
>> a=[1 2 3];b=[4 5 6];
>> cross(a,b)
ans =
     -3      6     -3
```

5.2.3 矩阵及其运算

（1）矩阵的生成

对于数值矩阵，从键盘上直接输入是最方便、最常用和最好的方法，尤其适合较小的简单矩阵。在用此方法创建矩阵时，应当注意以下几点：输入矩阵时要以“[ ]”为其标识，即矩阵的元素应在“[ ]”内部，此时 MATLAB 才将其识别为矩阵；矩阵的同行元素之间可由空格或“，”分隔，行与行之间要用“；”或回车符分隔；矩阵大小可不预先定义；矩阵元素可为运算表达式。例如：

```
>> a=[1,2,3;4,5,6;7,8,9]
a =
       1      2      3
       4      5      6
       7      8      9
>> b=[sin(pi/3) cos(pi/4)
log(9) tanh(6)]
b =
     0.8660    0.7071
     2.1972    1.0000
```

当矩阵的规模比较大时，直接输入法就显得笨拙，出现差错也不易修改。为了解决此问题，可以利用 M 文件的特点将所要输入的矩阵按格式先写入一文本文件，并将此文件以“.m”为其扩展名，即为 M 文件。在 MATLAB 命令窗口中输入此 M 文件名，则所要输入的大型矩阵就被输入到内存中。关于 M 文件更加详细的内容将在 5.4 节中讨论。

此外，还可以通过 MATLAB 命令生成几种常用的工具阵。除了单位阵外，其他的似乎并没有任何具体意义，但它们在实际中有十分广泛的应用，比如说定义矩阵的维数和赋迭代的初值等。这几类工具阵主要包括全 0 阵、单位阵、全 1 阵和随机阵。

全 0 阵可由函数“zeros”生成，其主要调用格式为：

```
zeros(N)                          %生成N×N阶的全0阵
zeros(M，N)或zeros([M，N])        %生成M×N阶的全0阵
zeros (size(A))                   %生成与A同阶的全0阵
```

单位阵可由函数“eye”生成，其主要调用格式为：

```
eye(N)                            %生成N×N阶的单位阵
eye(M，N)或eye([M，N])            %生成M×N阶的单位阵
eye(size(A))                      %生成与A同阶的单位阵
```

全 1 阵可由函数“ones”生成，其主要调用格式为：

```
ones(N)                           %生成N×N阶的全1阵
ones(M，N)或ones([M，N])          %生成M×N阶的全1阵
ones (size(A))                    %生成与A同阶的全1阵
```

除上述几种特殊矩阵外，还可以用函数“rand”和“randn”生成随机矩阵和正态随机矩阵，其主要调用格式与全 0 阵、单位阵、全 1 阵的调用格式类似。例如：

```
>> a=rand([5,4])
a =
    0.9501    0.7621    0.6154    0.4057
    0.2311    0.4565    0.7919    0.9355
    0.6068    0.0185    0.9218    0.9169
    0.4860    0.8214    0.7382    0.4103
    0.8913    0.4447    0.1763    0.8936
>> b=randn(size(a))
b =
   -0.4326    1.1909   -0.1867    0.1139
   -1.6656    1.1892    0.7258    1.0668
    0.1253   -0.0376   -0.5883    0.0593
    0.2877    0.3273    2.1832   -0.0956
   -1.1465    0.1746   -0.1364   -0.8323
```

（2）矩阵的运算

常数与矩阵的运算即是同此矩阵的各元素之间进行运算，如数加是指每个元素都加上此常数，数乘即是每个元素都与此常数相乘。需要注意的是，当进行数除时，常数通常只能做除数。

矩阵之间的加减法运算使用“＋”、“－”运算符，格式与数字运算完全相同，但要求相加减两矩阵是同阶的；矩阵之间的乘法运算使用“*”运算符，但要求相乘的双方具有相邻公共维，即若 A 为 i×j 阶，则 B 必须为 j×k 阶，才可以相乘。例如：

```
>> a=[1,2,3;4,5,6;7,8,9];
>> b=[1 2 1;2 5 8;4 7 9];
>> a+b
ans =
     2     4     4
     6    10    14
    11    15    18
>> c=[1,4;5,2;6,3];
```

```
>> a*c
ans =
    29    17
    65    44
   101    71
```

矩阵之间的除法可以有两种形式：左除“\”和右除“/”，在传统的MATLAB算法中，右除是要先计算矩阵的逆再做矩阵的乘法，而左除则不需要计算矩阵的逆而直接进行除运算。通常右除要快一点，但左除可以避免被除矩阵的奇异性所带来的麻烦。在MATLAB 6.5中两者的区别不太大。

矩阵的逆运算是矩阵运算中很重要的一种运算。它在线性代数及计算方法中有很多的论述，而在MATLAB中，众多复杂理论只变成了一个简单的命令“inv”。另外，矩阵的行列式的值可由“det”函数计算得出。例如：

```
>> a=rand(4,4)
a =
    0.9501    0.8913    0.8214    0.9218
    0.2311    0.7621    0.4447    0.7382
    0.6068    0.4565    0.6154    0.1763
    0.4860    0.0185    0.7919    0.4057
>> inv(a)
ans =
    2.2631   -2.3495   -0.4696   -0.6631
   -0.7620    1.2122    1.7041   -1.2146
   -2.0408    1.4228    1.5538    1.3730
    1.3075   -0.0183   -2.5483    0.6344
>> a1=det(a);a2=det(inv(a));
>> a1*a2
ans =
    1.0000
```

矩阵的幂运算的形式同数字的幂运算的形式相同，即用算符“^”来表示。矩阵的幂运算在计算过程中与矩阵的某种分解有关，计算所得值并非是矩阵每个元素的幂值。例如：

```
>> a=[1,4,7;2,5,8;3,6,9];
>> a^2
ans =
    30    66   102
    36    81   126
    42    96   150
```

另外，矩阵的指数运算的最常用的命令为“expm”，矩阵的对数运算由函数“logm”实现，矩阵的开方运算函数为“sqrtm”。

5.2.4 多项式运算

（1）多项式的生成

对于多项式 $P(x)=a_0x^n+a_1x^{n-1}+\cdots\cdots+a_{n-1}x+a_n$，用以下的行向量表示：$P=[a_0,a_1,\cdots\cdots a_{n-1},a_n]$；这样就把多项式的问题转化为向量问题。

由于在 MATLAB 中的多项式是以向量形式储存的，因此简单的多项式输入即为直接的向量输入，MATLAB 自动将向量元素按降幂顺序分配给各系数值。向量可以为行向量，也可以是列向量。然后利用函数“poly2sym”即可将多项式向量表示形式转化为符号多项式形式。例如：

```
>> p=[2 12 21 -33]
p =
      2      12      21     -33
>> poly2sym(p)
ans =
2*x^3+12*x^2+21*x-33
```

多项式创建的另一个途径是从矩阵求其特征多项式获得，由函数“poly”实现。例如：

```
>> a=[1 2 3;3 4 5;5 6 7];
>> p=poly(a)
p =
    1.0000   -12.0000   -12.0000      0.0000
>> poly2sym(p)
ans =
x^3-12*x^2-12*x+427462056522529/39614081257132168796771975168
```

另外，由给定的根也可产生其对应的多项式，此功能还由函数“poly”实现。例如：

```
>> root=[-5 -3+4i -3-4i];
>> p=poly(root)
p =
      1      11      55     125
>> poly2sym(p)
ans =
x^3+11*x^2+55*x+125
```

（2）多项式的运算

多项式的乘法由函数“conv”实现；多项式的除法由函数“deconv”实现。例如：

```
>> p=[1 2 3 4];
>> poly2sym(p)
ans =
x^3+2*x^2+3*x+4
>> d=[5 6 7];
>> poly2sym(d)
ans =
5*x^2+6*x+7
>> pd=conv(p,d)
pd =
      5      16      34      52      45      28
>> poly2sym(pd)
ans =
5*x^5+16*x^4+34*x^3+52*x^2+45*x+28
>> deconv(pd,p)
ans =
      5      6      7
```

求多项式的根可以有两种方法，一种是直接调用 MATLAB 的函数“roots”，求解多项式的所有根；另一种是通过建立多项式的伴随矩阵再求其特征值的方法得到多项式的所有根。例如：

```
>> p=[1 2 3 4];
>> roots(p)
ans =
   -1.6506
   -0.1747 + 1.5469i
   -0.1747 - 1.5469i
>> compan(p)
ans =
    -2    -3    -4
     1     0     0
     0     1     0
>> eig(ans)
ans =
   -1.6506
   -0.1747 + 1.5469i
   -0.1747 - 1.5469i
```

多项式的微分函数“polyder”用来进行多项式的微分计算。例如：

```
>> p=[1 2 3 4];
>> polyder(p)
ans =
     3     4     3
>> poly2sym(ans)
ans =
3*x^2+4*x+3
```

多项式拟合是多项式运算的一个重要组成部分，在工程及科研工作中部得到了广泛的应用。其实现一方面可以由矩阵的除法求解超定方程来进行；另一方面在 MATLAB 中还提供了专用的拟合函数“polyfit”，调用格式如下。

polyfit(X,Y,n)　　　　%其中 X、Y 为拟合数据，n 为拟合多项式的阶数

[p,s]＝polyfit(X,Y,n)　　%其中 p 为拟合多项式系微向量，s 为拟合多项式系数向量的结构信息

例如：

```
>> x=0:pi/20:pi/2;
>> y=sin(x);
>> a=polyfit(x,y,5)
a =
    0.0057    0.0060   -0.1721    0.0021    0.9997    0.0000
>> poly2sym(a)
ans =
1655897446691567/288230376151711744*x^5+6917088961402307/1152921504606846976*x^4-620036706
```

0164747/36028797018963968*x^3+604718593642323/288230376151711744*x^2+2251172847900153/22517998 13685248*x+1361042067858535/590295810358705651712

5.3　一般图形功能

5.3.1　基本图形绘制

二维图形的绘制是 MATLAB 语言图形处理的基础，也是在绝大多数数值计算中广泛应用的图形方式之一。在进行数值计算的过程中，用户可以方便地通过各种 MATLAB 函数将计算结果图形化，以实现对结果数据的深层次理解。

绘制二维图形最常用的命令就是“plot”函数，对于不同形式的输入，该函数可以实现不同的功能，其调用格式如下。

plot(Y)　若 Y 为向量，则绘制的图形以向量索引为横坐标值，以向量元素值为纵坐标值；若 Y 为矩阵，则绘制 Y 的列向量对其坐标索引的图形。若 Y 为一复向量（矩阵），则 plot(Y) 相当于 plot(real(Y),imag(Y))。而在其他形式的函数调用中，元素的虚部将被忽略。

plot(X,Y)　一般来说是绘制向量 Y 对向量 X 的图形。如果 Y 为一矩阵，则 MATLAB 绘出矩阵行向量或列向量对向量 X 的图形，条件向量的元素个数能够和矩阵的某个维数相等。若矩阵是方阵，则默认情况下将绘制矩阵的列向量图形。

plot(X,Y,s)　想绘制不同的线型、标识、颜色等的图形时，可调用此形式。其中 s 为字符，可以代表不同线型、点标、颜色。可用的字符及意义见表 5-2。

表 5-2　MATLAB 语言中的图形设置选项

选　　项	说　　明	选　　项	说　　明
-	实线	^	上三角形
:	点线	<	左三角形
-.	点划线	>	右三角形
--	虚线	p	正五边形
.	点	m	紫红色
O	圆	c	蓝绿色
+	+号	r	红色
*	*号	g	绿色
x	x 符号	b	蓝色
s	方形	w	白色
d	菱形	k	黑色
v	下三角形	y	黄色

例如：

```
>> y=rand(100,1);
>> plot(y)
```

绘图结果如图 5-11 所示。

```
>> x=0:0.001*pi:2*pi;
>> y=sin(x);
>> plot(x,y)
```

绘图结果如图 5-12 所示。

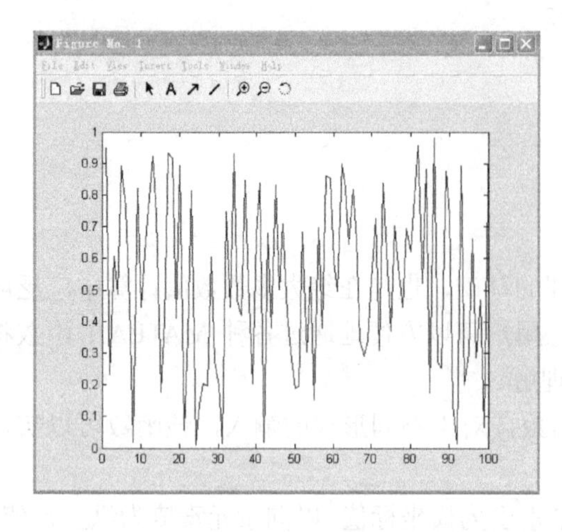

图 5-11　函数 plot(Y)绘制图形示意图

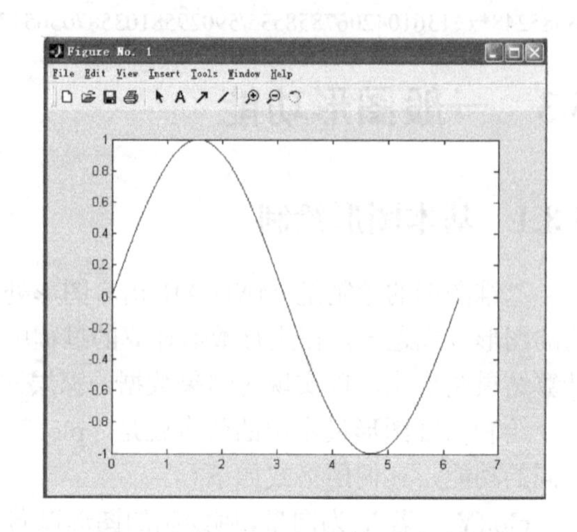

图 5-12　函数 plot(X,Y)绘制图形示意图

```
>> x=0:0.1*pi:2*pi;
>> y=sin(x);
>> z=cos(x);
>> plot(x,y,'--^k',x,z,'-.rd')
```

绘图结果如图 5-13 所示。

MATLAB 语言还提供了绘制不同形式的对数坐标曲线的功能，具体实现该功能的函数为“semilogx”、“semilogy”和“loglog”，这三个函数的调用格式与“plot”完全相同，只是前两个函数分别以 x 坐标和 y 坐标为对数坐标，而“loglog”函数则是双对数坐标。例如：

```
>> x=0:0.01*pi:pi;
>> y=sin(x).*cos(x);
>> semilogx(x,y,'-*')
```

绘图结果如图 5-14 所示。

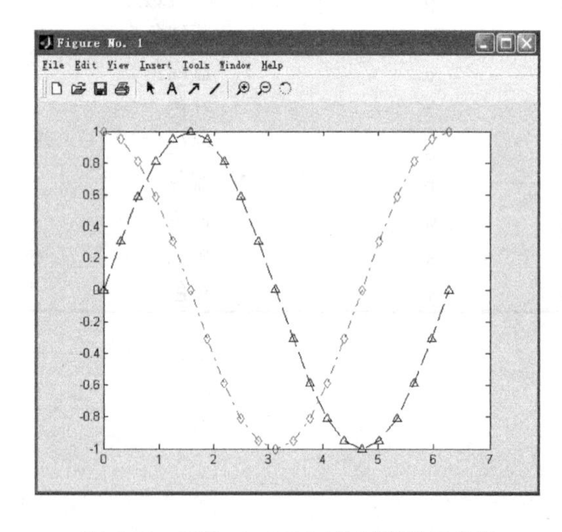

图 5-13　函数 plot(X,Y,s)绘制图形示意图

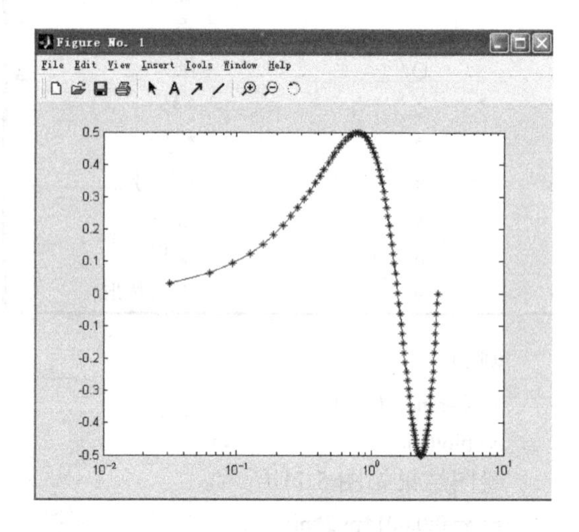

图 5-14　函数 semilogx(X,Y,s)绘制图形示意图

5.3.2　图形格式转化

MATLAB 语言提供了对图像的处理功能，用户可以利用提供的函数对外部图形进行操作，或将 MATLAB 图形转化为其他的图形格式。

在 MATLAB 环境下，调用外部图形的函数为“imread”，通过这个函数可以将其他绘图软件编辑的图形转换为 MATLAB 可识别的类型；MATLAB 提供的写入图像文件的函数为“imwrite”，该函数将图像矩阵写入外部文件，具体调用格式如下。

A=imread(filename,fmt)　　　　imwrite(A, filename,fmt)

输入参数中，filename 为图形文件名，fmt 为图形类型。如果图形为灰度图像，则返回值 A 为两列矩阵；如果图形为真色，则返回值 A 为三列矩阵。

应当注意的是，这里所能调用的图形文件应在当前 MATLAB 的搜索路径上，否则将无法识别；MATLAB 语言可以识别的图形类型大致包括：jpeg/jpg、tif/tiff、bmp、png、hdf、pcx 和 xwd 等。

此外，MATLAB 语言中还提供了显示图像信息的函数“imfinfo”。其调用格式如下。

imfinfo(filename,fmt)

调用该函数将返回一结构型数组，该数组将反映图形深层次的信息，对于不同的图形格式将显示不同的图形信息，但是以下 9 种图形信息是任何格式都有的：Filename、FileModDat、FileSize、Format、FormatVersion、Width、Height、BitDepth 和 ColorType。

在 MATLAB 环境下显示外部图形的函数为“image”，该函数的调用格式如下。

image(C)

其中输入参数 C 为 MATLAB 读取的图形数据矩阵。

例如：

```
>> A=imread('picture','jpg');
>> imwrite(A,'picture','jpg');
>> size(A)
ans =
    600     800       3
>> imfinfo('picture','jpg')
ans =
           Filename: 'picture'
        FileModDate: '27-Oct-2008 16:05:23'
           FileSize: 77300
             Format: 'jpg'
      FormatVersion: ''
              Width: 800
             Height: 600
           BitDepth: 24
          ColorType: 'truecolor'
    FormatSignature: ''
            Comment: {}
>> image(A)
```

同时在图形窗口显示外部图像文件，如图5-15所示。

图5-15　外部图像的显示

5.3.3　图形属性控制

在调用绘图函数时，系统会自动为图形规定一个简单的标注。同时，MATLAB 语言提供了丰富的图形标注函数用来标注用户所绘制的图形（图5-16）。

MATLAB 提供了许多坐标轴标注的函数，主要函数有“title”、“xlabel”和“ylabel”等。其中函数“title”是为图形添加标题，而“xlabel”和“ylabel”是为 x 和 y 坐标轴添加标注。三函数的调用格式大同小异，以函数“title”为例：

title（'标注','属性 1',属性值 1,'属性 2',属性值 2,……）

这里的属性是标注文本的属性，包括字体的大小、字体名、字体粗细等。

另外，MATLAB 语言对图形进行文本注释所提供的函数为 text。其调用格式如下：

text(x,y,'标注文本及控制字符串')

其中（x，y）给定标注文本在图中的添加位置，而在标注文本中也可以添加控制字符串以提供对标注文本的控制。例如：

```
>> x=0:0.1*pi:2*pi;
>> y=sin(x);
>> plot(x,y)
>> xlabel('x(0-2pi)','FontWeight','bold')
>> ylabel('y=sin(x)','FontWeight','bold')
>> title('正弦函数','FontWeight','bold','FontSize',16,'FontName','隶书')
>> text(3*pi/4,sin(3*pi/4),['\leftarrow sin(3*pi/4)=',num2str(sin(3*pi/4))],'FontSize',12)
>>text(5*pi/4,sin(5*pi/4),['sin(5*pi/4)=',num2str(sin(5*pi/4)),'\rightarrow'],'HorizontalAlignment','right','Font
Size',12)
```

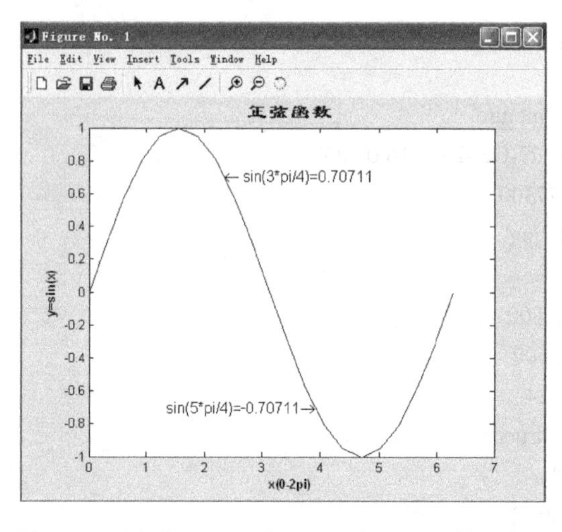

图5-16　坐标标注和文本注释后的正弦函数示意图

5.3.4　坐标轴属性控制

（1）坐标轴的控制函数 axis

函数“axis”用来控制坐标轴的刻度范围及显示形式。“axis”函数有多种调用形式，不同的调用形式可以实现不同的坐标轴控制功能。

① 最简单的调用形：axis(V)

其中 V 为一数组，用以存储坐标轴的范围，对于二维图形，V 的表达形式为：V=[XMIN,XMAX,YMIN,YMAX]；而对于三维图形，其表达形式为：V＝[XMIN,XMAX,YMIN,YMAX,ZMIN,ZMAX]。

② axis'控制字符串'

使用这种调用形式，用户可以通过选择不同的控制字符串，以完成对坐标轴的操作，具体的控制字符串的表达形式如表 5-3 所示。

表 5-3　axis 的控制字符串及说明

控制字符串	说　明
auto	自动模式，使得图形的坐标范围满足图中一切图元素
axis	将当前坐标设置固定，使用“hold”命令后，图形仍以此作为坐标界限
manual	以当前的坐标限定图形的绘制
tight	将坐标限控制在指定的数据范围内
fill	设置坐标限及坐标的 plotboxaspectratio 属性以满足要求
ij	将坐标设置成矩阵形式，即原点处于左下角
xy	将坐标设置成默认状态，即简单的直角坐标系形式
equal	严格控制各坐标的分度使其相等
image	与 equal 相类似
square	使绘图区为正方形
normal	解除对坐标轴的任何限制
vis3d	在图形旋转或拉伸过程中保持坐标轴间分度的比率
off	取消对坐标轴的一切设置，包括系统的自动设置
on	回复对坐标轴的一切设置

（2）坐标轴缩放函数 zoom

函数“zoom”可以实现对二维图形的缩放，该函数在处理图形局部较为密集的问题中有很大作用，该函数的调用格式如下。

zoom'控制字符串'

不同的控制字符串能够完成各种不同的缩放命令，具体如表 5-4 所示。

表 5-4　zoom 的控制字符串及说明

控制字符串	说　明	控制字符串	说　明
空	在 zoom on 与 zoom off 间切换	out	恢复所进行的一切缩放
（factor）	以（f）为缩放因子进行坐标轴缩放	xon	只允许对 x 坐标轴进行缩放
on	允许对图形进行缩放	yon	只允许对 y 坐标轴进行缩放
off	禁止对图形进行缩放	reset	清除缩放点

当 zoom 处于 on 状态时，可以通过鼠标进行图形缩放，此时单击鼠标左键将以指定点为基础将图形放大一倍；而单击鼠标右键则将图形缩小一倍；如果双击鼠标左键则将会恢复缩

放前的状态，即取消一切缩放操作。

应当注意的是，对图形的缩放不会影响图形的原始尺寸，也不会影响图形的横纵坐标比例，即不会改变图形的基本结构。

（3）平面坐标网图函数 grid 与坐标轴封闭函数 box

与三维图形的情形相类似，MATLAB 语言也提供了平面的网图函数，不过“grid”函数此时并不是用于绘制图形，而仅是绘制坐标网格，用来提高图形显示效果，函数的具体调用格式如下。

grid on　　　在图形中绘制坐标网格

grid off　　　取消坐标网格

grid　　　　实现 grid on 与 grid off 两种状态之间的转换

平面图形的绘制有时希望图形四周都能显示坐标，增强图形的显示效果，此时就要用到坐标轴封闭函数“box”，其调用格式如下。

box on　　　在图形四周都显示坐标轴

box off　　　仅显示常规的横坐标、纵坐标

box　　　　在 box on 与 box off 两种状态之间切换

例如：

```
>> x=-2*pi:0.1*pi:2*pi;
>> y=sin(x);
>> plot(x,y)
>> axis([-2*pi,pi,0,2])
>> grid on
>> box on
```

图形效果如图 5-17 所示。

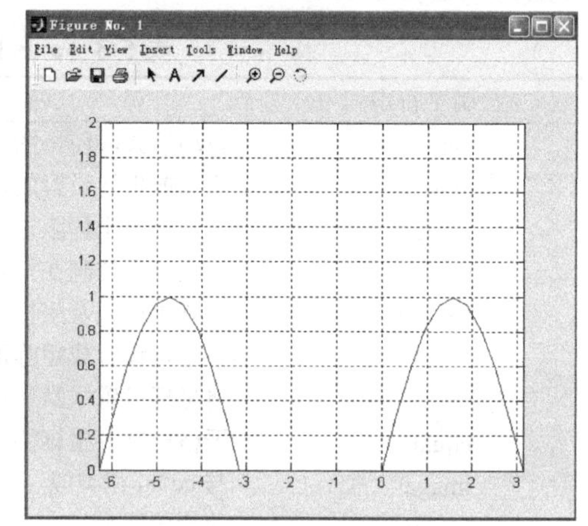

图 5-17　坐标轴属性改变后的图形效果

5.3.5　图形窗口控制

MATLAB 图形窗口的菜单与桌面平台的菜单有所不同，下面将介绍图形窗口菜单中几个常用选项的作用。

“File”菜单与桌面平台相似，但增加“Export”和“Page Setup”等选项。“Export”选项将打开图形输出对话框，如图 5-18 所示。在该对话框可以把图形以 emf、bmp、eps、ai、jpg、tif、png、pcx、pbm、pgm、ppm 等格式保存。“Page Setup”选项将打开页面设置对话框，如图 5-19 所示。对话框包括四个设置页面，分别为图形尺寸位置设置页面、纸张设置页面、线性及文本类型设置页面、坐标轴和图形设置页面，各页面功能非常齐全且操作简单，这里不做详细介绍。

“Edit”菜单中增加了“Figure Properties”、“Axes Properties”和“Current Object Properties”等选项。“Figure Properties”选项将打开图形属性设置对话框，如图 5-20 所示。在该对话框顶部显示图形对象，下面则显示图形属性设置页面，包括图形风格、图形标题、图形显示类型以及图形信息等。“Axes Properties”选项将打开坐标轴属性对话框，如图 5-21 所示。在该对话框中可以设置坐标轴的尺度、风格、标注、比例、光源、视点以及坐标轴信息等。“Current Object Properties”选项将打开当前对象属性设置页面，如选中图中的线条，将打开线条属性设置页面，如图 5-22 所示。

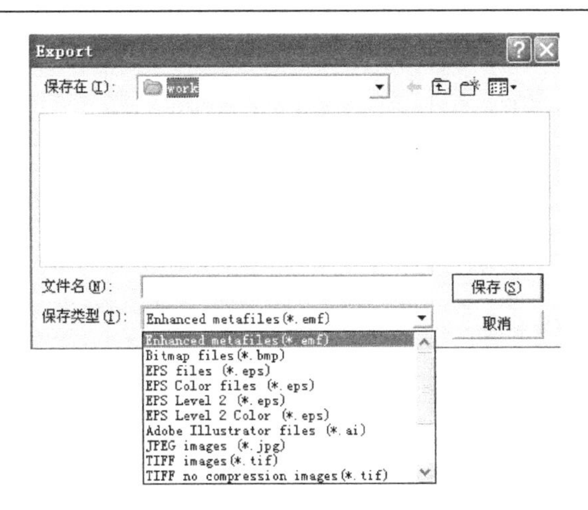

图 5-18　图形输出对话框

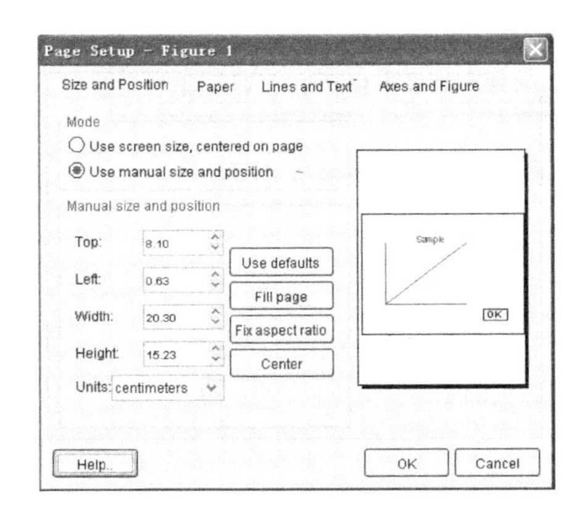

图 5-19　页面设置对话框图

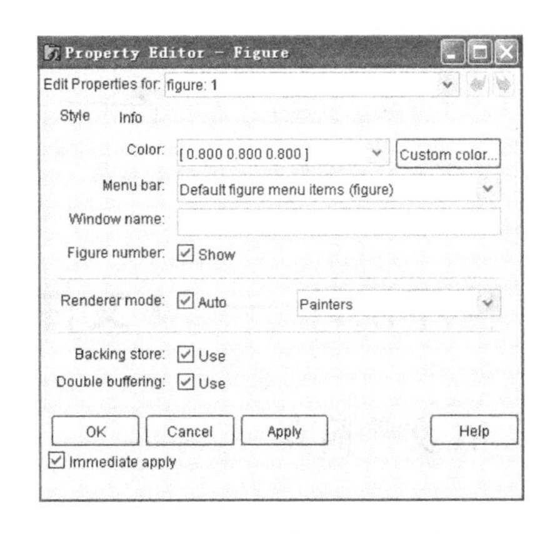

图 5-20　图形属性设置对话框

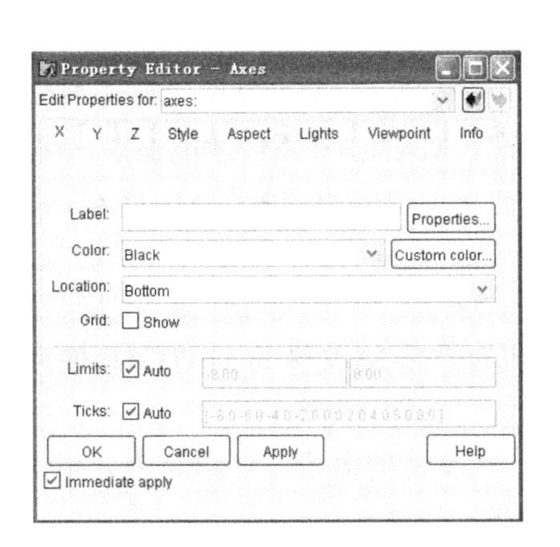

图 5-21　坐标轴属性对话框图

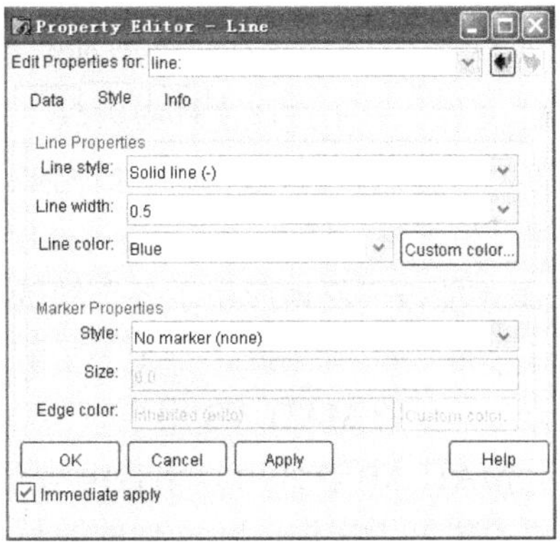

图 5-22　线条属性设置页面

“Tools”菜单内含简单的图形操作，其中还包括照相操作等。这里只简单介绍两种关于图形数据处理的对话框。“Basic Fitting”选项将打开图形数据拟合对话框，如图 5-23 所示。在该对话框中可以选取拟合的数据源、拟合方式、拟合函数的显示、数值的有效位数以及是否显示残差等。“Data Statistics”选项将对数据做统计分析，并打开图形数据统计对话框，如图 5-24 所示。在该对话框中可以获得数据的最小值、最大值、平均值、中值以及均方差等。

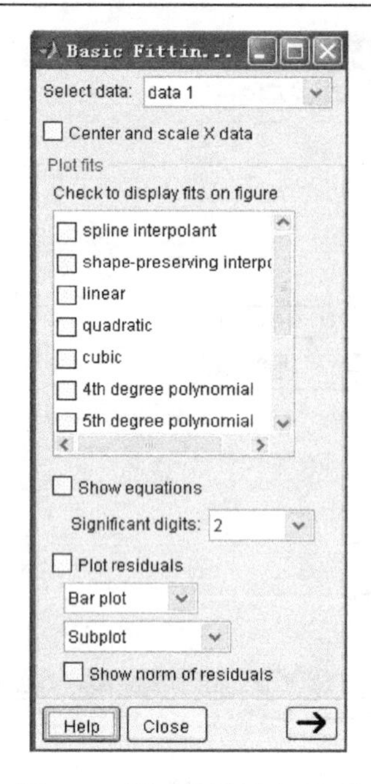

图 5-23 图形数据拟合对话框

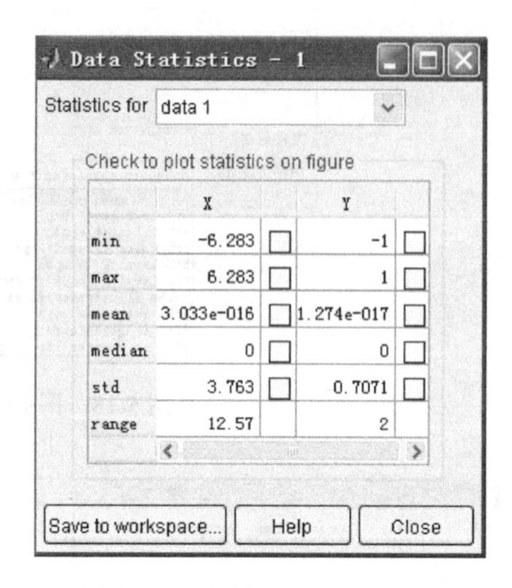

图 5-24 图形数据统计对话框

5.4 程序设计——M 文件

5.4.1 M 文件简介

MATLAB 实质上是一种解释性语言，就 MATLAB 本身来说，它并不能做任何事情，本身没有实现功能而只对用户发出的指令起解释执行的作用。像前面介绍过的命令行式的操作一样，命令先送到 MATLAB 系统内解释，再运行得到结果。这样就给用户提供了很大的方便，用户可以把所要实现的指令罗列编制成文件，再统一送入 MATLAB 系统中解释运行，这就是 M 文件。只不过此文件必须以“.m”为扩展名，MATLAB 系统才能识别。因此 M 文件语法简单、调试容易、人机交互性强。正是 M 文件的这个特点造就了 MATLAB 强大的可开发性和可扩展性，Mathworks 公司推出了一系列工具箱就是明证。而正是有了这些工具箱，MATLAB 才能被广泛地应用于各个领域。对个人用户来说，还可以利用 M 文件来建造和扩充属于自己的“库”。因此，一个不了解 M 文件、没有掌握 M 文件的 MATLAB 使用者不能称其为一个真正的 MATLAB 用户。

由于 MATLAB 软件用 C 语言编写而成。因此，M 文件的语法与 C 语言十分相似。对广大的 C 语言爱好者来说，M 文件的编写是相当容易的。

M 文件有两种形式：命令式（Script）和函数式（Function）。命令式文件就是命令行的简单叠加，MATLAB 自动按顺序执行文件中的命令。这样就解决了用户在命令窗口中运行许多命令的麻烦，还可以避免用户做许多重复性的工作。函数式文件主要用以解决参数传递和函数调用的问题，它的第一句以 function 语句为引导。

另外，值得注意的是，命令式 M 文件在运行过程中可以调用 MATLAB 工作域内所有的数据，而且所产生的所有变量均为全局变量。也就是说，这些变量一旦生成就一直保存在内存空间中，直到用户执行“clear”或“quit”命令时为止。而在函数式文件中，变量除特殊声明外，均为局部变量。

5.4.2　M 文件的程序结构

（1）命令式文件

由于命令式文件的运行相当于在命令窗口中逐行输入并运行命令，因此用户在编制此类文件时只需把所要执行的命令按行编辑到指定文件中，且变量不需预先定义，也不存在文件名对应问题。但在编写过程中需要注意：① 建立良好的书写风格，保持程序的可读性；② 不需要用 end 语句作为 M 文件的结束标志；③ 文件完成后，不要忘记以“.m”作为文件的扩展名；④ 在运行此函数之前，需要把它所在目录加到 MATLAB 的搜索路径上去，或将文件所在目录设为当前目录。

例如，建立一个命令集以实现绘制 LOGO 图，在 M-file 窗口中编写以下内容：

```
%logo_pic.m
load logo
surf(L,R),colormap(M)
n=size(L,1)
axis off
axis([1 n 1 n -0.2 -0.35])
view(-37.5,60)
```

编写好后，将此文件存放在“E:\MATLAB6p5\work”目录下，注意文件名取为“logo_pic.m”，在 MATLAB 主命令窗口执行此命令：

```
>> logo_pic
n =
43
```

同时得到如图 5-25 所示的效果图。

（2）函数式文件

为了实现计算小的参数传递，需要用到函数式文件。函数式的标志是第一行为 function 语句。函数式文件可以有返回值，也可以只执行操作而无返回值，大多数函数式文件有返回值。函数式文件在 MATLAB 中应用十分广泛，MATLAB 所提供的绝大多数功能函数都是由函数式文件实现的，这足以说明函数式文件的重要性。函数式文件执行之后，只保留最后结果，不保留任何中间过程，所定义的变量也仅在函数内部起作用，并随调用的结束而被清除。在编写函数式文件时需要注意：① 要特别注意文件名与函数名一一对应，这样才能保证调用成功；② function 后的语句定义函数名和输入输出参数，在函数被调用过程中将按此输入输出格式执行；③ 要养成良好的注释习惯，以方便自己或其他用户的调用。

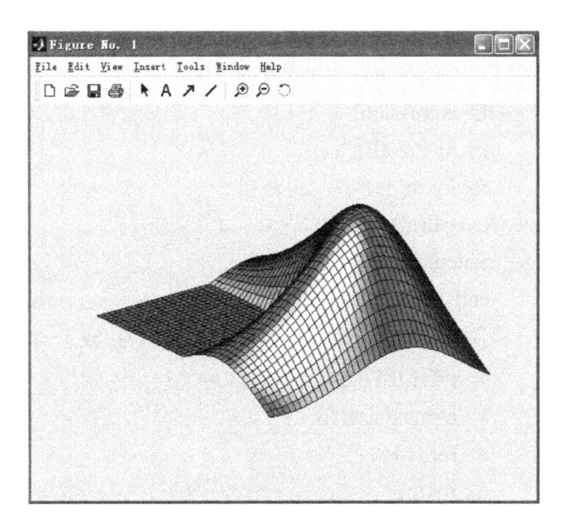

图 5-25　M 文件绘制的 LOGO 图

例如，计算第 n 个 Fibonacci 数，打开 M-file 窗口，编写如下程序：

```
function f=fibfun(n)
%FIBFUN For Calculating Fibonacci Numbers.
%fibfun．m
if n>2
f=fibfun(n-1)+fibfun(n-2);
else
f=1;
end
```

编写完毕后，以 fibfun.m 文件名存盘。然后在 MATLAB 主命令窗口中执行如下程序：

```
>> f=fibfun(17)
f =
        1597
```

5.4.3 程序流控制

（1）循环语句

在实际问题中会遇到许多有规律的重复运算，如有些程序中需要反复地执行某些语句，这样就需要用到循环语句进行控制。在循环语句中，一组被重复执行的语句称为循环体。每循环一次，都必须做出判断，是继续循环执行还是终止执行跳出循环，这个判断的依据称为循环的终止条件。MATLAB 语言中提供了两种循环方式：for 循环和 while 循环。

for 循环的最大特点是，它的循环判断条件通常是对循环次数的判断，也就是说，在一般情况下，此循环语句的循环次数是预先设定好的。for 循环语句的一般格式如下：

```
for v=expression(表达式)
    statements(执行语句)
end
```

因为在 MATLAB 中的许多功能都是用矩阵运算来实现的，所以执行语句实际上是一个向量（N×1 阶的矩阵），其元素的值一个接一个地被赋到变量 v 中，然后由执行语句执行。此时 for 循环语句可表示如下：

```
E=expression;
[m,n]=size(E);
for j=1:n
   v=E(i,j);
statements
end
```

例如，设由向量 t=[-1 0 1 3 5]'生成一个 5×5 阶的 Vandermonde 矩阵，编写如下程序：

```
>> t=[-1 0 1 3 5]';
>> n=max(size(t));
>> for j=1:n
for i=1:n
        a(i,j)=t(i)^(n-j);
end
end
>> a
a =
```

```
  1    -1    1   -1    1
  0     0    0    0    1
  1     1    1    1    1
 81    27    9    3    1
625   125   25    5    1
```

同 for 循环比起来，while 语句的判断控制可以是一个逻辑判断语句，因此它的适用范围会更广一些。while 循环语句的格式如下：

```
while expression(表达式)
    statements(执行语句)
end
```

（2）选择语句

复杂的计算中常常需要根据表达式的情况是否满足条件来确定下一步该做什么。MATLAB 提供了 if-else-end 语句来进行判断选择。MATLAB 的 if 语句同其他的计算机语句中的选择语句相似，大致可分为如下三个步骤：① 判断表达式紧跟在关键字 if 后面，使得它可以首先被计算；② 对于判断表达式计算结果，若结果为 0，判断值为假，若结果为 1，判断值为真；③ 若判断值为真，则执行其后的执行语句；否则跳过，不予执行。选择语句的一般形式为：

```
if expression(表达式)
    statements(执行语句);
else expression(表达式)
    statements(执行语句);
end
```

例如，B 样条函数的判断函数，首先可以编写一 M 文件如下：

```
function f=pdbsline(x)
if x<0
    f=0;
elseif x<1
    f=x;
elseif x<2
    f=2-x;
else
    f=0;
end
```

编写完毕后，以 pdbsline.m 文件名存盘。然后在 MATLAB 主命令窗口中执行如下程序：

```
>> pdbsline(-1)
ans =
     0
>> pdbsline(0.36)
ans =
    0.3600
>> pdbsline(1.36)
ans =
    0.6400
>> pdbsline(2.36)
```

```
ans =
     0
```

5.5 MATLAB 化工应用实例

题目（非等温管式反应器—固定床反应器一维稳态拟均相模型的模拟计算）

在一列管反应器中进行邻二甲苯（A）氧化制邻苯二酸酐（B），反应为连串平行反应：

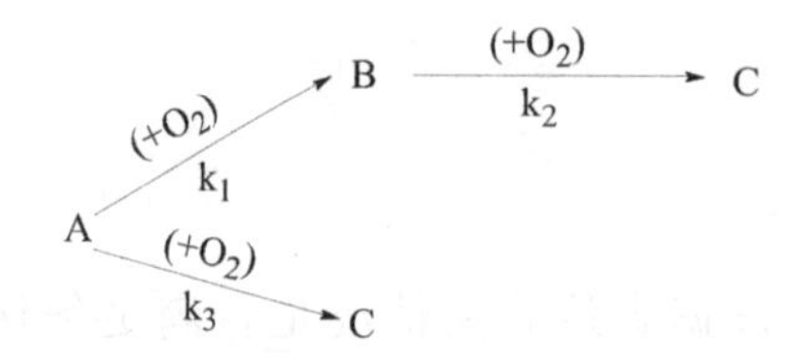

其中，C 是归并在一起的最终氧化产物 CO 和 CO_2。已知气体混合物的表观流速为 G=4684 kg/(m^2 • h)，催化剂堆积密度 ρ_B=1300 kg/m^3，气体的平均摩尔质量 M_m=29.48 kg/kmol，入口处邻二甲苯的摩尔分数 y_{A0}=0.00924，入口处氧的摩尔分数 y_0=0.208，比热容 c_p=1.047 kJ/（kmol • K），传热系数 U=345.686 kJ/（m^2 • h • K），管径 D_t=0.0254 m，夹套冷却温度 T_J=630 K，入口温度 T_0=630 K。反应式 A→B 的反应热 H_1= –1.285×10^6 kJ/kmol，A→C 的反应热 H_3= – 4.564×10^6 kJ/kmol，A→B 的活化能 E_1=1.1304×10^5 kJ/kmol，B→C 的活化能 E_2=1.315×10^5 kJ/kmol，A→C 的活化能 E_3=1.197×10^5 kJ/kmol，理想气体常数 R=9.314 kJ/（kmol • K）。试确定轴向温度分布规律、转化率分布规律和浓度分布规律。

数学模型

物料平衡模型（稳态）：

$$u_s\frac{\mathrm{d}C_A}{\mathrm{d}z}=\rho_B r_A \tag{1}$$

$$u_s\frac{\mathrm{d}C_B}{\mathrm{d}z}=\rho_B r_B \tag{2}$$

$$u_s\frac{\mathrm{d}C_C}{\mathrm{d}z}=\rho_B r_C \tag{3}$$

热量平衡方程（稳态）：

$$u_s\rho_g\frac{\mathrm{d}T}{\mathrm{d}z}=\rho_B(\Delta H_1k_1+\Delta H_3k_3)y_Ay_{O_2}-\frac{4U}{d_t}(T-T_J) \tag{4}$$

反应动力学方程：由于氧过剩，速度方程可以看作拟一级，因此，

$$r_A=-(k_1+k_3)y_Ay_{O_2},\qquad r_B=k_1y_Ay_{O_2}-k_2y_By_{O_2},\qquad r_C=k_2y_By_{O_2}+k_3y_Ay_{O_2} \tag{5}$$

其中，反应速度常数为：

$$\ln k_1=-\frac{113040}{RT}+19.837,\quad nk_2=-\frac{131500}{RT}+20.86,\quad \ln k_3=-\frac{119700}{RT}+18.97 \tag{6}$$

其他公式

反应器的横截面积为：

$$A_c=\frac{\pi d_t^{\ 2}}{4} \tag{7}$$

由于总摩尔流量不变（大多数为空气），因此有：

$$F_t=\frac{G}{M_m}A_c \tag{8}$$

$$C_t = \frac{F_t}{A_c u_s} \tag{9}$$

转化率：

$$x_A = \frac{C_{A0} - C_A}{C_{A0}}, \quad x_B = \frac{C_B}{C_{A0} - C_A}, \quad x_C = \frac{C_C}{C_{A0} - C_A} \tag{10}$$

进料（初始）摩尔流率：

$$F_{A0} = y_{A0} F_t, \quad F_{B0} = F_{C0} = 0 \tag{11}$$

（1）程序清单（NonIsothermTR.m）

```
function NonIsothermTR
% 模拟计算非等温固定床管式反应器的轴向温度分布和转化率分布
% 在一列管反应器中进行邻二甲苯(A)氧化制邻苯二酸酐(B)
clear all
clc
global   Ct Ac rhoB Cp H1 H3 U dt TJ Cp H1 H3 U TJ rhog us E1 E2 E3 R yO2
L = 1;                       % 反应管长，m
G = 4684;                    % 表观质量流速，kg/(m2・h)
rhoB = 1300;                 % 催化剂堆积密度，kg/m3
Mm = 29.48;                  % 气体的平均分子量，kg/kmol
yA0 = 0.00924;               % 入口处邻二甲苯的摩尔分率
yO2 = 0.208;                 % 氧的摩尔分率(恒为常数)
Cp = 1.047;                  % 比热容，kJ/(kmol・K)
U = 345.686;                 % 传热系数，kJ/(m2・h・K)
P = 101.325;                 % 假设总压为定值 = 1 atm = 101.325 kJ
dt = 0.0254;                 % 管径，m
TJ = 580;                    % 冷却温度，K
T0 = 700;                    % 物料进口温度(初始温度)，K
H1 = -1.285e+6;              % 反应 A→B 的反应热，kJ/kmol
H3 = -4.564e+6;              % 反应 A→C 的反应热，kJ/kmol
% 活化能，kJ/kmol
E1 = 1.1304e5;
E2 = 1.315e5;
E3 = 1.197e5;
R = 8.314;                   % 理想气体常数，kJ/(kmol・K)
Ac = pi*(dt/2)^2;            % 反应管的横截面积，m2
Ft = G*Ac/Mm;                % 总摩尔流率，mol/h
us = 3600;                   % 线速度，m/h
rhog = G/us;
Ct   = Ft/(Ac*us);
FA0 = yA0*Ft;                % A 的进料摩尔流率，kmol/h
CA0 = FA0/(Ac*us);
CB0 = 0;                     % FB0 = 0
CC0 = 0;                     % FC0 = 0
[z, y] = ode45(@Equations, [0 L], [CA0 CB0 CC0 T0])
CA = y(:, 1);
CB = y(:, 2);
```

```
CC = y(:, 3);
xA = (CA0-CA)./CA0;                    % A 的转化率
xB = CB(2:end)./(CA0-CA(2:end));       % 生成的 B/反应的 A
xB = [0; xB]
xC = CC(2:end)./(CA0-CA(2:end));       % 生成的 C/反应的 A
xC = [0; xC]
% 图形输出
plot(z, y(:, 4))                       % 温度分布
xlabel('z')
ylabel('T (K)')
figure
plot(z, xA, 'r-')                      % 转化率分布
xlabel('z')
ylabel('x_A')
figure
plot(z, CA, 'r-', z, CB, 'k--', z, CC, 'b:')   % 浓度分布
xlabel('z')
ylabel('C_A, C_B, C_C')
legend('C_A', 'C_B', 'C_C')
% ------------------------------------------------------------------
function dydz = Equations(z, y)        % 模型方程组
global  yO2 Ct Ac rhoB Cp H1 H3 U dt TJ Cp H1 H3 U TJ rhog us
CA = y(1);
CB = y(2);
CC = y(3);
T = y(4);
% 摩尔分率
yA = CA/Ct;
yB = CB/Ct;
yC = CC/Ct;
% 反应速度
[rA, rB, rC, k1, k2, k3] = Rates(yA, yB, yC, T);
% 物料平衡
dCAdz = rhoB*rA/us;
dCBdz = rhoB*rB/us;
dCCdz = rhoB*rC/us;
% 热量衡算
dTdz = ( rhoB*(-H1*k1 -H3*k3)*yA*yO2-4*U*(T-TJ)/dt )/(us*rhog*Cp);
dydz = [dCAdz; dCBdz; dCCdz; dTdz];
% ------------------------------------------------------------------
function [rA, rB, rC, k1, k2, k3] = Rates(yA, yB, yC, T)      % 反应动力学
global E1 E2 E3 R yO2
% 速度常数，kmol/(kg catalyst · h)
k1 = exp(-E1/(R*T) + 19.837);
k2 = exp(-E2/(R*T) + 20.86);
k3 = exp(-E3/(R*T) + 18.97);
```

```
% 反应速度，kmol/kg catalyst hr
rA = -(k1+k3)*yA*yO2;                    % A 的总反应速度
rB = k1*yA*yO2 - k2*yB*yO2;              % B 的净生成速率
rC = k2*yB*yO2 + k3*yA*yO2;              % C 的总生成速率
```

（2）计算结果

轴向温度分布、转化率分布和浓度分布分别示于图 5-26、图 5-27 和图 5-28 中。

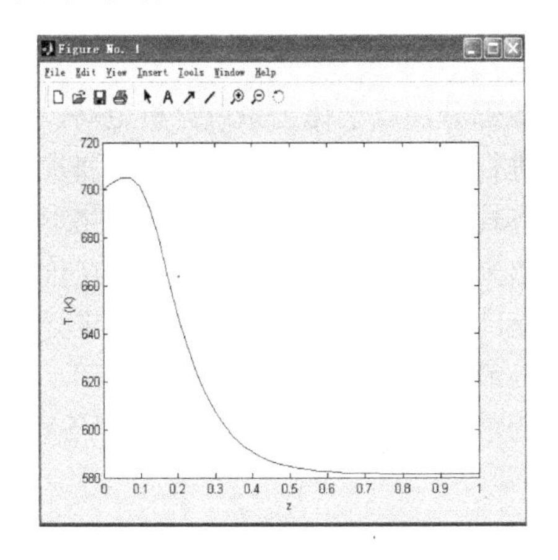

图 5-26　轴向温度分布

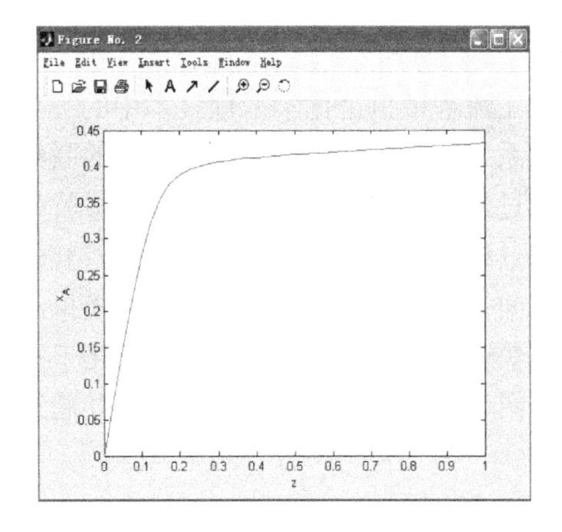

图 5-27　转化率分布

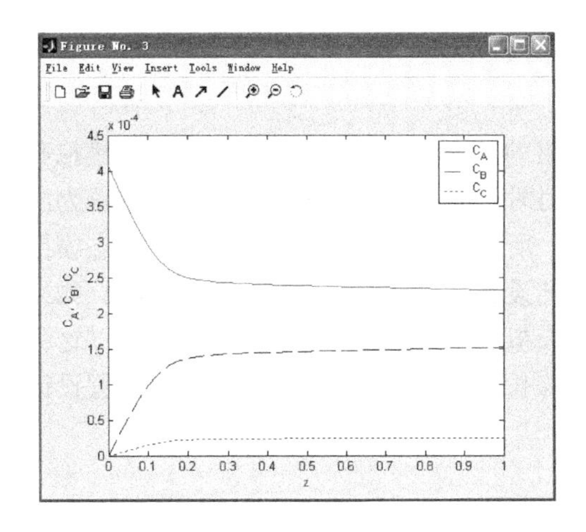

图 5-28　浓度分布

第6章 化工流程模拟软件 HYSYS

化工流程模拟是化学工程技术中的一个重要组成部分，属于化工系统分析范畴，即对化工过程系统（包括过程单元和单元间的联结关系）进行分析，确定其各个部位的属性和性能指标的过程。具体而言，化工流程模拟就是用数学方程、仿真技术、图像甚至实物形式把化工生产过程的各个功能以及功能间的相互关系表达出来，以便了解并确定过程存在价值以及价值之间关系的一种科学方法。通过模拟，可以对新产生的“思想”或“政策”进行经济、方便、快速的重复试验，从而构成了化工系统分析、最优化和设计的重要技术基础。本章将简要介绍化工流程模拟的基本理论，并通过实例说明常用的化工流程模拟软件 HYSYS 的使用方法。

6.1 化工流程模拟介绍

6.1.1 流程模拟分类

根据化工流程模拟结果的不同，可将流程模拟分为稳态模拟和动态模拟。如果模型由质量、温度、焓等状态变量对时间的微分方程构成，则模拟结果为温度、压力、流量等可测量的随时间动态变化的曲线，所以这种模拟称为动态模拟。动态模拟可以考察化工流程的动态响应特性，广泛应用于工艺设计、控制方案研究及仿真培训。如果模型由一系列代数方程构成，与时间变量无关，则模拟结果为一组稳定的确定解，所以这种模拟称为稳态模拟。由于稳态模拟预测了流程在足够长时间后的稳定状态，所以在流程设计和在线优化中发挥了重要的作用。

6.1.1.1 稳态模拟

稳态过程模拟是指，应用计算机辅助手段，对某一化工过程进行稳态的热量和物料衡算、尺寸计算和费用估算。尺寸计算和费用估算是指对流程中有关设备的尺寸予以确定，以及对设备费用乃至运行费用等进行的计算。按照这一定义，对一个流程系统进行稳态模拟，也应将尺寸计算、费用计算包括进去。但是，流程系统的稳态物料衡算和热量衡算毕竟是稳态流程系统工况特性分析的基础，从而也是整个稳态模拟工作，包括尺寸计算、费用计算在内的基础，同时相对而言也是更为困难的部分。

实践中，稳态流程模拟问题分为模拟型、设计型和优化型三类。

（1）模拟型问题

按照前面对流程模拟所下的定义，它的任务是对某一流程系统做出工况特性分析，即根据给定的流程系统的输入数据（如进料组成、流量等）以及表达系统特性的数据（如各个单元的设备参数等），预计系统输出的数据（如产品的组成、流量等）。这完全是比照着实际系统工况特性的因果关系在计算机上进行的模仿性演示。对于这种给定流程系统结构及特性求得输出，单纯地对系统工况进行模拟的问题称为模拟型问题或操作型问题（见图 6-1）。

（2）设计型问题

与模拟型问题不同，有时人们预先规定了系统输出的某项数据，例如规定了产品组成中某种组分所必须达到的数值，而去寻求能够满足这类规定要求的某些设备参数的数值。当然，人们希望给予规定的并非只能是整个系统最后输出的数据，也可以是系统内某个单元的输出数据，例如某台换热器出口物流所必须达到的温度；而所要寻求的也不仅限于是表达系统特性的设备参数，也可以是其他，例如系统进料中某一组分的含量等，情况可以是多种多样的。这种类型的问题，是人们进行某项化工设计时经常遇到的，因此，常被称作设计型问题（见图 6-2）。

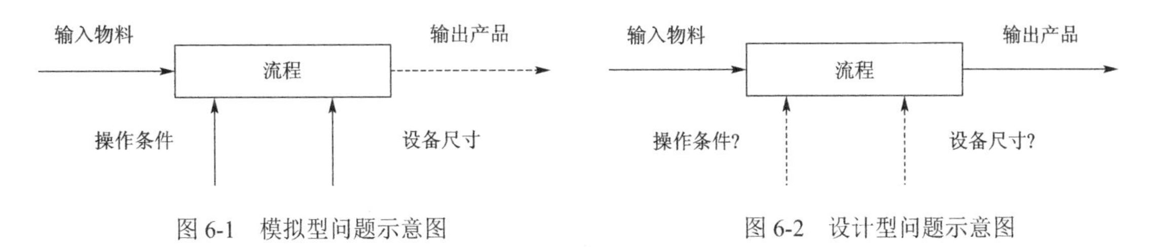

图 6-1　模拟型问题示意图　　　　图 6-2　设计型问题示意图

不难看出，设计型问题，同模拟型问题的情况很不相同，其已知条件和待求结果的关系是不相一致甚至是相反的。有必要指出，这里所说的设计型问题，通常只是指对流程结构为已知的化工系统进行一般意义的设计计算，即计算出能满足设计者所规定要求的某些参数或变量（设备参数、描述物料性质的变量等）所应具有的数值。而这些数值，若是在模拟型问题中，本应是由用户给出作为数据输入的。因此它不涉及流程结构的设计，也不追求实现某种最优目标，而是相对简单和更为基本的任务，也是设计人员常常遇到的一类问题。

虽然原始意义上的模拟方法能顺利地解决模拟型问题，却不能直接用来解决设计型问题，所以人们提出了一些可以在模拟的基础上解决设计型问题的方法(见图 6-3)。这时要事先设定影响设计指标的调节变量，用“控制模块”来使之与设计指标及计算输出相关联。在比较计算输出与设计指标的差距后，给出调节变量的变化值，使过程系统模型按新的输入变量重新计算。这样经过反复迭代计算，最后使输出值达到设计要求值。

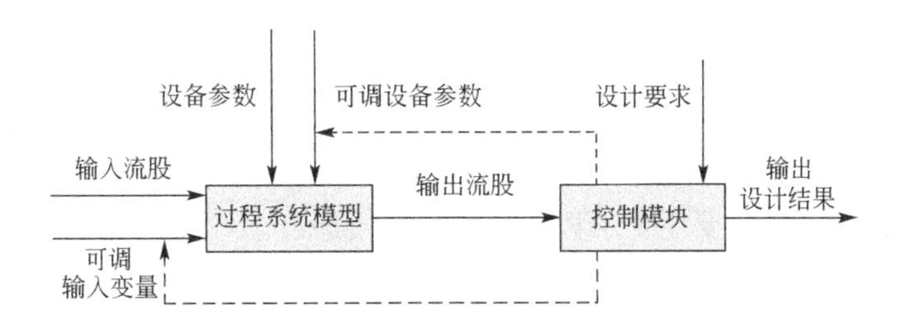

图 6-3　设计型问题与控制模块

（3）优化型问题

在人们解决了设计型问题以后，由于实际生产和发展的需要，又开始考虑如何使流程的性能最佳、产量最大、能耗最小、对环境造成的污染最小等。对于给定结构的流程系统而言，就是如何确定过程的某些主要操作条件，从而达到所期望的目标。这类问题称为流程模拟的优化型问题（见图6-4）。

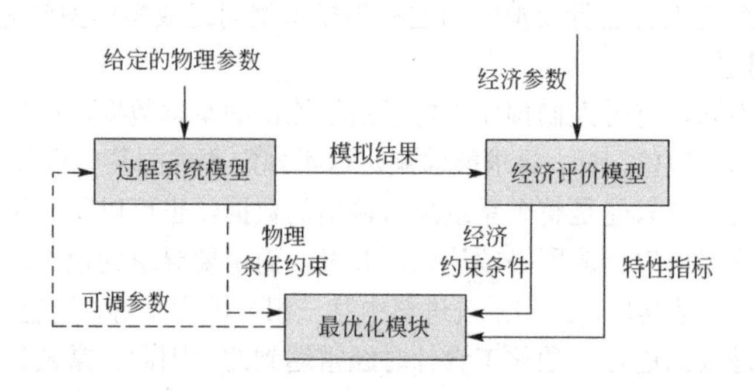

图6-4　优化型问题与优化模块

显然，优化型问题比模拟型、设计型问题更加复杂，解决起来更加困难。这是因为，优化决策变量常常比设计条件变量多，因而如何调节变量就是一个问题。另外，多变量最优化算法本身就是一个很大的研究课题，而且过程系统模型往往又是非线性的，这种非线性最优化问题不是经常有现成的程序可用，即使有也未必保证能找到最优解。最后，最优化程序计算出来的可调参数的变化值是在设计迭代回路的外圈，因而迭代工作量呈指数上升，要得到一个最优解需要耗费大量机时。

6.1.1.2　动态模拟

由于化工稳态过程只是相对和暂时的，实际过程中总是存在各种各样的波动、干扰以及条件的变化，因而化工过程的动态变化是必然和经常发生的。归纳引起波动的因素主要有以下几类。

① 计划内的变更。如原料批次变化，计划内的高负荷生产或减负荷操作，设备的定期切换等。

② 过程本身就是不稳定的。例如，新型周期性脉冲式反应器；事故状态时向火炬排放设备中气体的过程；批处理操作过程等。

③ 意外事故。如设备故障、人为的误操作等。

④ 装置的开停车。

以上的种种波动和干扰，都会引起原有的稳态过程和平衡发生破坏，而使系统向着新的平衡发展。这一过程的分析，不是稳态模拟所能解决的，而必须由化工过程动态模拟来回答。与稳态模拟不同，动态模拟考虑到了物料和热量的累计量，所以可以获得更多更详细的系统信息。动态过程系统模拟主要用于工程设计和仿真培训。

（1）工程设计中的动态模拟

过程系统的动态模拟，主要研究系统动态特性，又称为动态仿真或非稳态仿真。动态仿真数学模型一般由线性或非线性微分方程组表达。仿真结果描述当系统受到扰动后，各变量随时间变化的响应过程。显然，仿真技术在工程设计中起着与稳态模拟互补且不可分割的特殊作用。

动态模拟技术在工程设计中的应用有：工艺过程设计方案的开车可行性试验；工艺过程设计方案的停车可行性试验；工艺过程设计方案在各种扰动下的整体适应性和稳定性试验；

系统自控方案可行性分析及试验；自控方案与工艺设计方案的协调性试验；联锁保护系统或自动开车系统设计方案在工艺过程中的可行性试验；DCS 组态方案可行性试验；工艺、自控技术改造方案的可行性分析。以上设计课题都是在过程系统处于动态运行状态下的试验。离开动态模拟技术，这种试验工作将十分困难甚至根本无法进行。

① 开停车指导　化工生产中，开停车是极其重要的环节。任何疏忽或处理不当都极易产生各种事故，从而导致严重的经济损失或人员伤亡。对于大型的石化装置，每一次非计划开停车，即使是完全正常，也会造成数十万、甚至数百万元的经济损失。因此我国历来无不对开停车过程给予高度的重视。然而在没有动态模拟的情况下，开停车过程主要是根据经验进行操作，不可能也不允许直接在装置上做任何试验。因而，对于操作者来说，开停车主要依靠经验，很少能从理论上予以验证。

自从有了动态模拟，它已广泛应用于开停车过程的动态研究。从理论上探讨、分析开停车过程的特性，从而指导开停车过程的实施，其主要作用有：缩短开停车时间，尽快达到稳定操作状态或安全停车；降低物耗、能耗，减少开停车损耗；避免可能产生的误操作或事故；减少不合格产品；保证开停车过程顺利进行等。

② 复杂控制系统方案论证　复杂的控制系统通常应当在新厂开工一段时期之后再实施。因为新开工装置的安全与稳定操作是主要矛盾，所以往往采用简单控制回路。另外，由于人们对过程系统的动态特性了解不足，尚未积累丰富的经验，所以不易实现复杂控制。当装置开工一段时期之后，如果工程技术人员和企业管理人员十分重视了解该装置的静态和动态特性，又积累了较多的经验和现场运行数据，则在现场技术人员的密切配合下，由仿真技术人员依据长期积累的现场数据，全面细致地核对、校验开工时（开工前）所建立的过程系统动态模型，尽可能修正出较为精确的适合于不同工况的数学模型；然后应用仿真技术，依据数学模型分析，试验多种先进的自动控制方案，改造不合理的联锁保护系统；经仿真验证有了把握之后可逐步转入现场实施。

③ 事故预案和紧急救灾方案试验　人工事故预案主要采用穷举法，罗列出各种预先设想的事故状态以及不同事故状态的抢救方案。以这种常规方法编制预案的工作量很大，方案说明冗长，使用时翻阅查询费时费力。过程仿真模型具有预测性，可以仿真各种事故状态以及事故源扩散影响所造成的损失。若辅以人工智能技术，计算机软件就能根据事故状态立即输出紧急救灾方案，为及时准确地指挥抢险提供科学依据。

（2）操作培训中的动态模拟

建立动态仿真培训系统是动态模拟的一项重要用途。动态仿真系统用来模拟装置的实际生产，它不仅能得到稳态的操作情况，更重要的是当有波动或干扰出现时，系统会产生何种变化，通过动态仿真即可一目了然。因而动态仿真系统可以广泛用于教学和培训。以往新装置开车前，操作人员事先在同类装置上进行培训、实习，以便取得第一手的实际经验。这样做不但费时、费用高昂，更重要的是难以在实际装置上进行事故状态及异常情况的操作培训，也难以保证能够进行开、停车的训练。而这一切在动态仿真系统上都是轻而易举的“常规”训练，操作人员可以反复应用计算机系统进行实践、练习，直至完全掌握。因而动态仿真系统的出现已使计算机培训逐渐取代了传统的实际装置培训。

对于上述两种用途，需要分别开发设计型动态模拟系统和培训型动态模拟系统，二者的区别见表 6-1。

表 6-1　两类动态模拟系统的对比

对比项目	设计型动态模拟系统	培训型动态模拟系统
数学模型	严格机理模型	简化机理模型
物性计算	有完整物性数据库，严格计算	利用回归的简化物性公式
人机界面	与稳态流程模拟类似	与 DCS 控制界面一样
计算速度	不要求实时性	要求实时性
应用模式	通用软件	按用户要求订制的专用软件

化工过程动态模拟过程如图 6-5 所示。

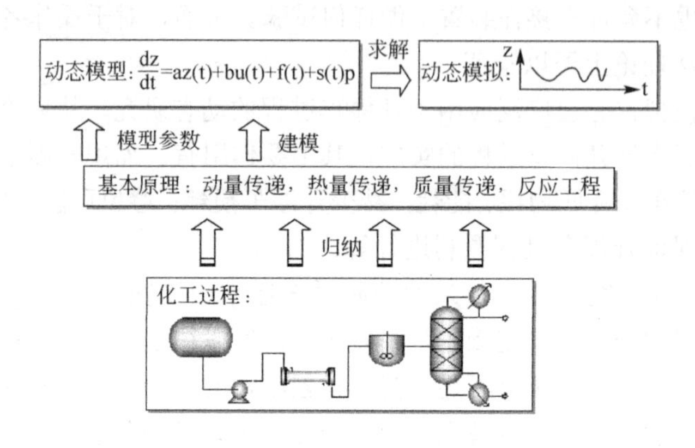

图 6-5　动态模拟过程

6.1.1.3　稳态模拟与动态模拟的比较

稳态模拟是在装置的所有工艺条件都不随时间而变化的情况下进行的模拟，而动态模拟是用来预测当某个干扰出现时，系统的各工艺参数如何随时间而变化。就模拟系统构成而言，它们之间的区别如表 6-2 所示。

表 6-2　稳态模拟和动态模拟的比较

稳 态 模 拟	动 态 模 拟
仅有代数方程	同时有微分方程和代数方程
物料平衡用代数方程描述	物料平衡用微分方程描述
能量平衡用代数方程描述	能量平衡用微分方程描述
严格的热力学方法	严格的热力学方法
无控制器	有控制器
无水力学限制	有水力学限制
不需要输入设备尺寸	需要输入设备几何尺寸
过去常用序贯模块算法	用联立方程法解算

对于稳态模拟，尽管从理论上讲，存在多种流程计算的方法，但几乎所有的商业化稳态模拟软件都采用序贯模块法来进行流程计算。序贯法要求每一单元过程的模型和算法组合在一起，构成所谓的模块。计算过程按模块逐一进行，每次只能解算一个模块，处于后面的模块必须待前面的模块解算完毕后才能进行计算。如果流程中存在返回物料时，就需要通过多次迭代，才能获得收敛解。

对于动态模拟，其单一过程的模型仅仅是描述该过程的方程组，每一单元过程中并不包括该方程组的任何解法。模型的组集方式称之为开放型式的方程或面向方程的型式。其特点是可以随意指定约束和变量，流程的计算采用通用的解法软件，同时处理所有单元过程的全部方程组，并联立求解所有的方程。所以，动态模拟的计算速度很快，但是要求有较好的初值，否则无法收敛。通常采用稳态模拟的结果作为动态模拟的初值。

6.1.2　化工流程模拟的步骤

要模拟一个大系统往往需要开发或使用一个系统模拟软件，而此软件中又包含许多单元操作的数学模型，这种开发就更为复杂。这里只介绍建立化工流程模拟的一般步骤，如图 6-6 所示。

第一步提出问题。这往往是有决定意义的一步，因为问题提的是否正确恰当，在问题明朗化过程中是否抓住其主要矛盾，很大程度上将影响最终效果。

第二步从有关的资料和基本原理中寻找这一问题的已知规律，奠定过程模拟的理论基础。如果没有现成理论可循，或者有好几种理论，那就要做一些选择或假定。

第三步化工基础数据的收集和整理。这里包括物性数据、单元操作的化工数据及成本核算数据。如果在现有的数据库中包含了这方面的资料，则该步就比较省事，否则还要将其编成程序供计算时调用。

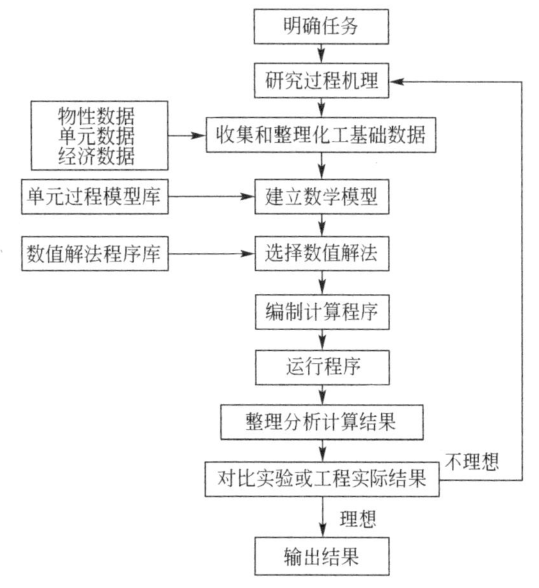

图 6-6　化工流程模拟的一般步骤

第四步建立数学模型。这往往是比较困难的一环。分析人员要善于将次要影响因素忽略，将那些在过程中变化不大的参数当成常数用平均值代替，以便减少变量和方程式数目。总之，要试图用一组简化的数学方程组及其边界条件去描述主要变量之间关系。如果已经找到不少建立好的模型，则为了判断哪一种最合适，还有个“模型识别”的问题。

第五步选择解算方法。最好从已有的数学方法程序库中挑选。如果没有合适的程序可供使用，则必须自己编，这是比较麻烦的一项工作，最好与计算数学人员合作解决。

第六步编写计算程序和第七步上机解算不是困难的步骤，往往直接由工程技术人员在终端上进行。

第八步整理计算结果，而第九步是将该结果与真实数据进行核对。出于真实过程的复杂性及数学方法的限制，开始开发的数学模型往往是高度理想化的，也就是说简化到只能反映过程的少数特性。这种简化是否已足够准确地反映了过程的应有特性，就要靠分析人员检验，并找出其主要毛病所在及修正方法。只有经过反复循环才能得到理想的结果。

6.1.3　模型化

模型化是指把过程各变量之间的依赖关系归纳成数学方程组的工作过程。这种数学方程组也称数学模型（或简称模型）。人们认识和研究客观世界有三种方法，即逻辑推理法、实验法和模型法。模型法是在客观世界和科学理论之间建立起来的一座桥梁，通过这座桥梁，人们可以探索系统的各个侧面。

如果能用数学的方法，依据各种物理、化学定律，推导出系统的数学模型，那么就能预估工业装置行为，模型的重要性正在于此。建立模型所依据的主要法则和定律是物料平衡和能量平衡。

物料平衡分为整体物料平衡和组分物料平衡。整体物理平衡方程也称总连续性方程，是指质量守恒定律应用于系统某一时刻时，列出的总物料平衡方程式，形式为：

进入系统的质量流量 – 离开系统的质量流量 = 系统内质量的时间变化率

式中各项的单位均为单位时间的质量，一个系统只能写出一个总物料平衡方程。

与总体物料守恒不同，各个化学组分的量是不守恒的。如果一个系统中发生化学反应，则各个组分的分子数就要发生变化；如果这个组分是化学反应的产物，它的分子数就要增加；如果这个组分是反应物，它的分子数就要减少。因此，系统的第 j 个化学组分的物料平衡方程应写为：

j 组分进入系统的分子流量 – j 组分离开系统的分子流量 + j 组分的分子生成速率 =
j 组分在系统内的时间变化率

对系统中的每一组分，都可以写出一个组分物料平衡方程。对任何一个系统，如果它有 N 种组分，就有 N 个组分物料平衡方程。不过，一个整体物料平衡方程和 N 个组分物料平衡方程并不都是独立的。因为各个组分的分子数乘各自分子量的总和，等于总的质量。因此，对于一个给定的系统来说，只有 N 个独立的物料平衡方程，通常采用整体物流平衡方程和 N–1 个组分物料平衡方程。

建模所需要的第二类方程是能量平衡方程。能量表现的形式很多，如内能、动能、位能、热能和功等。对于化工过程来说，通常都简化为用焓来表示的热量平衡。伴有热效应的化学反应过程，热量平衡的一般关系为：

单位时间内进入反应系统物料的热量 – 单位时间内流出反应系统物料的热量 ± 单位时间
内化学反应的热效应 ± 单位时间内与外界交换的热量 = 反应系统内热量的变化率

其中，对于吸热反应，反应热效应取负号，放热反应情况下则取正号。对于向外散热情况，与外界交换的热量取负号，而外界向系统提供热量时，则取正号，对于绝热情况，该项为零。另外，对于物理过程（不发生化学反应），其热量平衡关系仍可采用上述公式进行计算，不同的是反应热效应项为零。

在建立化工过程的机理模型时，除了必须利用前面所讲的物料平衡和能量平衡关系之外，还需要利用如传递方程、状态方程、相平衡以及反应动力学等其他一些平衡方程和关系。这些平衡方程和关系涉及化学动力学、热力学、物理化学、传递工程等许多学科，可根据实际情况参见有关专著选择使用。模型建立以后，还要进行参数估值，即为模型方程中的参数（如方程中的系数、指数等）确定数值。这一步工作通常都是要以实验数据为依据。

上述模型适用于独立的单元操作（泵、换热器、精馏塔、反应器等）。一个完整的化工系统模型，除了要有作为基础的单元模型部分，还要有表述流程结构的部分，即系统结构模型。通过描述流程结构的某种形式，就可以把单元模型组配在一起，形成可以连续计算的模拟系统。流程结构可采用数学方程组的形式表达，也还可以采用图形和矩阵的形式来表达。图形表述的具体方式有流程图、信息流图和信号流图。

系统模型的详细分类见表 6-3。按照模型的由来，化工系统模型可分为机理模型和经验模型。前者由过程机理（各种单元操作原理）推导而得，后者由经验数据归纳而成。实际应用的模型大都介于两者之间，即半理论半经验模型。机理模型是过程本质的反映，因此结果可以外推；而经验模型来源于有限范围内的统计数据，不宜于外推，尤其不宜于大幅度外推。在条件可能时总是希望建立机理模型，但是在某些情况下，由于过程的复杂、观测手段的不足和描述方法的有限，完全弄清过程机理几乎不可能。这时不得不提出一些假设，忽略一些次要因素，把过程简化成某种物理模型，从而建立数学模型。化工系统模型还可分为稳态模型和动态模型，前者指描述系统内各处工作状态的参数（如温度、压力、浓度等）均不随时间而变，而后者则正好相反。此外，根据系统中这些参数在空间上的分布情况，还可分为集总参数模型和分布参数模型。前者指参数不随空间位置而变，带搅拌器的釜式反应器模型就是集总参数模型的典型例子。后者指参数随空间而变，平推流反应器建模需采用此类模型。无论是机理模型还是经验模型，均为表示数量关系的模型，它们主要用于描述过程单元。还有一类模型，用于描述过程单元间的逻辑关系，称为系统结构模型。这类模型与原型在结构性质上是一致的，描述的是化工过程系统的结构，是单元间的联结关系，是系统变量间的因果关系。单元模型与系统结构模型构成了系统模型。

表 6-3　系统模型的分类

<table>
<tr><td rowspan="6">系统模型</td><td rowspan="5">单元模型</td><td rowspan="4">机理模型</td><td colspan="2"></td><td>稳态</td><td>动态</td></tr>
<tr><td colspan="2">集中参数模型</td><td>代数方程</td><td>常微分方程</td></tr>
<tr><td rowspan="2">分布参数模型</td><td>一维</td><td>常微分方程</td><td>偏微分方程</td></tr>
<tr><td>多维</td><td>偏微分方程</td><td>偏微分方程</td></tr>
<tr><td colspan="3">经验模型</td><td>代数方程</td><td>常微分方程</td></tr>
<tr><td>系统结构模型</td><td colspan="5">图（矩阵）</td></tr>
</table>

6.1.4　流程模拟

模型给出之后，下一步就是按照何种顺序和方法逐个调用单元模型的问题。从数学的角度来看，常用的化工过程流程模拟的实质是求解一非线性方程组，此方程组由单元模块方程、流程联结方程和规定方程构成。不同的模拟方法区别在于求解非线性方程组的方法不同，主要有四种：序贯模块法、联立方程法、联立模块法(双层法)、数据驱动法。

（1）序贯模块法

序贯模块法是应用历史最长、范围最广的方法，目前绝大多数流程模拟系统都属于这一类。系统的基本组成部分是模块（子程序），模块可以描述物性、单元操作以及流程的其他功能特性。对于特定的对象系统，可以由各种模块像搭积木似地组合起来进行描述。通过模块完成单元计算，即利用给出的单元入口流股信息，以及足够的定义单元特性的信息，计算单元出口流股信息。为了计算由过程单元相互联结形成的流程，单元模块的计算被包括在由过程拓扑确定的计算序列中。若有再循环流存在，则需要“切断”再循环流股，并利用标准数值算法进行迭代计算，以期得到再循环流股数值的收敛序列。

序贯模块法的优点为：与实际过程的直观联系强；模拟系统软件的建立、维护和扩充都很方便；易于通用化；需要的计算机内存较小；计算出错时易于诊断出错位置。其主要缺点是计算效率较低，尤其是解决设计和优化问题时计算效率很低。计算效率低是由序贯模块法本身的特点所决定的。对于单元模块来说，信息的流动方向是固定的，即只能根据模块的输入流股信息计算输出流股信息，这是造成序贯模块法计算效率低的主要原因。然而，对于处理指定过程系统入料流股变量和所有单元过程设备参数的过程系统模拟问题，尽管在求解过程中可能含有三层嵌套迭代（物性计算，单元模块计算，断裂流股收敛），序贯模块法仍不失为一种优秀的方法。但对于过程设计和最优化问题，序贯模块法求解过程的迭代循环嵌套高达五层（如图 6-7 所示）。因此，序贯模块法在求解系统设计与优化问题时效率大为降低。

（2）联立方程法

联立方程法指的就是对列出的一个作为整个复杂化工系统模型的庞大方程组（也就是通常所说的联立方程）去直接进行求解的作法。这样一来，不论是设计型问题还是模拟型问题，不论是流程中含有或不含有再循环单元组的模拟问题，在这种作法面前，就都变得没有什么原则区别。拿设计型问题和模拟型问题来看，在序贯模块法中这两类问题之所以表现出有明显区别，其根源就在于序贯模块法中所取用的单元模块上有着设计变量选择固定化的问题。现在，既然要去求解的已经变成是整个系统模型合在一起的方程组，取用一个个现成模块的僵硬格局已被打破，则设计变量选择固定化的问题也就不复存在。此时，联立方程法就好像把图 6-7 中的循环圈 1~4 合并为一个（图 6-8），即这些圈中的所有方程同时计算，同步收敛。因此，这种方法解算化工过程系统模型快速有效，对设计约束问题和优化问题灵活方便，效率较高。

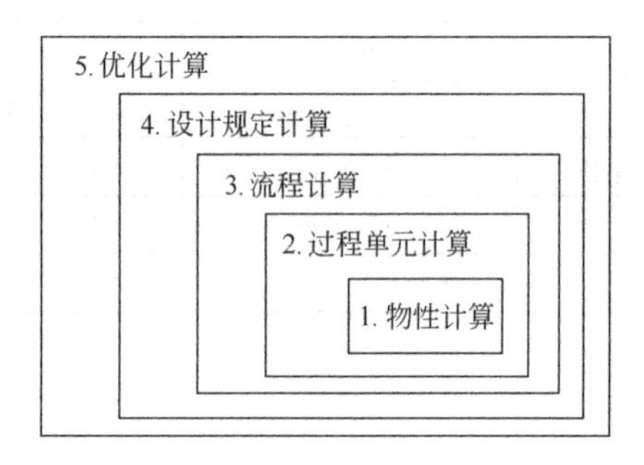

图 6-7　序贯模块法的迭代循环圈

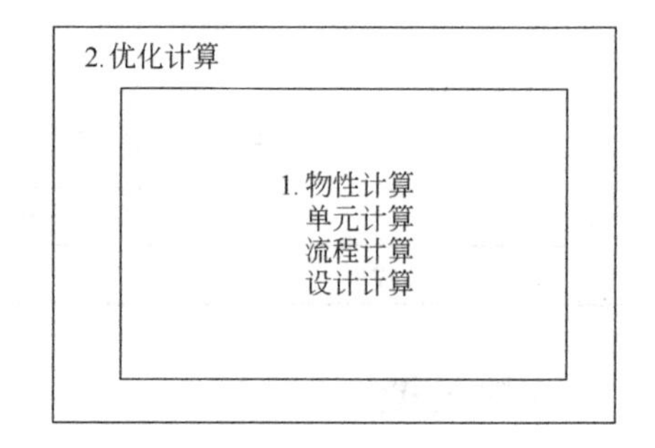

图 6-8　联立方程法的迭代循环圈

然而，联立方程法也有它的缺点。首先，作为整个复杂化工系统模型的庞大方程组，应怎样正确无误地建立起来，本身就不简单。而更重要的是，对于这样一个庞大方程组（通常是稀疏的）进行求解，显然将存在一定困难。不难想象，普通的化工科技人员在开发一套专用化工流程模拟系统时，按照序贯模块法的方式来进行这项工作，还是可以胜任的。而如果采取联立方程法来建立这套系统，难度就大得多了。因此，实际上可以说，联立方程法一般只适合于从事化工软件开发的专门人员，在建立通用化工流程模拟系统时采用。另外还有一个问题就是，联立方程法要直接处理的是一个庞大方程组，因此迄今所开发和积累下来的各种化工单元操作模块，就不能像在序贯模块法中那样得到充分利用。这无疑是一种损失，也不能说不是联立方程法的一个缺点。此外，联立方程法还存在有初值估计困难，设计变量指定方案过于灵活、错误诊断困难和要求计算机具有相对巨大存储量等缺点。

采取联立方程法的通用化工流程模拟系统中，其各类单元模型方程一般仍是按照模块式结构提供的，但各模块都只包含模型方程，而不再包含模型方程的解法。当用户根据需要调用有关模块组成流程之后，就要由模拟系统提供专门设计的解算大规模稀疏方程组的算法，去对所形成的庞大方程组进行求解。这其间，还须对方程组先进行某些预处理，诸如把分散在各模块中的方程恰当地调配、组织到一起，对它们进行分组、排序等。这些工作都需要由一套相当复杂的执行程序来完成。这套执行程序的设计和编制难度较大，这也可说是联立模块法中的另一个问题或缺点。

（3）联立模块法

联立模块法中，流程模拟计算分层次进行，即根据不同的需求，建立多个层次的流程模型。常用的是双层法，如图 6-9 所示。该方法交替使用两种模型：流程水平上的简化模型和单元模块水平上的精确模型。即用单元模块的严格模型确定其简化模型的各项系数，然后用简化模型构成联立方程组来求解。设计规定可以在流程水平上直接处理，所以不需像序贯法那样要用费时的控制回路去满足设计规定。联立模块法流程水平上只需求解外部变量，而不像联立方程法那样要在流程水平上同时求解外部变量和内部变量，所以存贮量的要求大为减少。该法缺陷是流程一阶导数矩阵的计算很费时，各种单元设备的简化模型方程尚需完善。

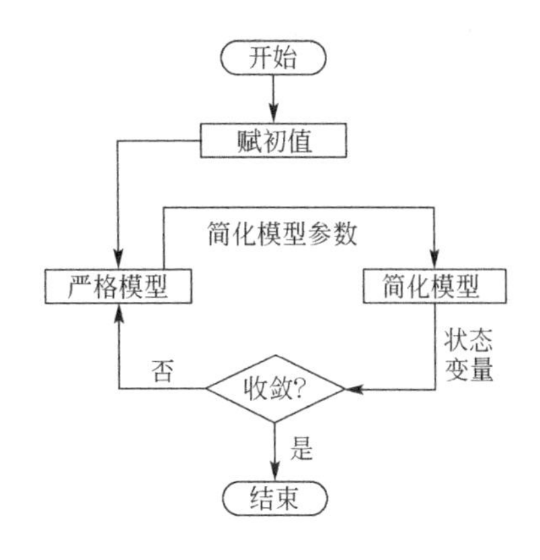

图 6-9　联立模块法（双层法）示意图

（4）数据驱动法

以上的方法都是以程序为中心，调用算法程序后便得到了数据，这是一种主宾颠倒的做法。实际上，人们的中心目的是为了获取一套数据（包括图形、图表等），算法程序只不过是一种手段，采用何种手段应因目的而异。这样便产生了以数据库为中心，面向目标，用数据库管理系统驱动的模拟方法。

它首先根据用户的目的要求建立数据库框架，然后由用户提供所能提供的一切数据。数据库管理系统通过扫描分析，驱动各种算法程序和物性程序，把数据库补充完整，校核无误并达到一定的精度后提交给用户。从流程上来看，其模拟顺序可以从前向后，也可以从后向前。其驱动的对象可以是严格模型，也可以是简化模型；可以是模块级，也可以是子系统级或大系统级。这些全部取决于用户提供数据的数量和质量，有数据库管理系统（或者说驱动程序）自动执行。

从系统模拟方法来看，它不是序贯模块法（可前可后可跳跃），也不是联立方程法（可驱动单个模块，也可驱动子系统联立方程或联立模块）。因此，它是一种在数据管理思想指导下的综合模拟方法。

6.2　常用的流程模拟软件

6.2.1　Aspen 工程套件

Aspen 工程套件（Aspen Engineering Suite，简称 AES）为 AspenTech 公司开发的一个化学工程套装软件，内容涵盖项目费用估算、协同工程、物理性质和化学性质、概念工程、流程模拟与优化，以及设备设计与校核等，可全面满足包括化工企业在内的各过程工程企业的计算需求。

其中的 Aspen Plus 是基于稳态化工模拟、优化、灵敏度分析和经济评价的大型化工流程模拟软件。Aspen Plus 具有如下特点：

- 齐备的单元操作模块；
- 工业上最适用和完备的物性系统；
- 快速可靠的流程模拟技术；
- 实用的经济评价功能；
- 方便灵活的用户操作环境。

和其他化工流程模拟软件相比较，Aspen Plus 是世界上能唯一处理带有固体、电解质及煤、生物物质和常规物料等复杂物质的流程模拟系统，其相平衡及多塔精馏计算体现了目前工艺技术水平的重要进展。Aspen Plus 也是唯一具有对工厂进行完整的成本估算、经济评价的模拟系统，除了计算稳态下物料平衡和能量平衡外，还能初步估算工艺设备尺寸、操作费用和基建费用等。Aspen Plus 比其他模拟系统包含更多的模型，支持整个工艺流程的模拟，是一个大而全的模拟系统。而且，它考虑到了将来在涉及新工艺和新应用，以及满足不同用户和过程需要的情况下，可方便地进行修改、插入、增加新模块的补充功能。所以，该软件非常重视和强调系统的总体性。Aspen Plus 采用的是"PLEX 数据结构"，没有维数的限制。也就是说，没有物流、组分、理论塔板数等最大数目的限制，不浪费计算机资源，这使得 Aspen Plus 系统的应用更为广泛。

AES 中的另一重要软件是 Aspen Dynamics。它是一套动态建模软件，可方便地用于工程设计与生产操作全过程，模拟实际装置运行的动态特性，从而提高装置的操作弹性、安全性和处理量。Aspen Dynamics 建立在一整套成熟的技术基础上，AspenTech 在提供商业化的动态模拟软件产品方面，已经拥有十几年的宝贵经验。Aspen Dynamics 与 Aspen Plus 稳态模拟器紧密结合在一起。基于 Aspen Plus 的过程模型，可以在数分钟内得到动态结果，使得工程师可以仅用几天的时间来评价生产工艺和控制过程的替代方案。所以，Aspen Dynamics 让稳态工艺模型进一步发挥价值，从而减少开发投资，降低操作费用。

Aspen Dynamics 具有如下特点：

- Aspen Dynamics 已经包容了一整套完整的单元操作和控制模型库。Aspen Dynamics 的单元操作模型建立在完善的高品质的 Aspen Plus 工程模型基础之上。
- Aspen Dynamics 提供开放的用户化的过程模型，这些模型对用户完全透明，用 Aspen Custom Modeler 工具软件可以针对特定的过程开发更详细的用户化模型。
- Aspen Dynamics 运用 Properties Plus 作精确可靠的物性计算，与稳态模拟建立在完全一致的基础上。动态模拟能连续不断地校正工作点附近局部物性回归算式，从而保证高性能与模拟精度。
- Aspen Dynamics 运用成熟的隐式积分与数值方法来做鲁棒性强、稳定性好、精确度高的动态流程模拟。
- Aspen Dynamics 不仅提供简单物流平衡动态模拟法，还提供更精确的压力平衡动态模拟法。压力体系是在每一单元操作中，将压力与流速取得关联来展开，这一功能在气体处理过程和压缩机控制研究中具有重要的实用价值。
- Aspen Dynamics 中的任务语言（Task Language）使用户能定义基于时间或事件驱动的输入改变。例如：将输入流量在某一时刻逐渐增加或减少；当容器满时关闭进料流量。
- Aspen Dynamics 支持 Microsoft OLE 交互操作特征，比如复制/粘贴/链接和 OLE 自动

化。这些功能方便了与其他应用程序之间的数据交换，也可让用户建立像 MsExcel 那样的用户操作界面。Aspen Dynamics 也兼容 VBScript 描述语言，让用户自动重复复杂的任务，比如运行一系列实例研究。

Aspen Dynamics 运用独一无二的技术，帮助用户精确求解传统方法通常难以解决的实际应用问题。对于相变、干塔和容器溢流等复杂而头痛的非连续过程的模拟问题，AspenTech 已经独创了一套崭新的技术来解决这些难题。这套新方法不仅鲁棒性高，而且快速精确。同样，由 AspenTech 总裁 Joseph Boston 先生早期为精馏过程开发的稳态建模专有技术——Inside-Out 算法也已成功地用于动态模拟。这些重大的突破为 Aspen Dynamics 成为能快速、可靠地处理设计和操作问题的商业化软件提供坚实的基础。这些应用方便的动态模型基于联立方程的建模技术，具有快速、精确与鲁棒性高等优点。Aspen Dynamics 可用于化工流程故障诊断、控制方案分析、操作性分析和安全性分析等。

6.2.2 HYSYS

HYSYS 是面向油气生产、气体处理和炼油工业的模拟、设计、性能监测的流程模拟软件，具有稳态模拟和动态模拟功能。HYSYS 已经具有 25 年以上的历史，原为加拿大 Hyprotech 公司的产品。2002 年 5 月，Hyprotech 公司与 AspenTech 公司合并，HYSYS 成为 AES 的一部分。它为工程师进行工厂设计、性能监测、故障诊断、操作改进、业务计划和资产管理提供了建立模型的方便平台。它在世界范围内石油化工模拟、仿真技术领域占主导地位。Hyprotech 已有 17000 多家用户，遍布 80 多个国家，其注册用户数目超过世界上任何一家过程模拟软件公司。目前世界各大主要石油化工公司都在使用 Hyprotech 的产品，包括世界上名列前茅的前 15 家石油和天然气公司、前 15 家石油炼制公司中的 14 家和前 15 家化学制品公司中的 13 家。

HYSYS 的特点如下。

- 拥有最先进的集成式工程环境。在集成系统中，流程、单元操作是相互独立的，流程只是各种单元操作这种目标的集合，单元操作之间依靠流程中的物流进行联系。因此，在模拟过程中，稳态和动态使用的是同一个目标，然后共享目标的数据，而不需进行数据传递。
- 具有强大的动态模拟功能。HYSYS 提供以下进行动态模拟的控制单元：PID 控制器；传递函数发生器，如一阶环节、二阶环节、微分和积分环节；数控开关；功能强大的变量计算表等。
- 在系统中设有人工智能系统，它在所有过程中都能发挥非常重要的作用。当输入的数据能满足系统计算要求时，人工智能系统会驱动系统自动计算。当数据输入发生错误时，该系统会告诉你哪里出了问题。
- 数据回归整理包提供了强有力的回归工具。通过该工具查询实验数据或库中的标准数据可得到焓、气液平衡常数 K 的数学回归方程（方程的形式可自定）。用回归公式可以提高运算速度，在特定的条件下还可使计算精度提高。
- 内置严格物性计算包，包括 16000 个交互作用参数和 1800 多个纯物质数据。
- 开发有功能强大的物性预测系统。对于 HYSYS 标准库中没有包括的组分，可通过定义假组分，然后选择 HYSYS 的物性计算包来自动计算基础数据。
- 设有 DCS 接口。HYSYS 通过其动态链接库 DLL 与 DCS 控制系统链接。装置的

DCS 数据可以进入HYSYS，而HYSYS的工艺参数也可以传回装置。通过这种技术可以实现：① 在线优化控制；② 生产指导；③ 生产培训；④ 仪表设计系统的离线调试。

- 采用事件驱动模式。在研究方案时，将许多工艺参数放在一张表中，当变化一种或几种变量时，另一些也要随之变化，算出的结果也要在表中自动刷新。
- 可计算各种塔板的水力学性质。HYSYS 增加了浮阀、填料、筛板等各种塔板的计算功能，使塔的热力学和水力学问题同时得到解决。

HYSYS 可生成各类工艺报表、性质关系图以及塔和换热设备的剖面图；它还具有高质量CAD计算机辅助设计软件，可以很方便地生成工艺流程图。HYSYS系统与其他软件不同，它不是按常规顺序模块方式传递信息，而是在流程图上使信息双向传递，即可在流程的任意一处增减设备或开始计算，从而为用户进行方案比较或计算提供了极大的方便。这是HYSYS有别于其他软件的最大特点，这使得其在气体加工、石油炼制、石油化工、化学工业和合成燃料工业等许多工业领域，都有着广泛的应用。

6.2.3 PRO/Ⅱ

PRO/Ⅱ是一个历史悠久、通用的化工稳态流程模拟软件，最早起源于1967年SimSci公司开发的世界上第一个蒸馏模拟器SP05。1973年SimSci推出了基于流程图的模拟器，1979年又推出了基于PC机的流程模拟软件Process（即PRO/Ⅱ的前身），很快成为该领域的国际标准。自此，PRO/Ⅱ获得了长足的发展，客户遍布全球各地。

PRO/Ⅱ的特点如下。

- 功能强大。它可以用于流程的稳态模拟、物性计算、设备设计、费用估算/经济评价、环保评测以及其他计算，现已可以模拟整个生产厂从包括管道、阀门到复杂的反应与分离过程在内的几乎所有的装置和流程，广泛用于油气加工、炼油、化学、化工，聚合物、精细化工/制药等行业。
- 图形界面十分友好、灵活、易用。Pro/Ⅱ图形界面是建立和修改流程模拟和复杂模型的理想工具，用户可以很方便地建立某个装置甚至是整个工厂的模型，并允许以多种形式浏览数据和生成报表。
- 拥有完善的物性数据库。PRO/Ⅱ组分数超过1750种。烃类物流可根据油品评价数据定义。用户允许定义或覆盖所有组分的性质。亦可自行定义库中没有的组分，自定义组分的性质可以通过多种途径得到或生成，如可以从在线组分库中获取，或用UNIFAC法以分子结构估算。
- 具有强大的热力学物性计算系统。PRO/Ⅱ提供了一系列工业标准的方法计算物系的热力学性质。另外，PRO/Ⅱ的电解质模块还包括很多专门处理离子水溶液系统的热力学方法。对于过程模拟来说，准确预测物系的物性和相行为是十分关键的。PRO/Ⅱ带有数据回归功能，可以将测量的组分或混合物的性质数据回归为PRO/Ⅱ可以使用的形式。
- 拥有全面的单元操作。不仅包括一般模型，如闪蒸、阀、压缩机、膨胀机、管道、泵、混合器和分离器，而且包括更复杂的模型，如蒸馏塔、换热器、严格管壳式换热器（包括整合的HTRI模型）、加热炉、空冷器、冷箱模型、反应器、固体处理单元等。
- 拥有解算特大型和复杂流程的能力。允许在流程中包括反馈控制器和多变量控制器，这些单元可通过调整上游参数而逐步达到用户定义的工艺单元或物流的参数。PRO/Ⅱ能自动对流程进行分析，找出循环物流和装置的回路，并由此决定“撕裂物流”和解算序列。当然用户也可覆盖这些计算并定义自己的计算序列。

➢ 提供了优化器单元操作。该优化器无需评价所有可能的工况，就可以非常容易地得到最佳方案。PRO/Ⅱ优化器采用 SQP 算法求算非线性优化问题，不仅只是单个装置操作条件的优化，而是可以优化整个工艺流程。

PRO/Ⅱ中，用户可以添加子程序，将用户自己用 FORTRAN 编写的计算方法整合到 PRO/Ⅱ标准程序中。PRO/Ⅱ带有一个灵活的 OLE 自动化层，允许用户对 PRO/Ⅱ模拟数据的信息进行读写操作。同时 PRO/Ⅱ提供许多与第三方程序的可选接口。另外，PRO/Ⅱ还有几大附加模块（包括间歇模块、聚合物模块、电解质模块、AMSIM 模块、基于速率蒸馏模型 RateFrac 模块等）。PRO/Ⅱ还有很多其他方面的特殊功能，如在线 FORTRAN 程序用于动力学方程的计算、物流计算器、泄压单元等。

6.2.4 ECSS

20 世纪 80 年代初，青岛化工学院计算机与化工研究所在国家自然科学基金和化工部的资助下，开始了流程模拟系统软件的开发，并于 1987 年正式推出了化工之星（ECSS）。该软件借鉴了国外的开发经验，继承了国内的研究成果，系统规模较大，功能齐全，对于过程设计、改造、过程优化和控制等都起着越来越重要的作用。

ECSS 整个系统输入采用表格与图形并存的方式，其汉化版与英文版可任意选用。用户根据屏幕给出的操作提示，将有关数据填写在特定位置，还可对已输入的数据进行任意修改。ECSS 基本实现了结构模块化，接口标准化。用户可根据需要增加或替换某些模块，形成专用系统。ECSS 自推出以来，已成功地应用于大型乙烯装置、天然气分离、芳烃抽提等过程的设计与优化，并开发了多个流程的专用模拟软件。

6.2.5 DSO

动态模拟与优化系统 DSO（Dynamic Simulation & Optimization System），是由北京化工大学历经十数年逐步开发完成的通用化工过程动态模拟软件，本书作者曾在攻读硕士和博士期间参与了该软件的开发工作。该系统由仿 DCS、物性数据库、单元操作模块库、智能评分模块及调度模块等构成。它作为化工动态模拟系统的开发平台，具有简便的用户模块添加界面，可以满足化学工程师对各种常见和非常见过程的动态模拟需要。目前，该系统经过了面向对象设计改造，灵活性进一步得到了提高。

DSO 工艺平台遵循大型系统软件开发原则，将所要模拟的化工过程切分成为相互间没有或只有较少交互作用的各个独立部分（对象），主要包括组分、物流、设备、仪表、调节器、开关、手操器、阀等，分别用相应的类予以描述。针对某一具体的工艺流程运用该工艺平台，开发人员只需通过一定的方式将流程的各个组成部件正确地搭接起来，经过调试工作即可完成整个流程的动态模拟工作。

工艺平台的编译环境使用 Visual C++ 6.0，编译出的软件为标准的 Win32 应用程序，可在 Windows 95/98/Me/NT/2000/XP 等操作系统上运行。

本章将以 HYSYS 为例介绍化工流程模拟的基本步骤。HYSYS 界面友好、功能齐全，能够自动执行计算，并给出详细的计算要求说明。所以，HYSYS 软件上手快，只需短期培训后就可熟练掌握，非常适合化工专业的同学使用。

6.3 HYSYS 软件介绍

6.3.1 HYSYS 结构

HYSYS 主要由模拟基础管理器和模拟环境两部分构成，前者负责热力学计算工作，后者负责流程搭建和模拟工作。

（1）模拟基础管理器

模拟基础管理器把所有信息（流体包、组分、虚拟组分、交互作用参数、反应、列表数据等）都定义在一个完整的环境里（图 6-10）。这种方法有 4 个突出优点：

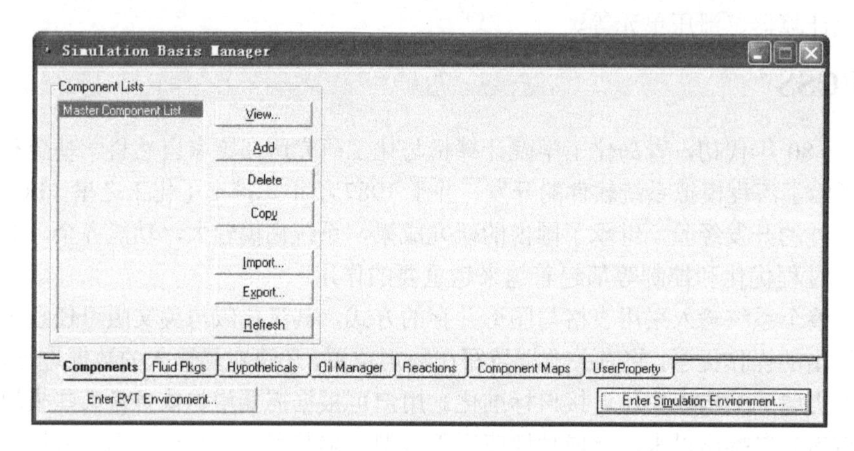

图 6-10 模拟基础管理器界面

- ➢ 所有相关的信息定义在一起，易于信息的创建和修改；
- ➢ 流体包可以存储，作为完整定义的课题用于任何模拟；
- ➢ 组分列表可以从流体包中单独提出来存储，作为完整定义的课题用于任何模拟；
- ➢ 同一个模拟中可以使用多个流体包，但是它们都需在共同的基础管理器中定义。

模拟基础管理器是在模拟中创建和操纵多个流体包或组分列表的属性窗口。模拟基础管理器的开放式表页可以创建独立的组分列表，能与工况中的单个流体包相联结。

（2）模拟环境

在模拟基础管理中完成了相关定义后，就可以点击右下侧的“Enter Simulation Environment”按钮进入模拟环境（图 6-11）。该环境主要用于搭建工艺流程图（PFD），所需的单元模块从其上的浮动对象面板中选取，通过“F4”键来显示和隐藏对象面板。可用的对象包括物流、能流、设备、调节器、数据表等，可通过“点击→移动→点击”的顺序放置在 PFD 图上。

（3）菜单栏

HYSYS 的众多功能均可通过点击其菜单栏（图 6-12）实现。“File”菜单项用于打开、保存、关闭、打印用户模拟方案和结果；“Edit”菜单项用于文字编辑（剪切、复制、粘贴）；“Simulation”菜单项用于改变模拟状态；“Flowsheet”菜单项用于修改流程图；“PFD”菜单项用于选择单元模块、改变物流联结关系、改变流程图大小等；“Tools” 菜单项提供了便于用户查看结果的各种工具；“Window”和“Help”菜单项功能与常见的 Windows 程序相同，用于查看窗口和提供联机帮助。而菜单中经常用到的一些命令，被放置在了工具栏中，包括新建工况、打开工况、保存工况、进入模拟环境、工作簿、查看对象、进入模拟基础管理器等功能。

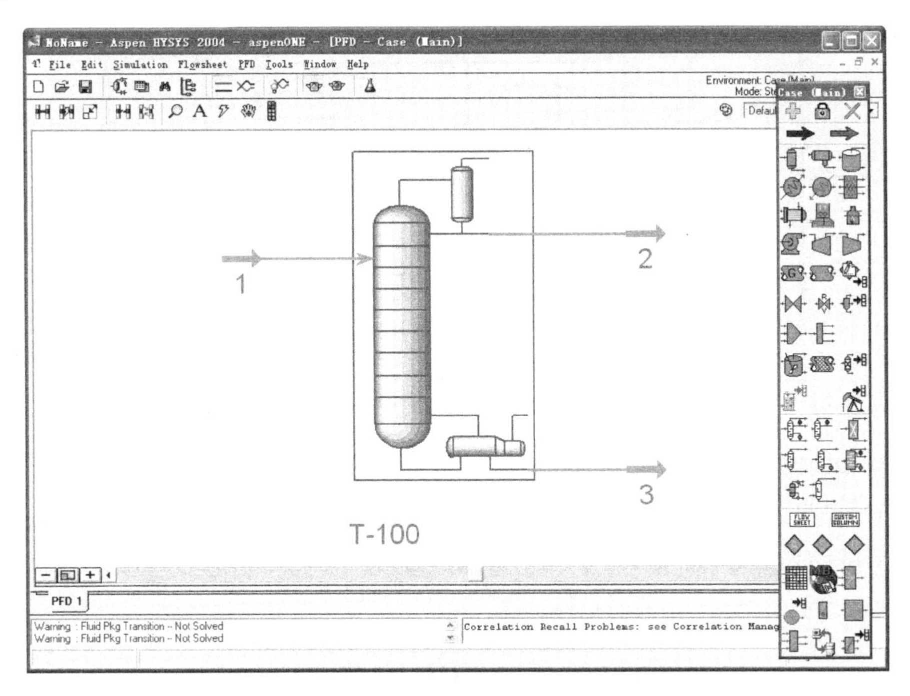

图 6-11　模拟环境界面

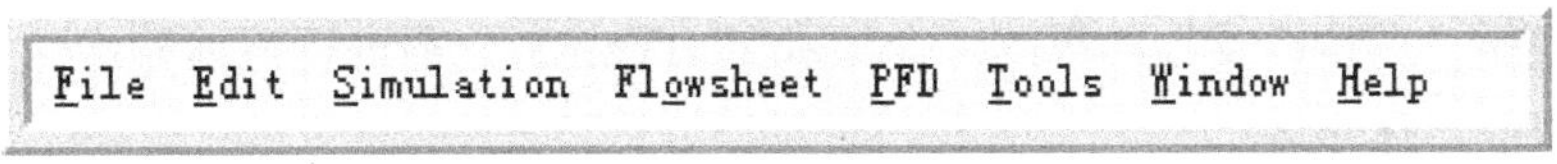

File　Edit　Simulation　Flowsheet　PFD　Tools　Window　Help

图 6-12　HYSYS 菜单栏

6.3.2　HYSYS 使用步骤

使用 HYSYS 进行流程模拟的一般步骤如下。

① 定义模拟基础，包括添加组分和指定热力学计算方法等。

② 选择单位制。通过菜单“Tools→Preferences...”打开选项窗口，点击其中的 Variables 标签弹出单位制选择窗口（图 6-13）。HYSYS 中预置的单位制有三个：国际单位制 SI、欧洲单位制 EuroSI 和英制 Field。通常选择 SI 制较多，但对欧美资料进行模拟时多采用 EuroSI。用户也可以通过“Clone”按钮来自定义单位制，如图 6-13 中的 NewUser 所示。

③ 添加物流。在 HYSYS 中有两种物流类型：材料物流和能量物流。材料物流有组成和温度、压力、流率等参数，用来代表工艺物流。能量物流只有一个参数：热流，代表供给或取走单元操作模块的能量。在 HYSYS 中有多种添加物流的方法，常用的两种是按热键“F11”添加物流和从对象面板中选择物流添加。之后，如果必要，还要输入组成、温度、压力等物流参数。

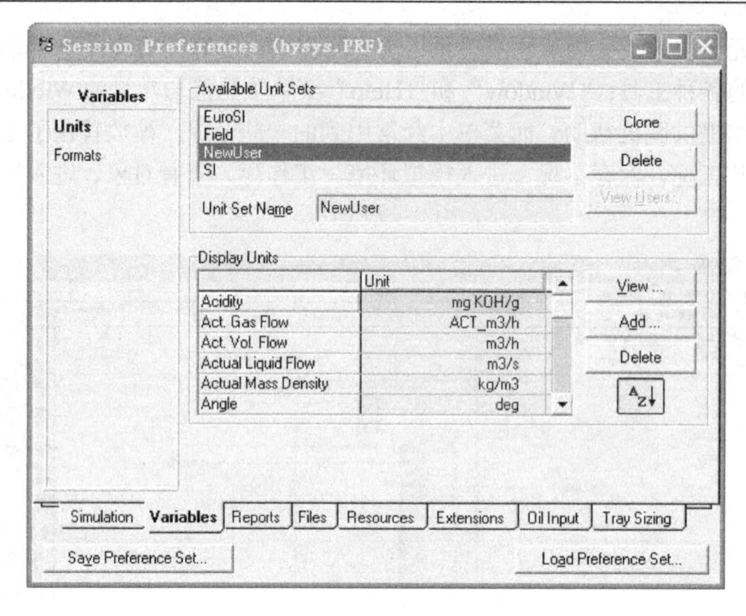

图 6-13　在 HYSYS 中指定单位制

④ 添加模块。通常利用对象面板来添加。

⑤ 分析结果。HYSYS 是一种智能型的计算软件，只要计算条件满足，计算过程即可自动开始，计算结果也随时进行显示。用户可点击物流或模块图标，在弹出的属性窗口中查看计算结果。

6.4　HYSYS 单元操作应用实例

本节将遵循“三传一反”的思路，介绍利用 HYSYS 分别进行流体输送、传热、精馏和反应过程模拟的具体步骤。

6.4.1　流体输送

【例 6-1】 用离心泵把 20℃的水从开口贮槽送至表压为 150kPa 的密闭容器，贮槽和容器的水位恒定，各部分的相对位置如图 6-14 所示。管道均为ϕ108mm×4mm 的铸铁管，吸入管长为 20m，排除管长为 100m（各管段长度均包括所有局部阻力的当量长度）。已知真空表读数为 42.7kPa，忽略两测压口之间的阻力。试求管路中水的流量、压强表的读数和离心泵的功率。

针对该问题的模拟步骤如下。

① 通过菜单“File→New→Cas”新建一个工程。在弹出的模拟基础管理器中，打开 Fluid Pkgs（流体物性计算包）子页，点击“Add…”按钮添加一个流体包，在其中选择 Antoine（安托因方程法）方法，如图 6-15 所示。然后，点击“View…”按钮，输入单一组分——水，如图 6-16 所示。

② 点击“Enter Simulation Environment…”按钮进入 PFD 图。从对象面板中向 PFD 上添加 4 个物流（Material Stream）、2 个管段（Pipe Segment）和 1 个离心泵（Pump），并将它们

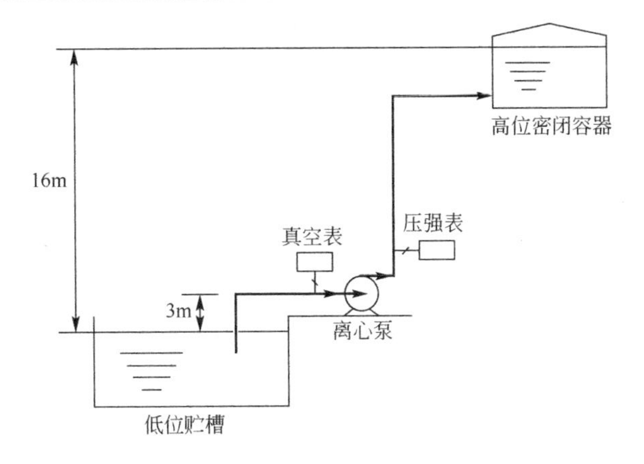

图 6-14　流体输送例题附图

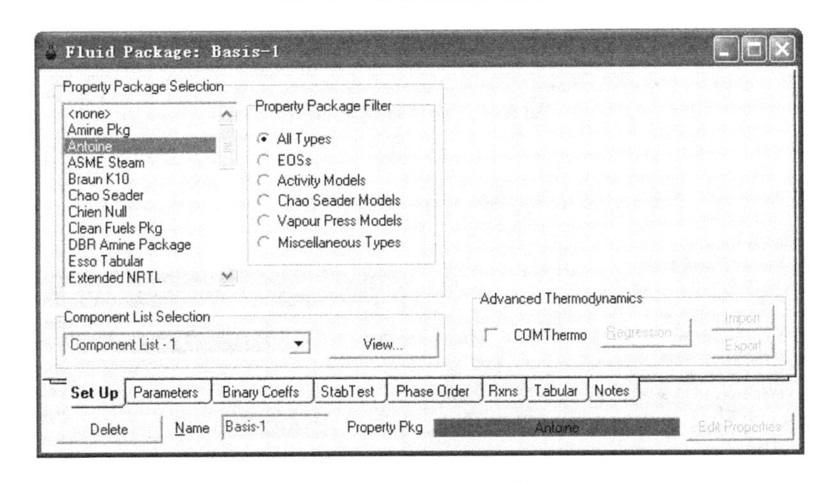

图 6-15　选择安托因流体包

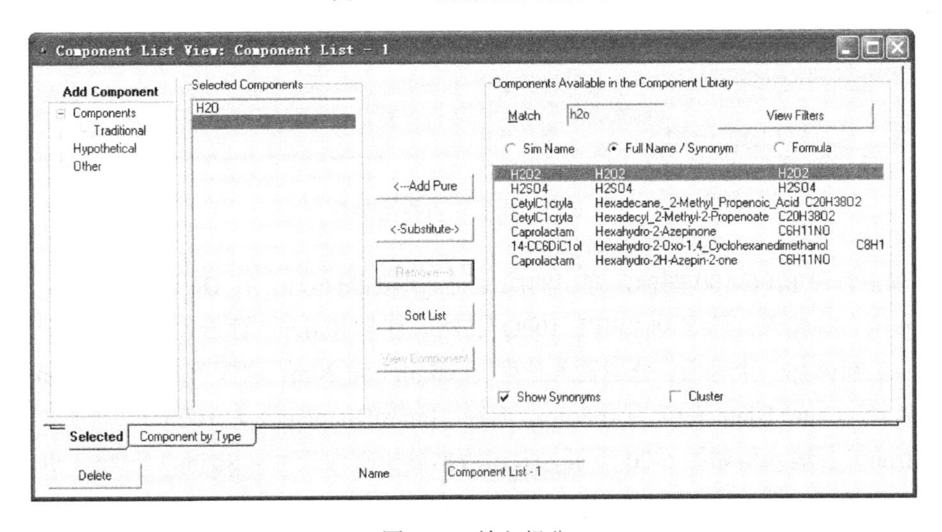

图 6-16　输入组分

连接起来，如图 6-17 所示。

③ 双击物流 1 图标，在弹出的属性对话框中输入物流 1 的温度 20℃、压力 101.325kPa 和组成（全部为水），如图 6-18 所示。

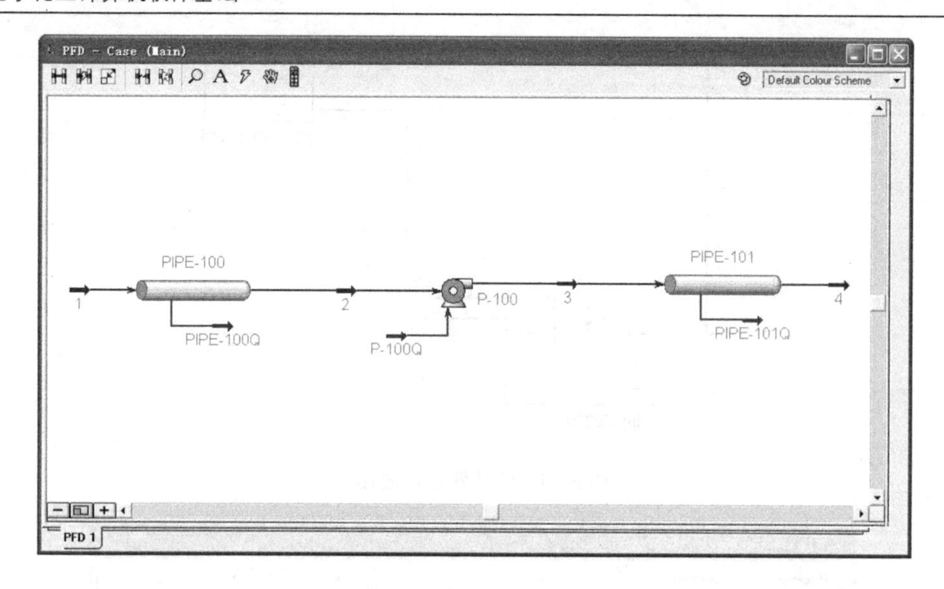

图 6-17 流体输送流程图

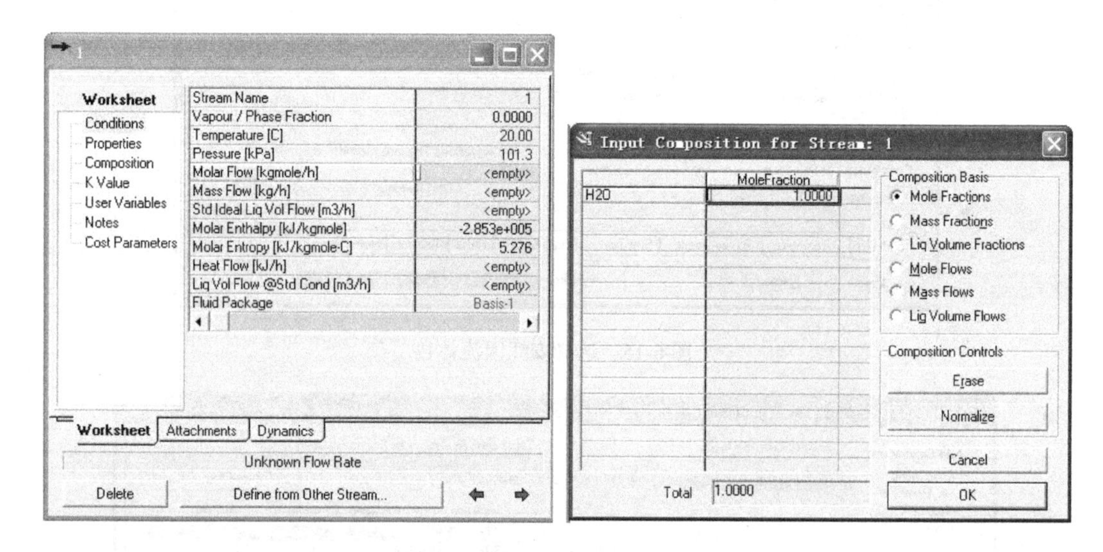

图 6-18 指定输入物流参数

④ 双击管段 PIPE-100 图标，弹出的属性对话框见图 6-19。在 Design（设计）子页中，在 Energy 位置处输入能流名称“PIPE-100Q”。然后打开 Rating（评价）子页，点击“Append Segment”按钮添加一个管段，分别输入长度（Length）为 20m，位置抬高（Elevation Change）为 3m，外径（Outer Diameter）为 108mm，内径（Inner Diameter）为 100mm，材质（Material）为 Cast Iron。各输入值如图 6-20 所示。上述数据属于管段尺寸（Sizing）范畴，点击“Heat Transfer”切换条，指定热损失（Heat Loss）为零，如图 6-21 所示。

⑤ 双击物流 2 图标，在弹出的属性对话框中输入物流 2 的压力 58.6kPag（注意从单位列表中更改单位），如图 6-22 所示。输入压力后，系统检测到第一个管段的数据已经齐全，自动启动计算，图 6-22 下侧的状态条颜色变为绿色，说明计算成功。点击 Properties 切换条，可以看到此时管路中的流量为 64.41m^3/h。

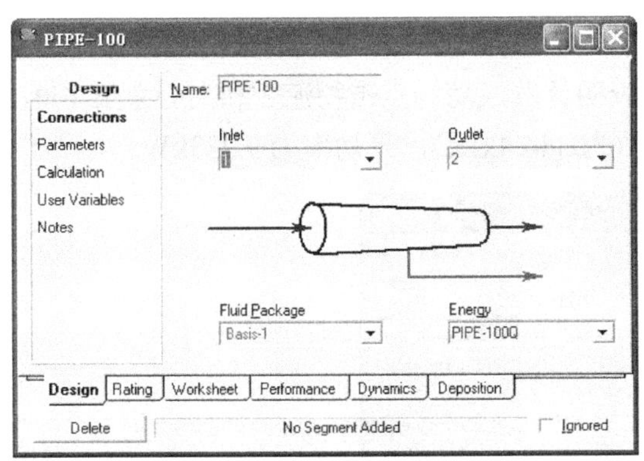

图 6-19　管段属性对话框

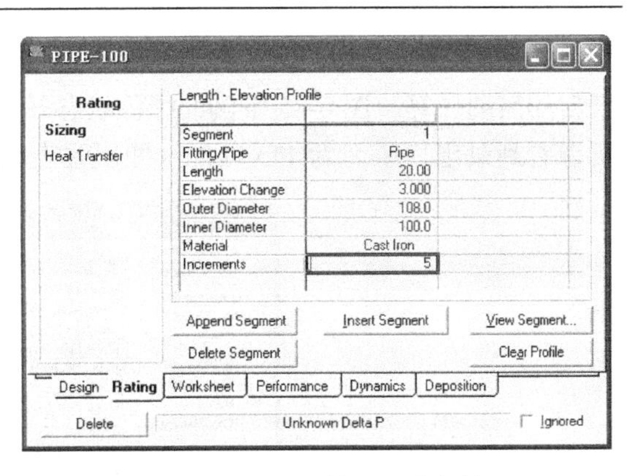

图 6-20　指定管段尺寸参数

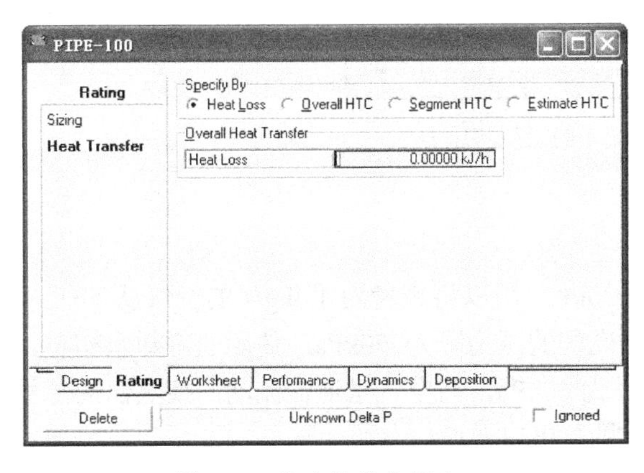

图 6-21　指定管段热损失

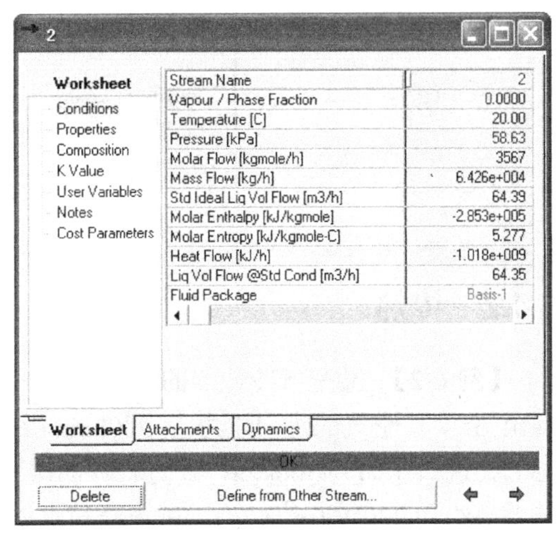

图 6-22　指定物流 2 的压力

⑥ 依照步骤④的过程，指定管段 PIPE-101 的能流名称为 PIPE-101Q；然后输入管段 PIPE-101 的尺寸数据（长度为 100m，位置升高 13m，外径为 108mm，内径为 100mm，材质为 Cast Iron），如图 6-23 所示；最后指定热损失为零。

⑦ 双击泵 P-100 的图标，在弹出的属性对话框中，指定其能流名称为 P-100Q，如图 6-24 所示。

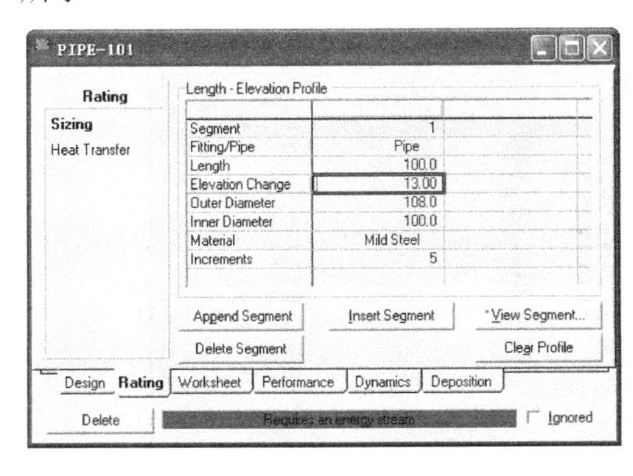

图 6-23　输入第二个管段的尺寸数据

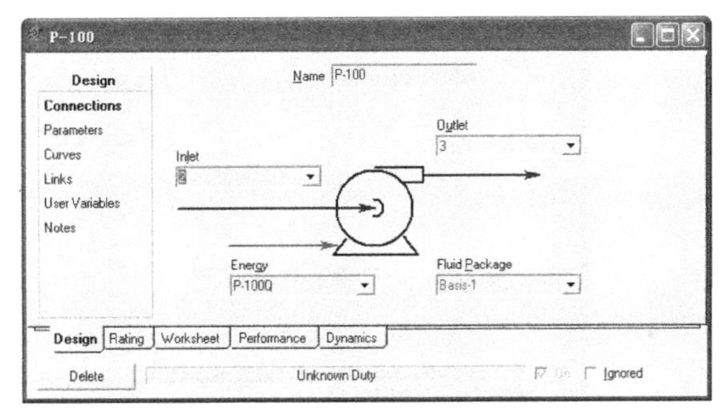

图 6-24　离心泵属性对话框

⑧ 双击物流 4 的图标，在弹出的属性对话框（图 6-25）中，输入其温度为 20℃，压力

为 150kPa（注意从单位列表中选择单位）。此时，离心泵和第二个管段的数据已经齐全，系统自动启动计算。图 6-25 下侧的绿色状态条，表明计算成功。点击物流 3 和离心泵 P-100，可以看到泵出口压力为 445.7kPa（即压强表读数为 344.4kPa），泵功率为 9.233kW。

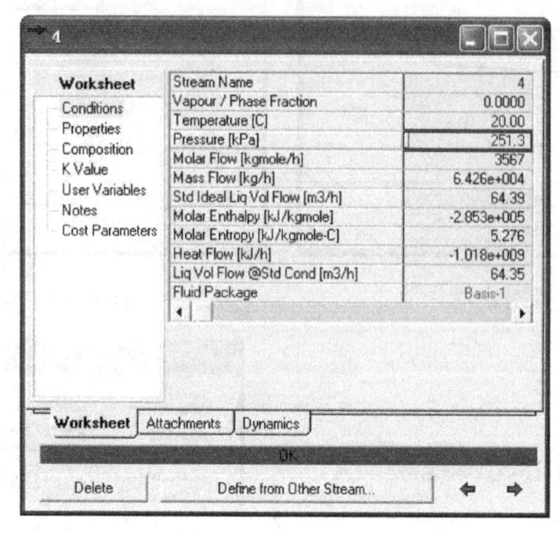

图 6-25　指定物流 4 的温度和压力

6.4.2　传热

【例 6-2】 某空气冷却器的总传热面积为 20m²，用以将流量为 1.4kg/s 的空气从 50℃冷却至 35℃，空气的进口压力为 200kPa，经过壳程的压力降为 50kPa。使用的冷却水初温为 25℃，进口压力为 300kPa，经过管程的压力降为 60kPa，与空气呈逆流流动。换热器的总传热系数约为 230W/(m²・℃)。试求冷却水的用量及出口温度。

针对该问题的模拟步骤如下。

① 通过菜单“File→New→Cas”新建一个工程。在弹出的模拟基础管理器中，打开 Fluid Pkgs（流体物性计算包）子页，点击“Add...”按钮添加一个流体包，在其中选择 Antoine（安托因方程法）方法，同图 6-15。然后，点击“View...”按钮，输入组分氧气、氮气和水，如图 6-26 所示。

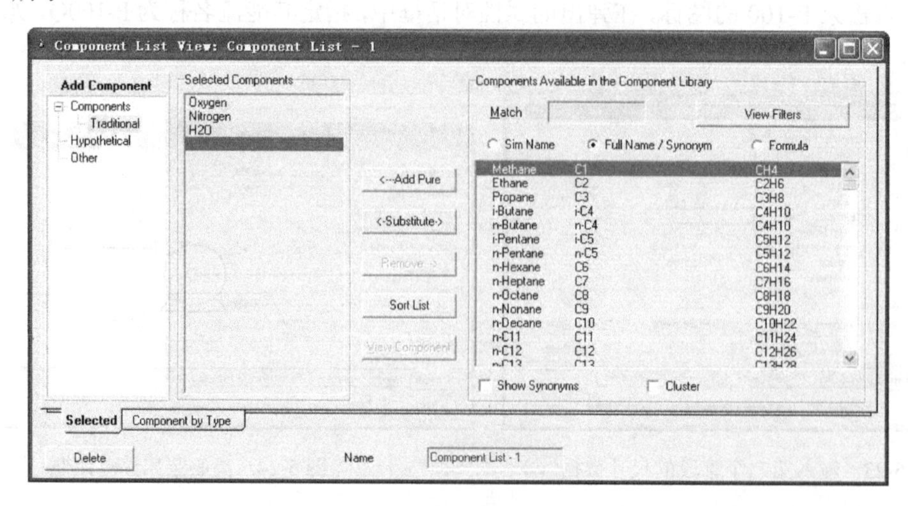

图 6-26　指定换热器冷热流体的组分

② 点击“Enter Simulation Environment…”按钮进入 PFD 图。从对象面板中向 PFD 上添加 4 个物流（Material Stream）和 1 个换热器（Heat Exchanger），在换热器属性窗口 Design→Connections 中将它们连接起来（图 6-27），连接好的流程图如图 6-28 所示。

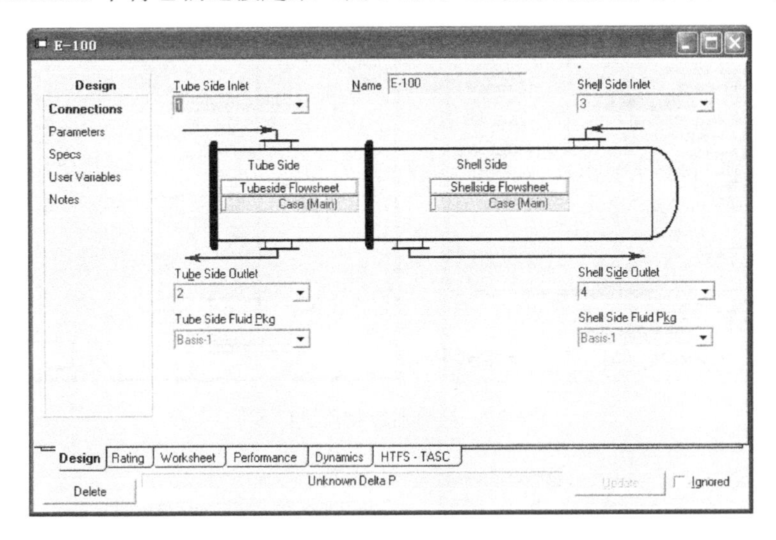

图 6-27 指定换热器的连接物流

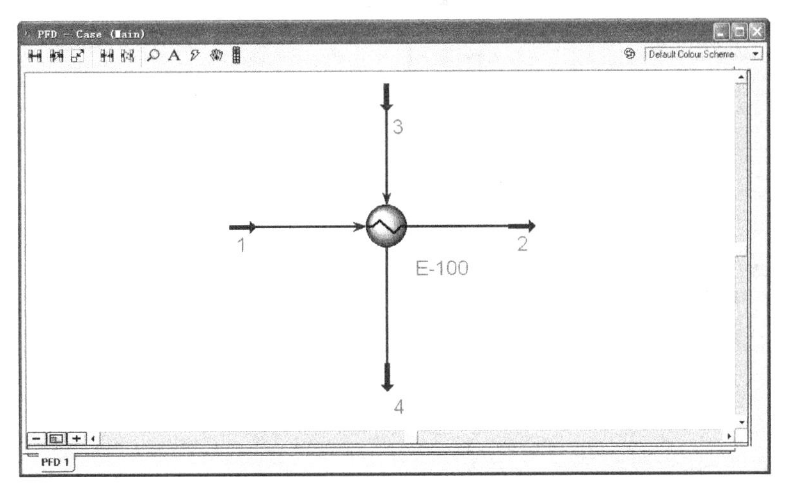

图 6-28 换热器流程图

③ 双击物流 1 图标，在弹出的属性对话框中输入物流 1 的温度 25℃、压力 300kPa 和组成（全部为水），如图 6-29 所示。然后指定物流 3 的温度 50℃、压力 200kPa、流量 1.4kg/s（注意在单位列表中选择正确单位）和组成（氧气 0.21，氮气 0.79，摩尔分率），如图 6-30 所示。最后，指定物流 4 的温度 35℃，如图 6-31 所示。

④ 双击换热器 E-100 图标，打开其属性对话框中的 Design→Parameters 子页。输入管程压降（Tube Side Delta P）为 60kPa，壳程压降（Shell Side Delta P）为 50kPa，总传热系数与传热面积的乘积 UA 为 230×20=4600W/℃（注意正确选择单位），并在换热器结构（Exchanger Geometry）中指定管程数（Tube Passes per Shell）为 1。输入参数后的对话框如图 6-32 所示。

⑤ 至此，数据已全部输入，系统自动进行计算。通过换热器 E-100 属性对话框中的 Worksheet→Conditions 子页（见图 6-33），可以看到冷流体出口（物流 2）的温度为 48.37℃、

流量为 773.6kg/h（0.215kg/s）。

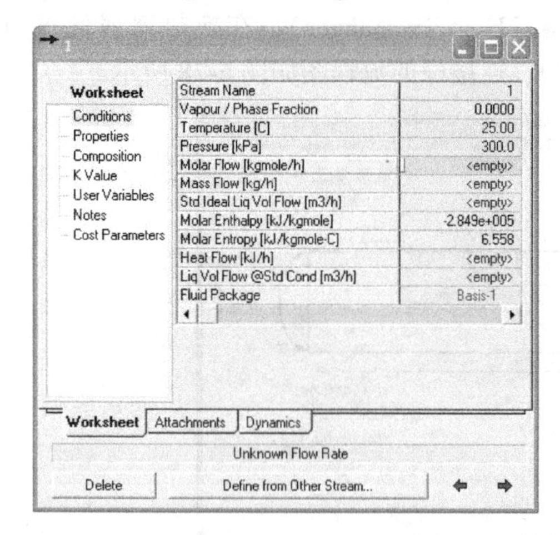

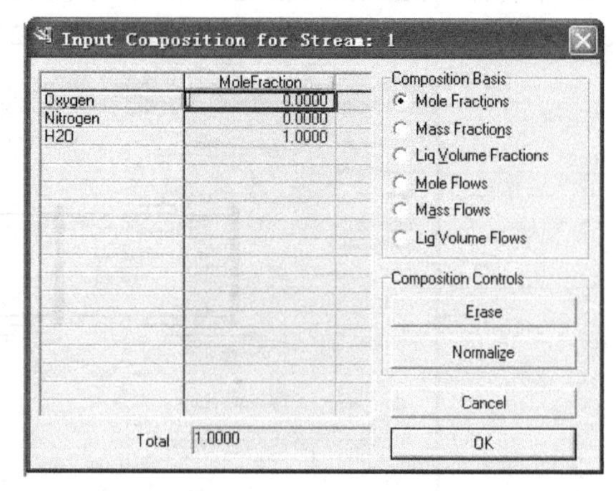

图 6-29　换热器冷物流进口参数

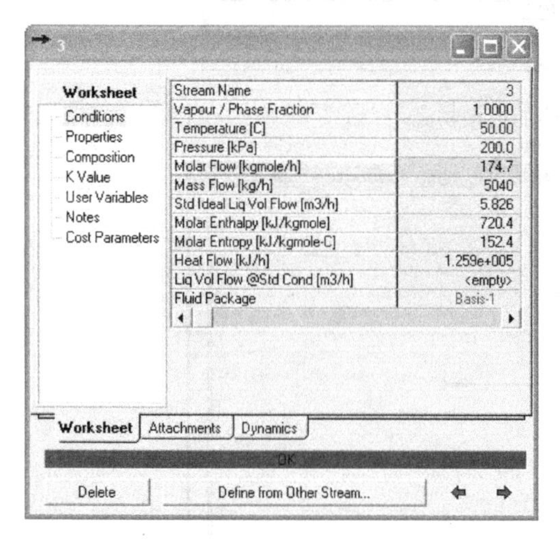

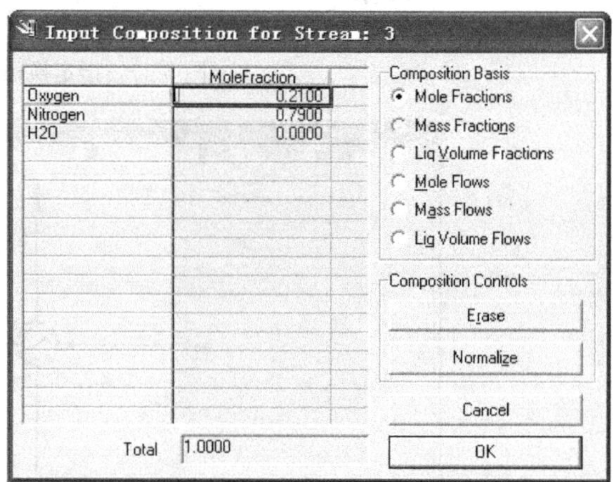

图 6-30　换热器热物流进口参数

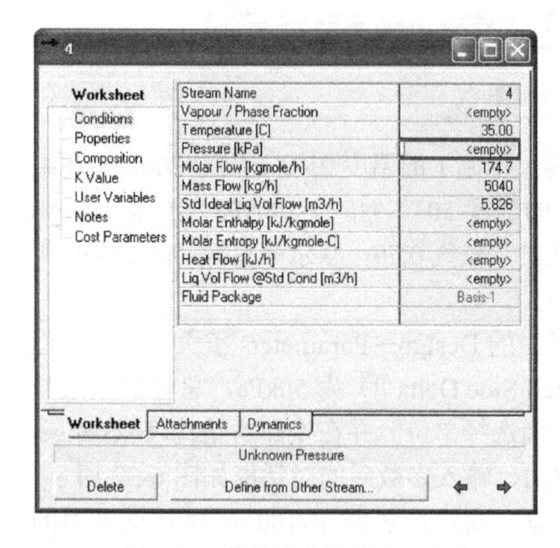

图 6-31　换热器热物流出口参数

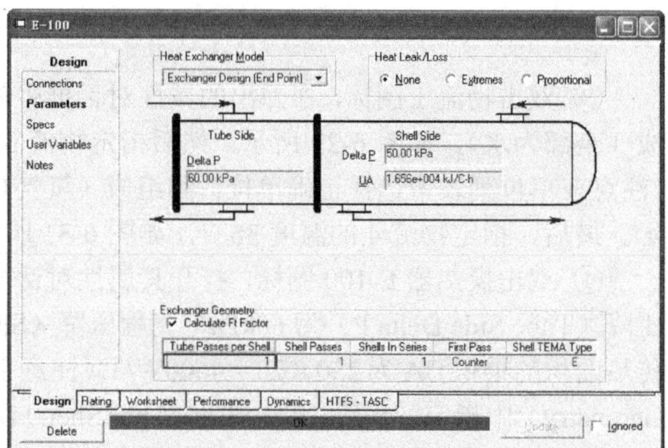

图 6-32　输入换热器参数

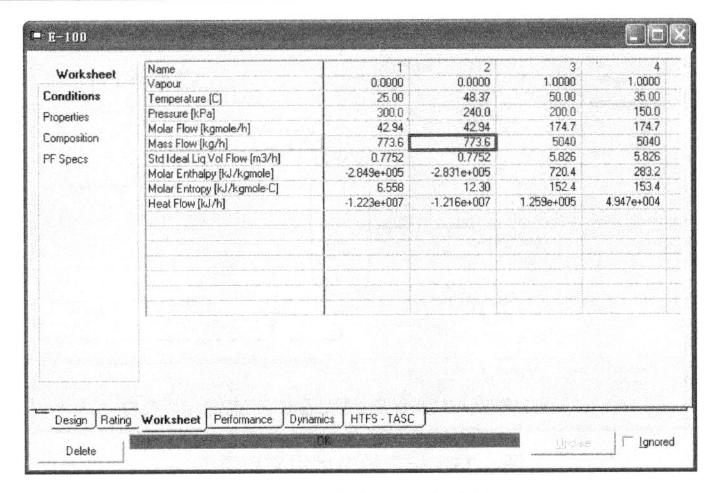

图 6-33　换热器计算结果

6.4.3　精馏

【例 6-3】 用一常压操作的连续精馏塔，分离含苯为 0.44（摩尔分率，以下同）的苯—甲苯混合液。要求塔顶产品中含苯不低于 0.975，塔底产品中含苯不高于 0.0235。操作回流比为 3.5，塔顶压力为 120kPa，塔底压力为 150kPa。试计算原料液为 20℃、200kPa、100kmol/h 冷液体时的理论板层数和加料板位置。

这是一个精馏设计问题，应首先利用简捷法进行快速设计，然后在利用严格计算进行校核。以下是利用 HYSYS 解决上述问题的步骤。

① 通过菜单“File→New→Cas”新建一个工程。在弹出的模拟基础管理器中，打开 Fluid Pkgs（流体物性计算包）子页，点击“Add…”按钮添加一个流体包，在其中选择 Antoine（安托因方程法）方法，同图 6-15。然后，点击“View…”按钮，输入组分苯和甲苯，如图 6-34 所示。

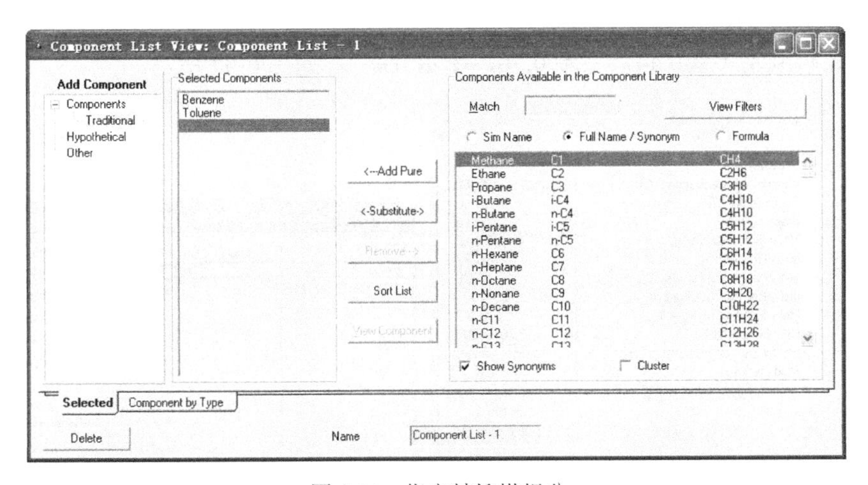

图 6-34　指定精馏塔组分

② 点击“Enter Simulation Environment…”按钮进入 PFD 图。从对象面板中向 PFD 上添加 3 个物流（Material Stream）和 1 个简捷法精馏塔（Short Cut Distillation），在精馏塔属性窗口 Design→Connections 中将它们连接起来（图 6-35），连接好的流程图如图 6-36 所示。

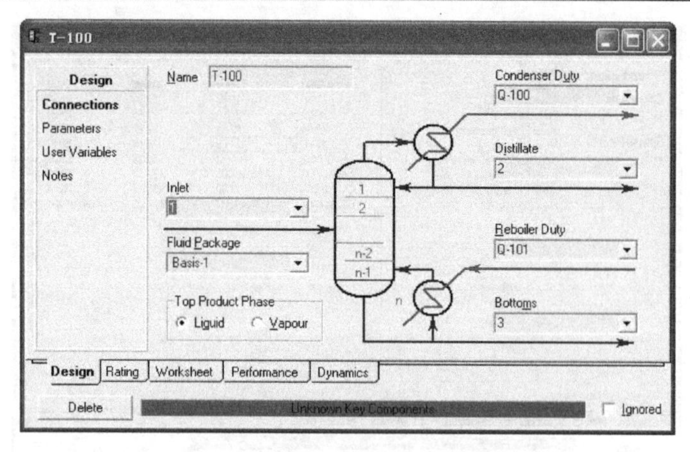

图 6-35　指定精馏塔物流和能流

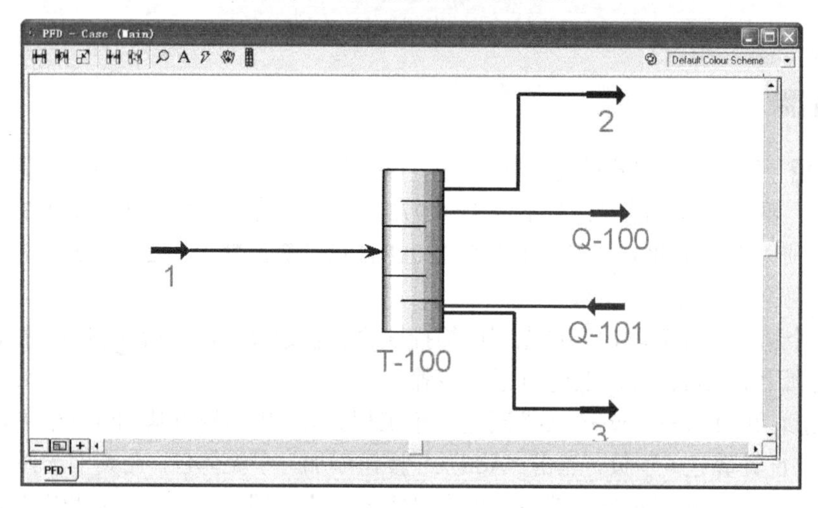

图 6-36　精馏塔 PFD 图

③ 双击物流 1 图标，进入物流 1 参数设置对话框，输入温度 20℃、压力 200kPa、流量 100kgmole/h 和组成（苯 0.44，甲苯 0.56，摩尔分率），如图 6-37 所示。

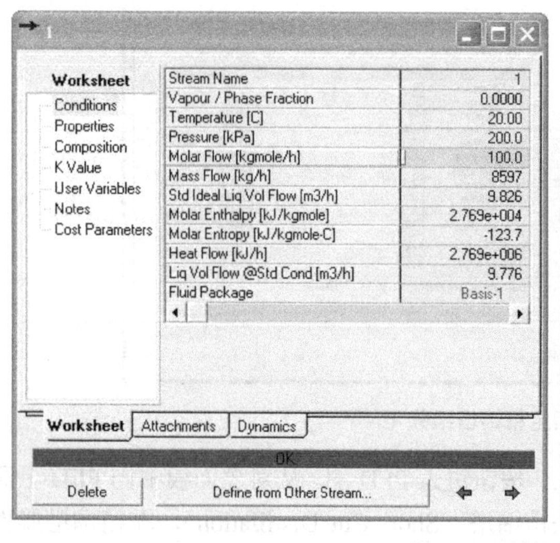

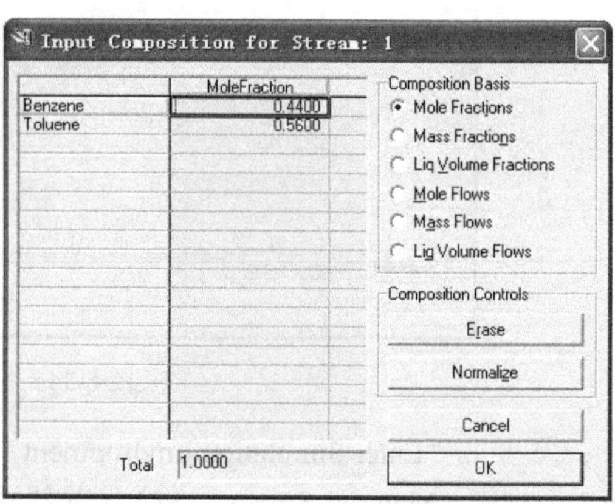

图 6-37　精馏塔进料参数

④ 双击精馏塔 T-100 图标，进入精馏塔参数设置对话框。指定轻关键组分（Light Key in Bottoms）为苯，其在塔底组成为 0.0235。指定重关键组分（Hcavy Key in Distillate）为甲苯，其在塔顶组成为 0.025（1– 0.975）。指定塔顶压力（Condenser Pressure）为 120kPa，塔底压力（Reboiler Pressure）为 150kPa，回流比（External Reflux Ratio）为 3.5。输入参数后的对话框如图 6-38 所示。

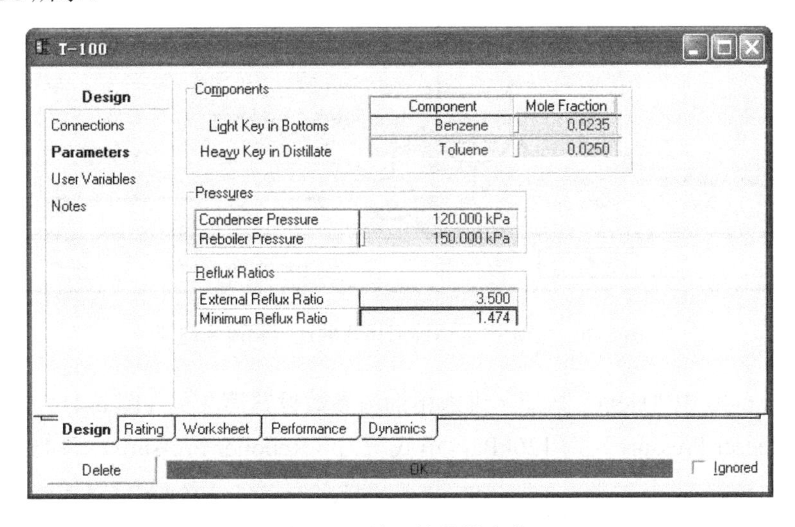

图 6-38　输入精馏塔参数

⑤ 以上数据输入完毕后，系统自动开始计算。打开 Performance 子页（图 6-39），可以看到计算结果：最少理论板数为 8.325，实际理论板数为 11.939，进料板层数为 6.196，塔顶温度为 84.85℃，塔底温度为 123.9℃等。

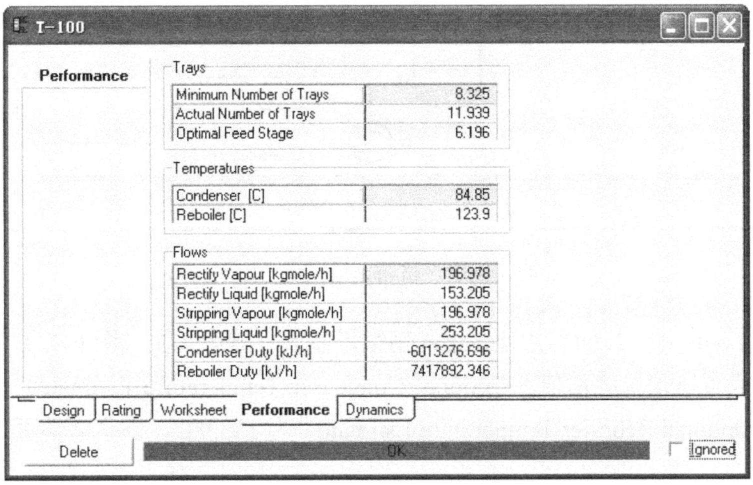

图 6-39　简捷法计算结果

⑥ 为了验证上述结果的准确性，还需要利用严格的模拟型精馏塔模块进行校正。从对象面板上选择精馏塔模块（Distillation Column）加入到 PFD 图中，然后加入 3 个物流和 2 个能流，最后在精馏塔属性窗口的第 1 页中将它们连接起来，如图 6-40 所示。根据简捷计算结果，该图中还指定了塔的理论板数（#Stages）为 11，进料板（Inlet Stage）层数为 6。

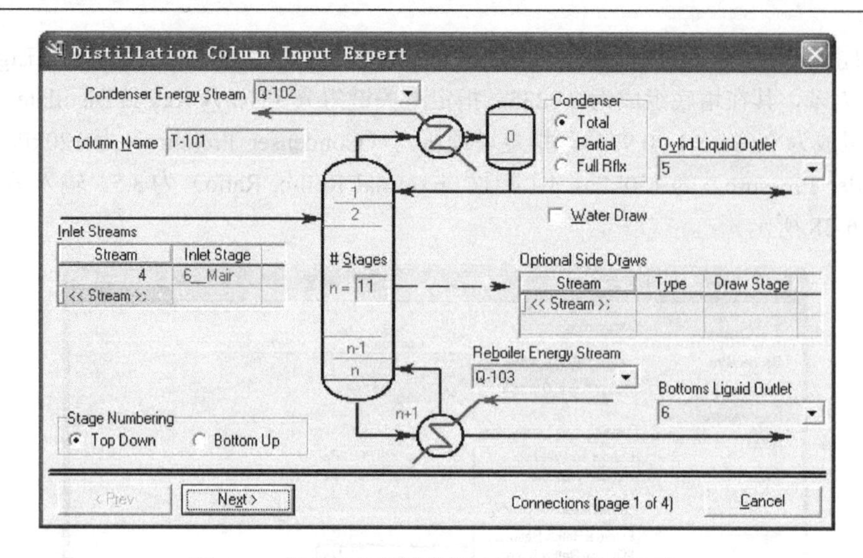

图 6-40　指定严格精馏塔模块的连接物流和能流

⑦ 点击图 6-40 中“Next”按钮，进入精馏塔参数设置第 2 页（图 6-41），在其中设置塔顶压力（Condenser Pressure）为 120kPa，塔底压力（Reboiler Pressure）为 150kPa。

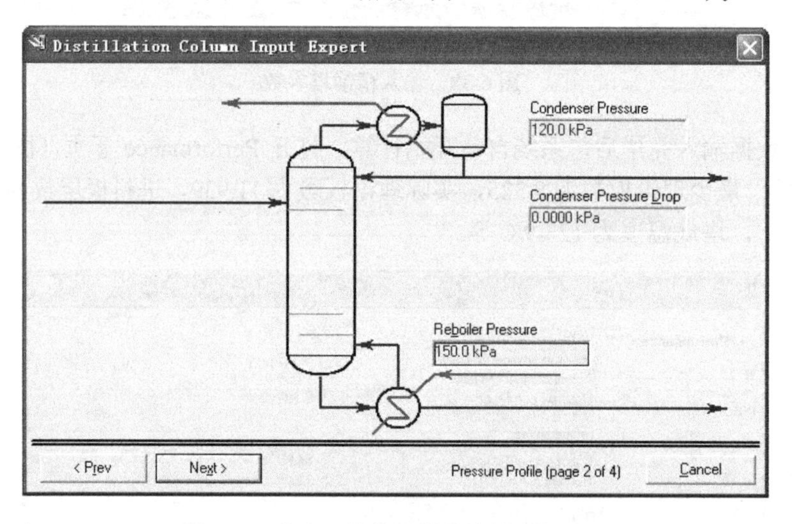

图 6-41　指定严格精馏塔模块的操作压力

⑧ 点击图 6-41 中“Next”按钮，进入精馏塔参数设置第 3 页（图 6-42）。根据简捷计算结果，在其中设置塔顶温度估值（Optional Condenser Temperature Estimate）为 84.85℃，塔底温度估值（Optional Reboiler Temperature Estimate）为 123.9℃。注意，该页面是可选页面，用户可以不填。

⑨ 点击图 6-42 中“Next”按钮，进入精馏塔参数设置第 4 页（图 6-43）。该页面中要求指定精馏塔计算的两个规定条件：一个是回流比（Reflux Ratio）；另一个是塔顶馏出液流量。为了确保塔顶组成与题目要求相同，此处只指定回流比为 3.5，后面再指定塔顶组成规定。

⑩ 点击图 6-43 中“Done...”按钮，进入完整的精馏塔参数设置页面（图 6-44）。打开 Design→Monitor 窗口，在设计规定（Specifications）子项中点击“Add Spec...”按钮，打开添加规定窗口（图 6-46）。选择塔组分浓度（Column Component Fraction）型规定，点击“Add

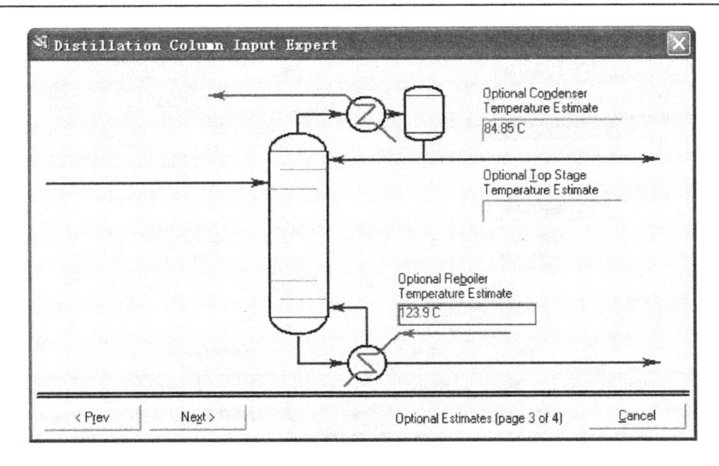

图 6-42　指定严格精馏塔模块的操作温度估计值

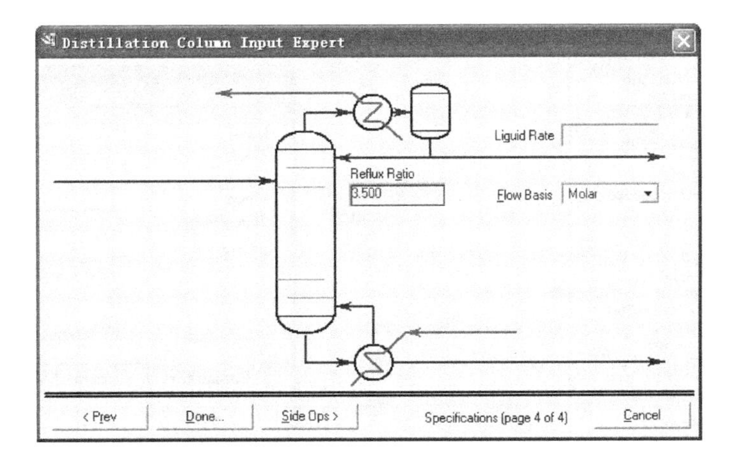

图 6-43　指定严格精馏塔模块的回流比

Spec(s)…”按钮，弹出如图 6-47 所示的该种规定的属性窗口。选择塔板位置（Stage）为 Condenser，规定数值（Spec Value）为 0.975，组分（Components）为 Benzene，然后关闭该对话框。

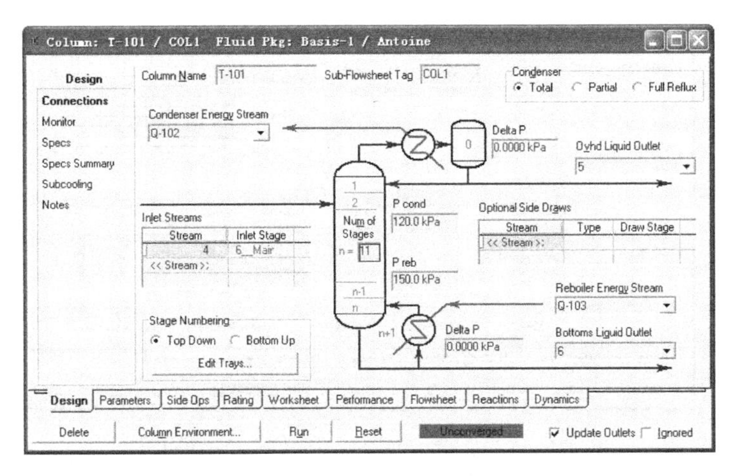

图 6-44　严格精馏塔模块的完整属性窗口

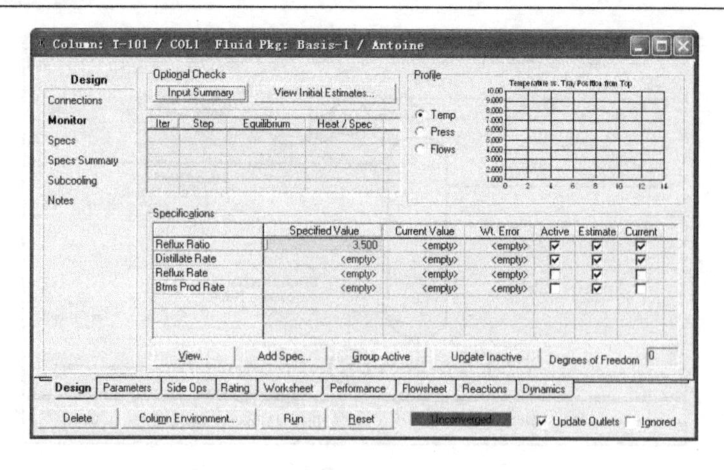

图 6-45 严格精馏塔模块的监测窗口

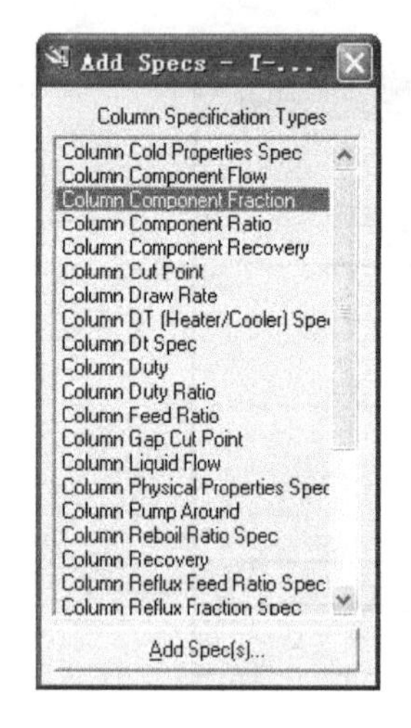

图 6-46 添加规定窗口

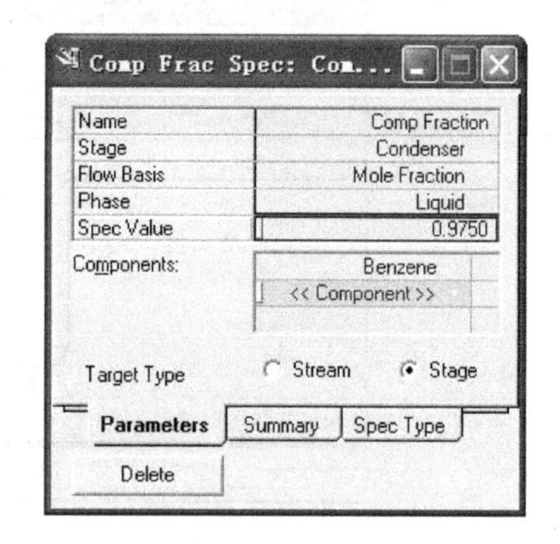

图 6-47 组分浓度规定窗口

⑪ 重新返回监测窗口，仅将 Reflux Ratio 和 Comp Fraction 两个规定选定（Active 项画对号），如图 6-48 所示。至此，精馏塔参数已设置完毕。

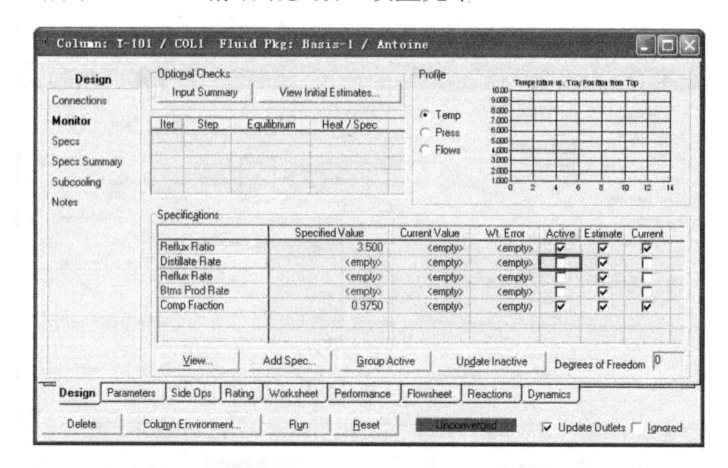

图 6-48 添加了组成规定的精馏塔监测窗口

⑫ 完全依照物流 1 的数据设置物流 4，如图 6-49 所示。

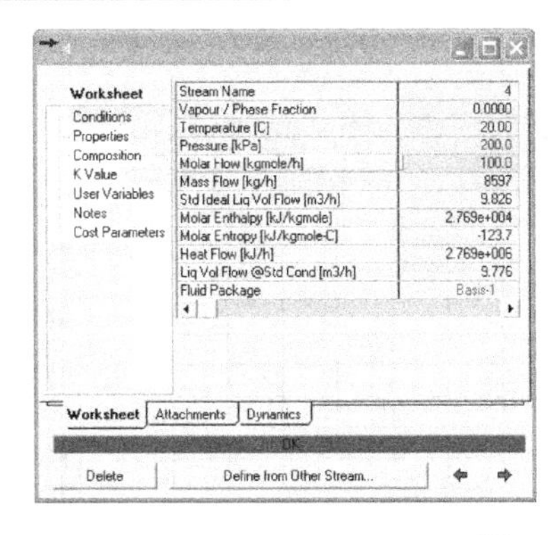
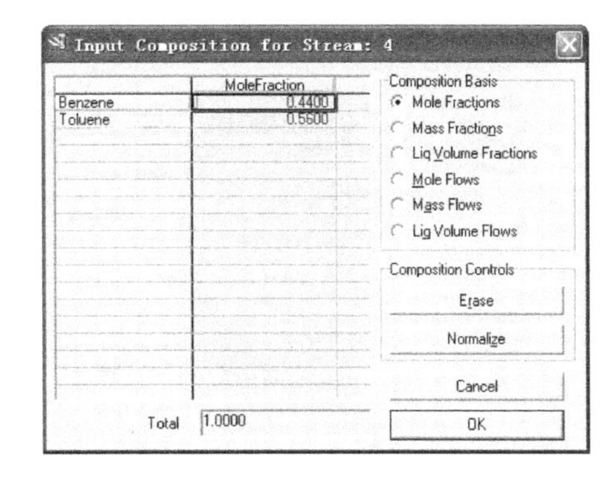

图 6-49　物流 4 数据

⑬ 此时，整个精馏塔系统开始计算，通过塔属性窗口中的 Performance→Summary 可以查看物流流量和组成，如图 6-50 所示。可以看出，塔底苯的摩尔分率为 0.0153，低于题目中 0.0235 的要求，所以该塔的简捷法设计结果是可靠的。点击 Performance→Column Profiles 页，可以查看塔内温度、压力等的分布情况，如图 6-51 所示。为便于分析，也可以点击 Performance→Plots 页中的“View Graph”按钮，绘制温度、压力、流量等参数随塔板位置的变化图，如图 6-52 所示。

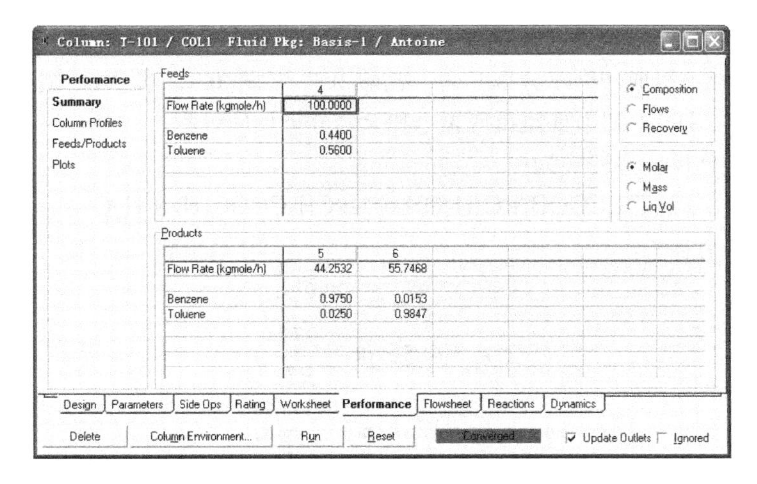

图 6-50　精馏塔严格计算结果

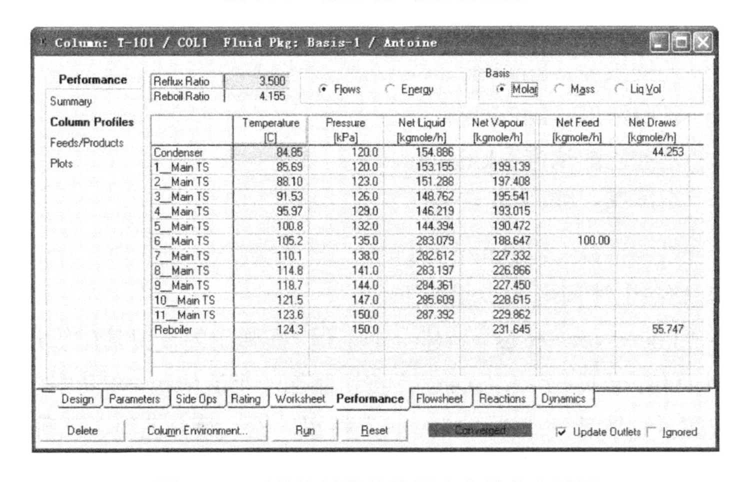

图 6-51　严格计算的精馏塔内参数分布结果

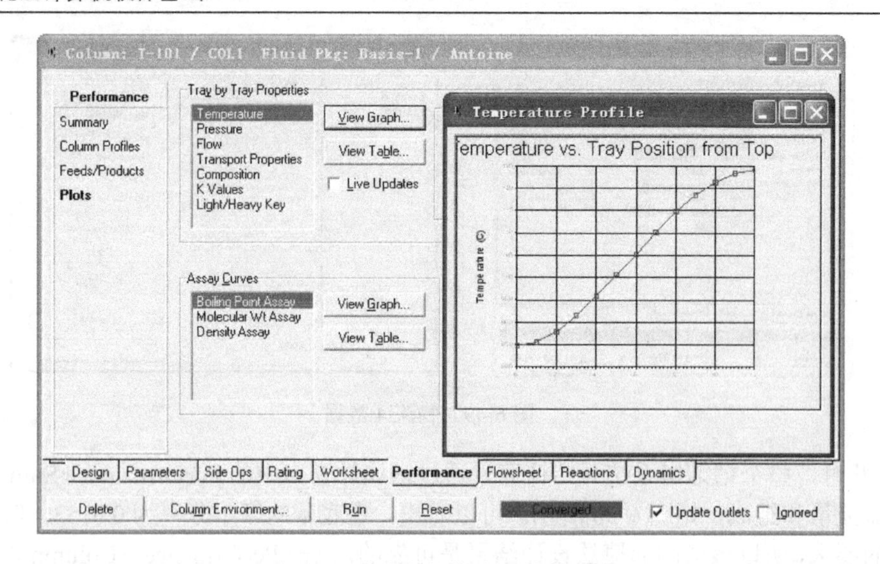

图 6-52 绘制精馏塔内参数分布图

6.4.4 反应

【例 6-4】 现需要进行乙酸酯化反应（无催化剂），进料温度为 110℃，压力为 200kPa，流量为 100kmol/h，组成（摩尔分率）为：乙酸 0.3、乙醇 0.3、水 0.4。试分别采用 10m^3 的全混流反应器（CSTR）和平推流反应器（PFR）分析反应过程。

已知乙酸酯化反应方程式为：

$$\text{CH}_3\text{COOH}+\text{C}_2\text{H}_5\text{OH}\longleftrightarrow\text{CH}_3\text{COOC}_2\text{H}_5+\text{H}_2\text{O}$$

反应动力学方程为：

$$r=k_1C_{\text{HAc}}C_{\text{EtOH}}-k_2C_{\text{EtAc}}C_{\text{H}_2\text{O}}$$

$$k_1=485\exp(-\frac{59774}{RT})$$

$$k_2=123\exp(-\frac{59774}{RT})$$

式中 k_1 和 k_2——正反应和逆反应的反应速率常数，$\text{m}^3/(\text{kmol}\cdot\text{s})$；

r——反应速率，$\text{kmol}/(\text{m}^3\cdot\text{s})$；

C_{HAc}——乙酸浓度，kmol/m^3；

C_{EtOH}——乙醇浓度，kmol/m^3；

C_{EtAc}——乙酸乙酯浓度，kmol/m^3；

$C_{\text{H}_2\text{O}}$——水浓度，kmol/m^3；

R——气体常数，$\text{kJ}/(\text{kmol}\cdot\text{K})$。

利用 HYSYS 解决上述问题的步骤如下。

① 通过菜单“File→New→Cas”新建一个工程。在弹出的模拟基础管理器中，打开 Fluid Pkgs（流体物性计算包）子页，点击“Add...”按钮添加一个流体包，在其中选择 General NRTL 方法，同图 6-53 所示。然后，点击“View...”按钮，输入组分乙酸、乙醇、乙酸乙酯和水，如图 6-54 所示。

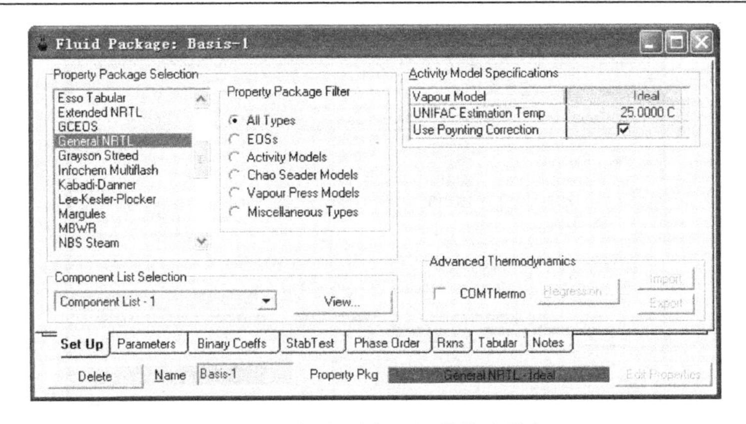

图 6-53　指定反应器计算的流体包

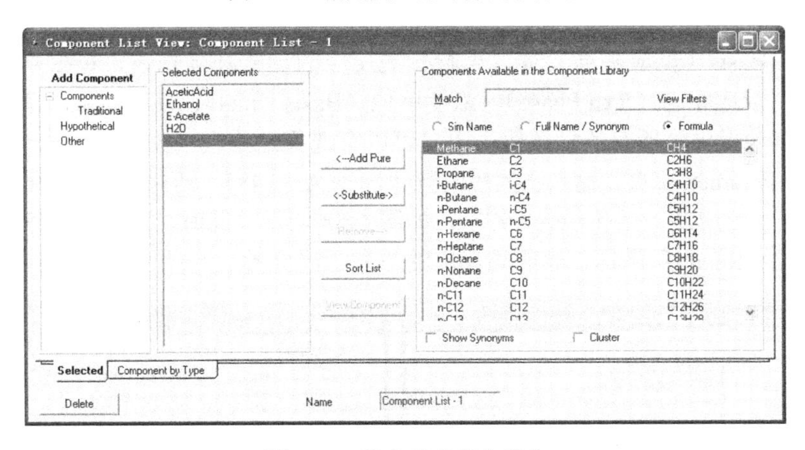

图 6-54　指定反应器内组分

② 打开模拟基础管理器中的 Reactions（反应）页，点击“Add Rxn...”按钮，添加一个反应，如图 6-55 所示。并在弹出的对话框中，选择 Kinetic（动力学）类型，然后点击“Add Reaction”按钮。

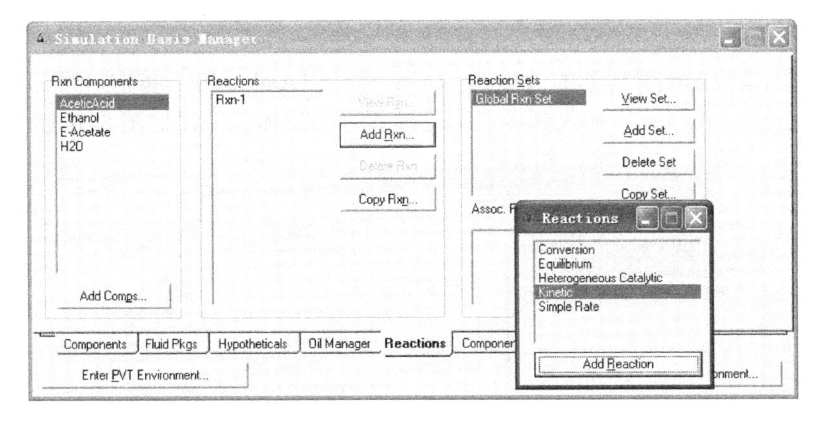

图 6-55　启动反应方程式窗口

③ 系统弹出反应方程式编写对话框，如图 6-56 所示。在 Stoichiometry（计量系数）页中，分别指定各组分的化学计量系数（Stoich Coeff）和反应级数（Fwd Order 和 Rev Order）。其中，化学计量系数为负，表示该物质为反应物，否则表示该物质为生成物。Fwd Order 表示该物质在正反应中的级数，Rev Order 表示其在逆反应中的级数。

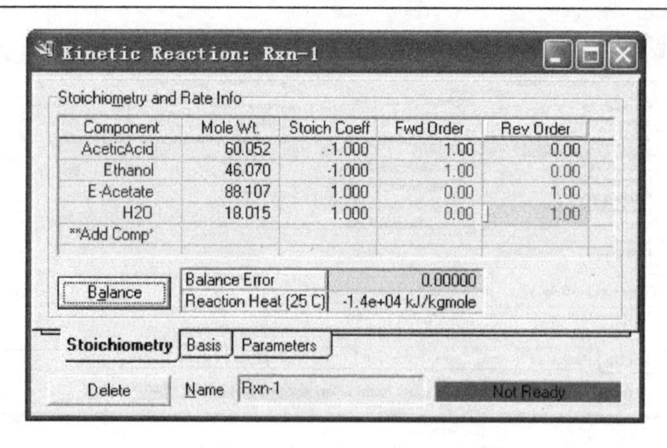

图 6-56　指定反应系数和级数

④ 点击 Basis（反应基准）页，查看有关反应的一些基础规定，包括基准组分（Base Component）、反应相态（Rxn Phase）、浓度单位（Basis Units）、反应速率单位（Rate Units）等。系统已自动提供了所有的默认值，用户可以有选择地修改（图 6-57）。

⑤ 点击 Parameters 页，输入正反应的频率因子 A 为 485，活化能 E 为 59774；输入逆反应的频率因子 A'为 123，活化能为 59774，如图 6-58 所示。此时，对话框右下侧的状态条显示绿底黑字的“Ready”字样，表明该反应的信息已经完整。

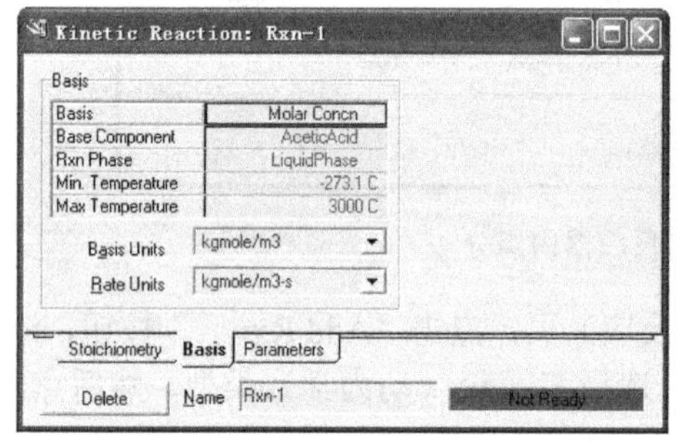

图 6-57　查看反应基础对话框

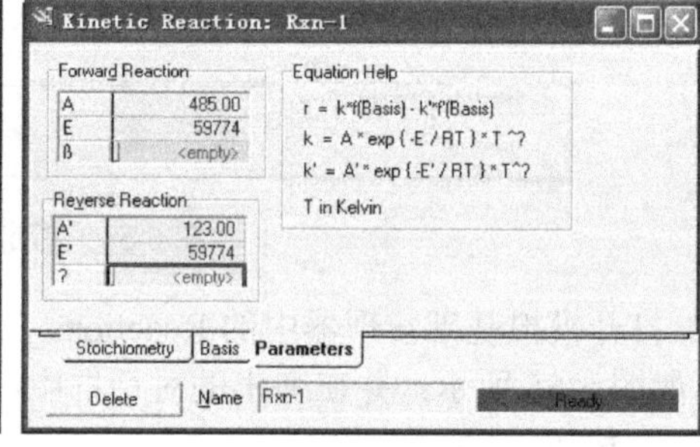

图 6-58　输入反应正逆反应地频率因子和活化能

⑥ 返回到模拟基础管理器的 Reactions 页，点击“Add to FP”按钮，然后点击“Add Set to Fluid Package”，将该反应加入到步骤①已设置好的流体包中，如图 6-59 所示。

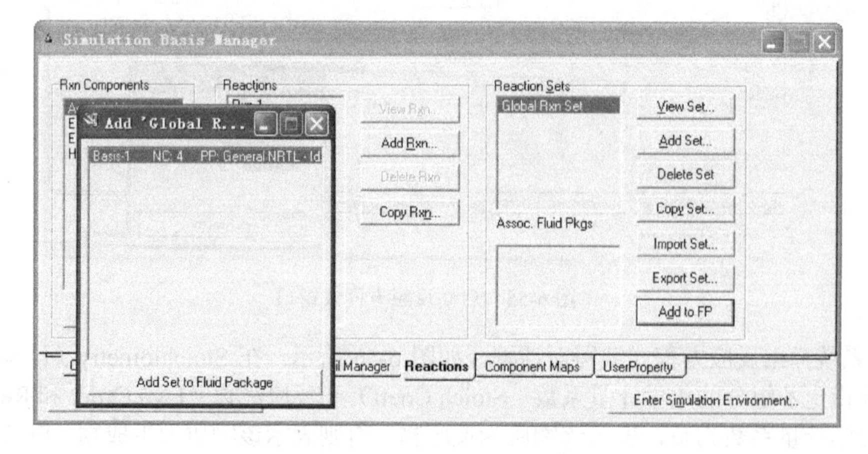

图 6-59　将反应加入到流体包中

⑦ 点击“Enter Simulation Environment…”进入 PFD，从对象面板中选择 CSTR 反应器，加入到 PFD 图中。然后，双击反应器图标，在弹出对话框的 Design→Connections 页中指定其进料为物流 1，气相出料为 2，液相出料为 3，如图 6-60 所示，此时得到的 PFD 如图 6-61 所示。

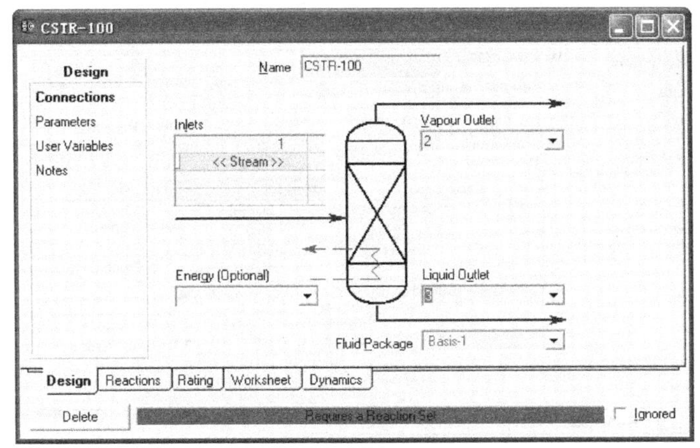

图 6-60　指定 CSTR 的连接物流

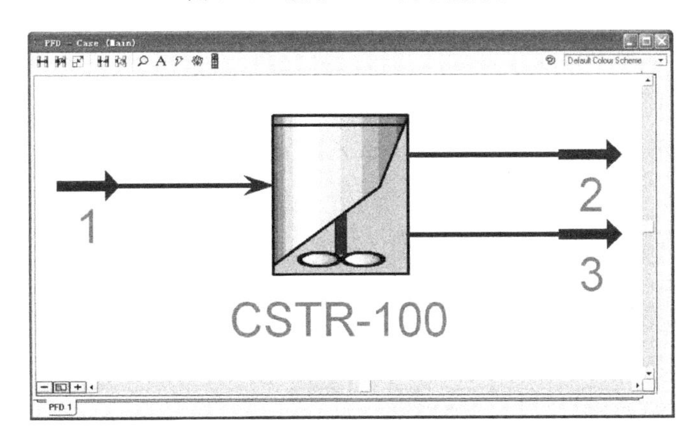

图 6-61　CSTR 流程图

⑧ 在 Design→Parameters 页中，输入反应器容积（Volume）为 $10m^3$，如图 6-62 所示。

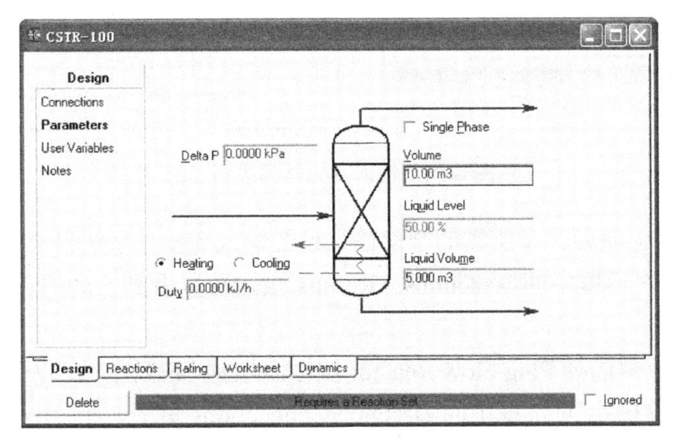

图 6-62　指定 CSTR 的容积

⑨ 打开 Reactions→Details 页，在 Reaction Set 中指定“Global Rxn Set”反应集，则在步骤③～⑤中所定义的反应就加入到了该反应器中，如图 6-63 所示。至此，反应器计算所需的信息已经全部输入完了。

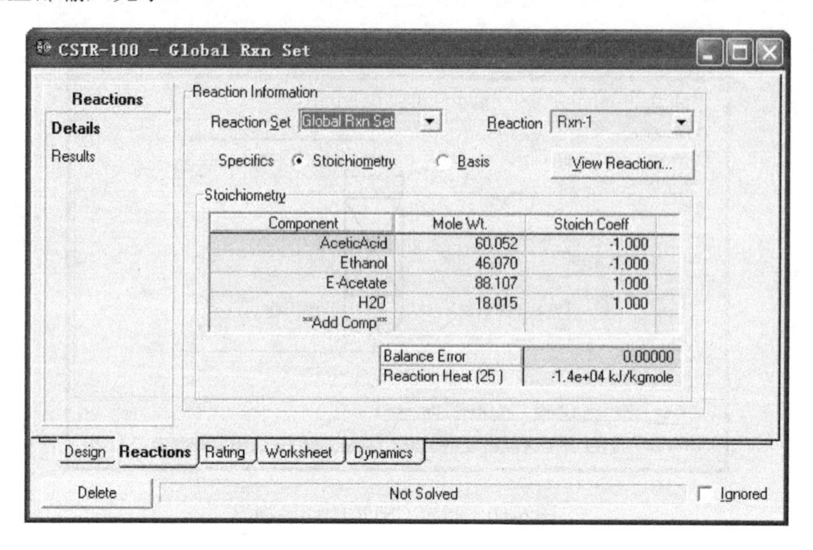

图 6-63 将反应加入到反应器中

⑩ 双击物流 1 图标，在弹出的属性对话框中，输入其温度为 110℃，压力为 200kPa，流量为 100kgmole/h，组成（摩尔分率）为：乙酸 0.3、乙醇 0.3、乙酸乙酯 0.0、水 0.4，如图 6-64 所示。

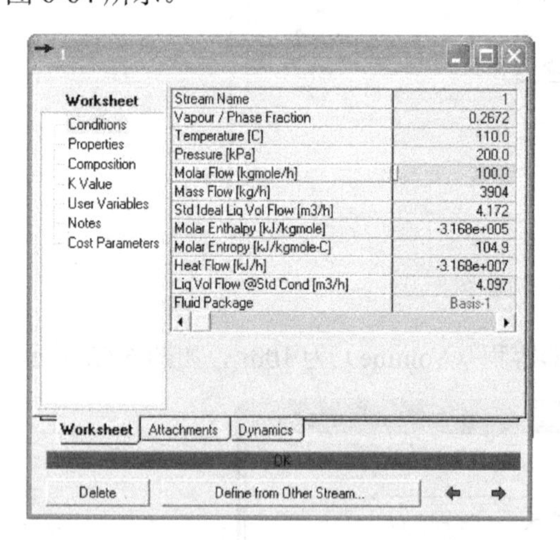

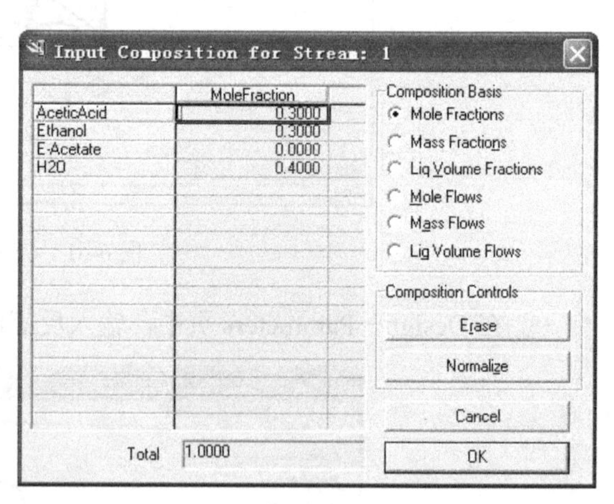

图 6-64 输入反应器的进料信息

⑪ 此时，CSTR 流程计算所需的全部信息已经输入完毕，系统自动启动计算。通过反应器 CSTR-100 属性对话框中的 Reactions→Results 页，可以看到乙酸的转化率为 7.175%，如图 6-65 所示。

⑫ 从对象面板中选择 Plug Flow Reactor 图标添加到 PFD 图中，双击生成的 PFR-100 反应器图标，在弹出的属性对话框中的 Design→Connections 页中，指定其进料为物流 4，出料为物流 5，如图 6-66 所示。此时的 PFD 如图 6-67 所示。

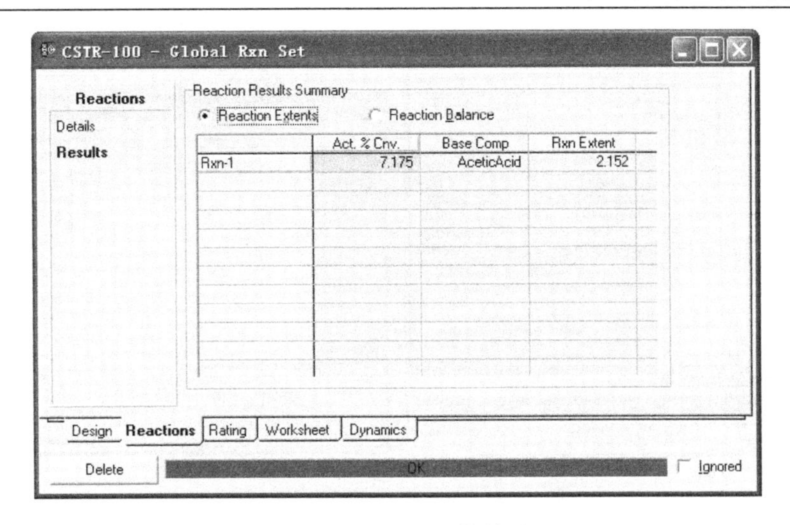

图 6-65　反应器计算结果

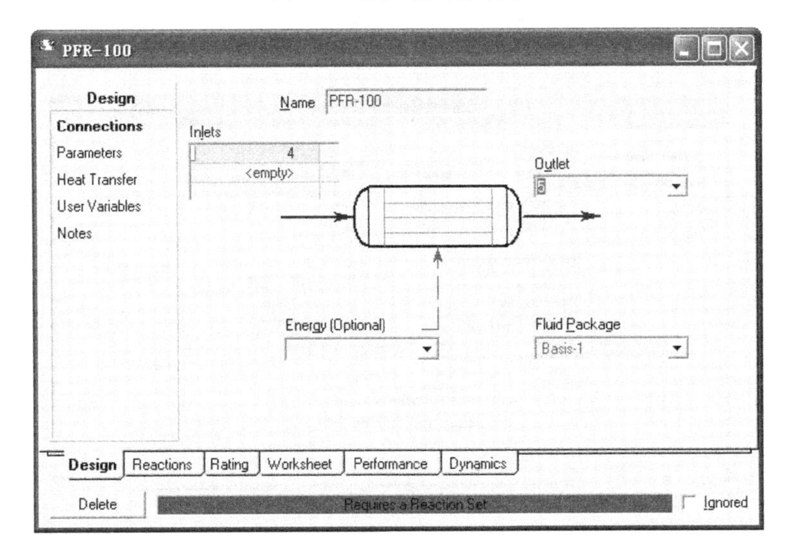

图 6-66　指定平推流反应器的连接物流

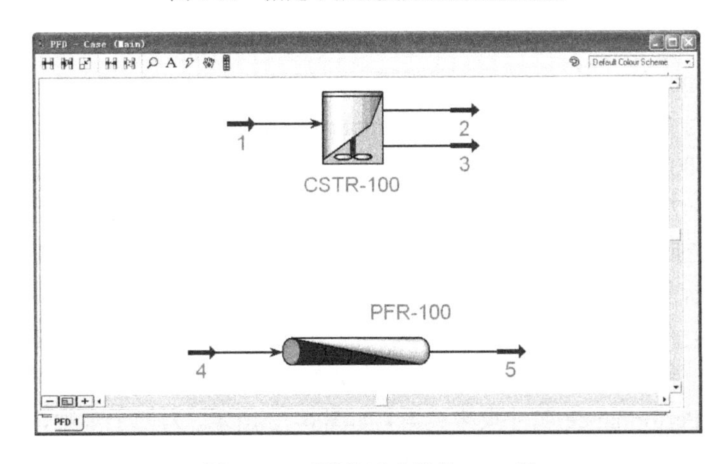

图 6-67　平推流反应器的 PFD 图

⑬ 按照物流 1 的参数（步骤⑩），输入物流 4 的参数，如图 6-68 所示。

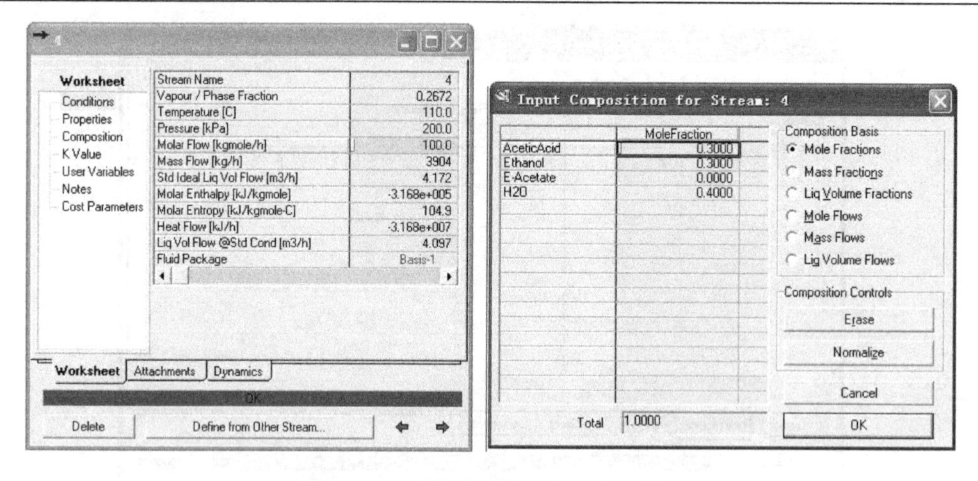

图 6-68　平推流反应器的进料参数

⑭ 在 PFR-100 反应器的属性窗口中，点击 Reactions→Overall 页面，指定反应集（Reaction Set）为 Global Rxn Set，如图 6-69 所示。

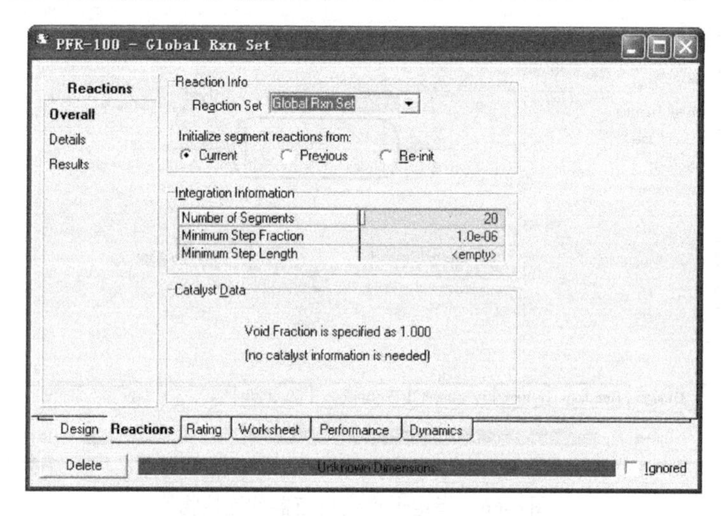

图 6-69　将反应加入到平推流反应器中

⑮ 在 PFR-100 的 Rating→Sizing 属性页中，指定其容积（Total Volume）为 10.000m^3，长度（Length）为 10.000m，列管根数（Number of Tubes）为 20，结果如图 6-70 所示。

⑯ 在 PFR-100 的 Design→Parameters 属性页中，输入物流经过该反应器的压降（Delta P）为 20kPa，如图 6-71 所示。

⑰ 至此，平推流反应器计算所需信息也已全部输入完毕。点击 PFR-100 反应器的 Reactions→Results 页面，可以看到乙酸的转换率为 9.931%（见图 6-72），大于全混流反应器的 7.175%。所以，在同样体积的情况下，要提高物质的转化率，应首选平推流反应器。此外，随着位置的变化，物料在平推流反应器中的转换率、温度、压力、组成等参数也是变化的，这可以通过点击 Performance 属性页来查看，如图 6-73 所示。为便于观察，也可点击“Plot...”按钮，绘制出各参数随管长的分布图。图 6-74 就画出了乙酸浓度随管长的变化。可见，与全混流反应器不同，平推流反应器内部参数是随空间位置而变化的，因此该类模型常被称为分布参数模型，而把全混流反应器模型称为集中参数模型。

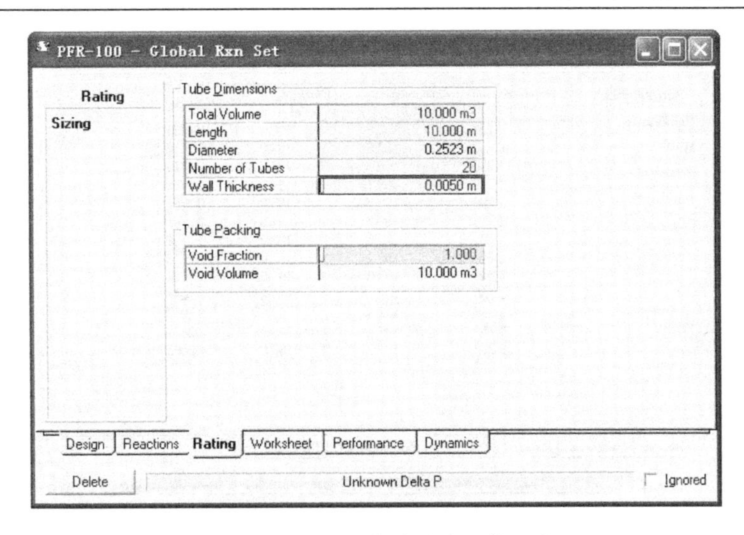

图 6-70　指定平推流反应器的尺寸

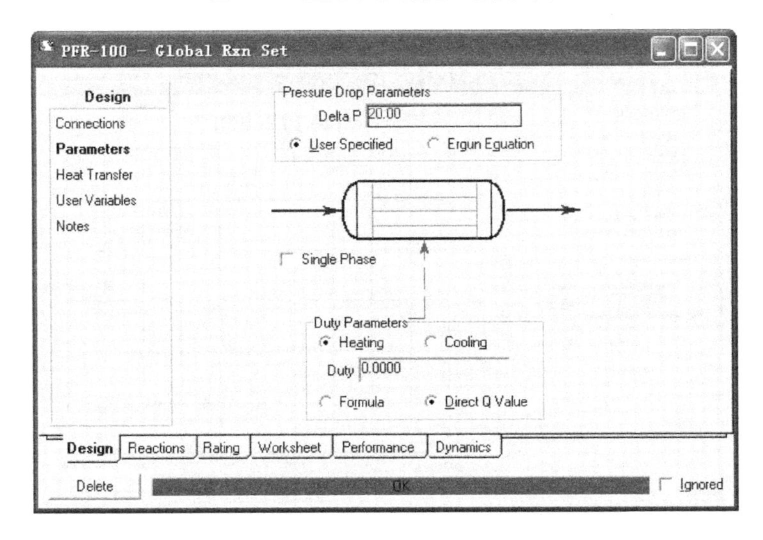

图 6-71　指定平推流反应器的压降

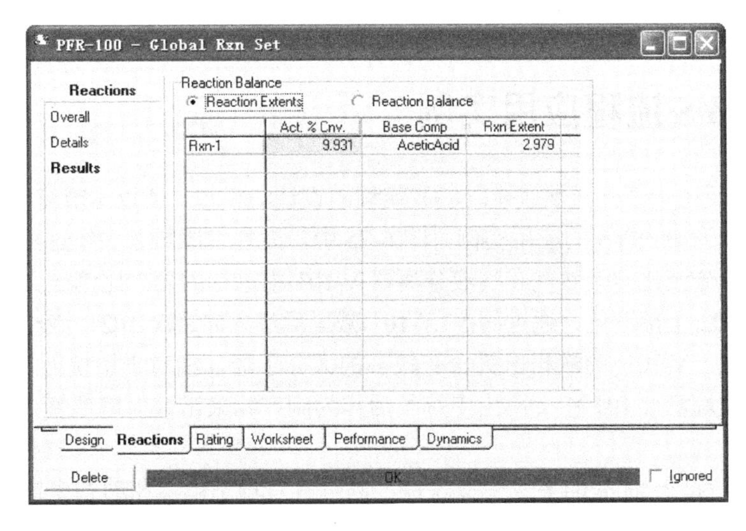

图 6-72　平推流反应器的转化率

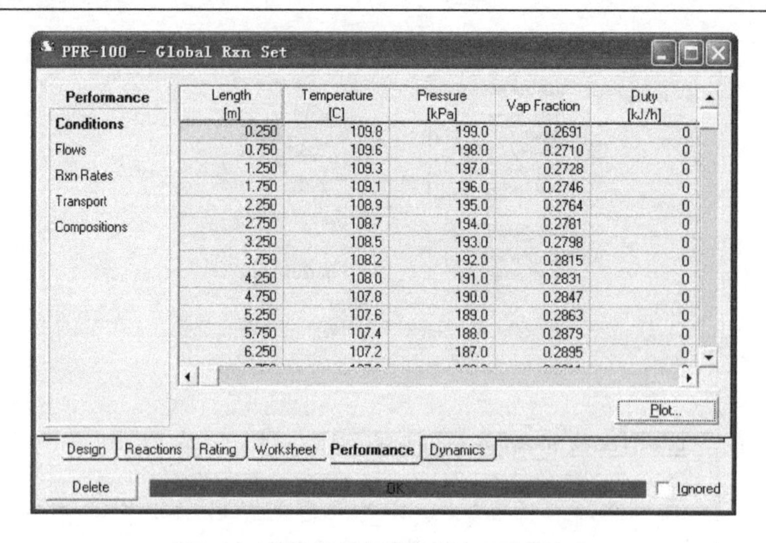

Length [m]	Temperature [C]	Pressure [kPa]	Vap Fraction	Duty [kJ/h]
0.250	109.8	199.0	0.2691	0
0.750	109.6	198.0	0.2710	0
1.250	109.3	197.0	0.2728	0
1.750	109.1	196.0	0.2746	0
2.250	108.9	195.0	0.2764	0
2.750	108.7	194.0	0.2781	0
3.250	108.5	193.0	0.2798	0
3.750	108.2	192.0	0.2815	0
4.250	108.0	191.0	0.2831	0
4.750	107.8	190.0	0.2847	0
5.250	107.6	189.0	0.2863	0
5.750	107.4	188.0	0.2879	0
6.250	107.2	187.0	0.2895	0

图 6-73　平推流反应器内物流参数的变化

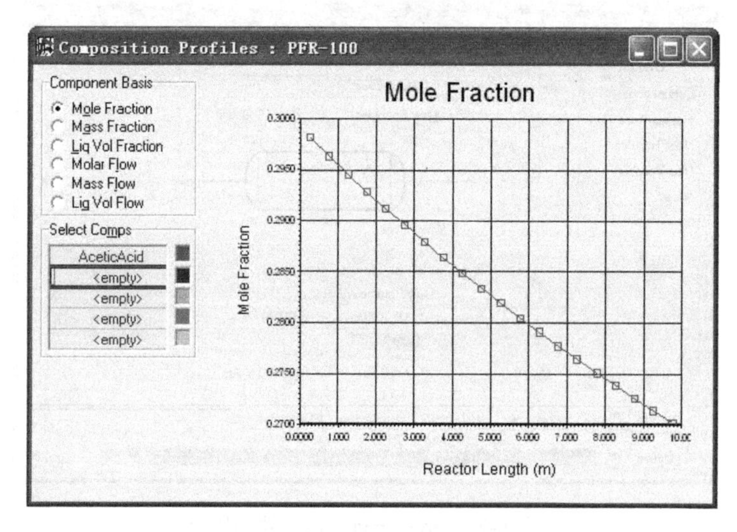

图 6-74　绘制平推流反应器内的参数变化图

6.5　HYSYS 流程应用实例

HYSYS 广泛用于液化天然气（LNG）流程的设计与模拟，所以本节将一简化的 LNG 流程（图 6-75）作为 HYSYS 的应用实例。图 6-75 中，天然气原料首先经过冷却器 E-101 降低温度，然后将部分液化的天然气在气液分离器 V-101 中进行闪蒸。比例较大的气相出料经过产品冷凝器 E-102 全部液化，通过阀 VLV-101 减压后进入储罐 V-102，液相作为产品出售，气相充当燃料气。V-101 的液相出料含有较多的大分子烃（相对于甲烷而言），经 VLV-102 减压后，在脱甲烷塔 T-101 中分离出甲烷气后作为副产物采出，而塔顶气则经压缩机 K-101 返回 V-101。

HYSYS 作为一个优秀的集成模拟软件，同时具有稳态模拟和动态模拟的功能，所以本节将从稳态模拟和动态模拟两个方面介绍 HYSYS 的具体应用过程。

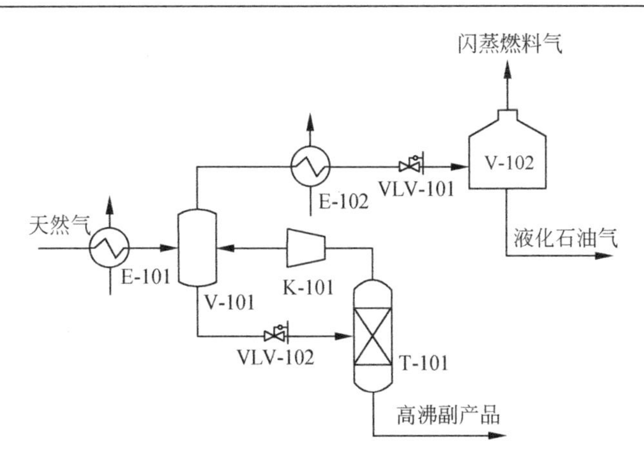

图 6-75　液化天然气简化流程

6.5.1　稳态模拟

① 通过菜单“File→New→Cas”或工具栏创建一个新工况。

② 通过 Simulation Basic Manager（模拟基础管理器）→Components（组分）→View（查看），来添加所需的组分：甲烷、乙烷、丙烷、正丁烷、正戊烷、正己烷、正庚烷、正辛烷、正壬烷、苯、甲苯，如图 6-76 所示。

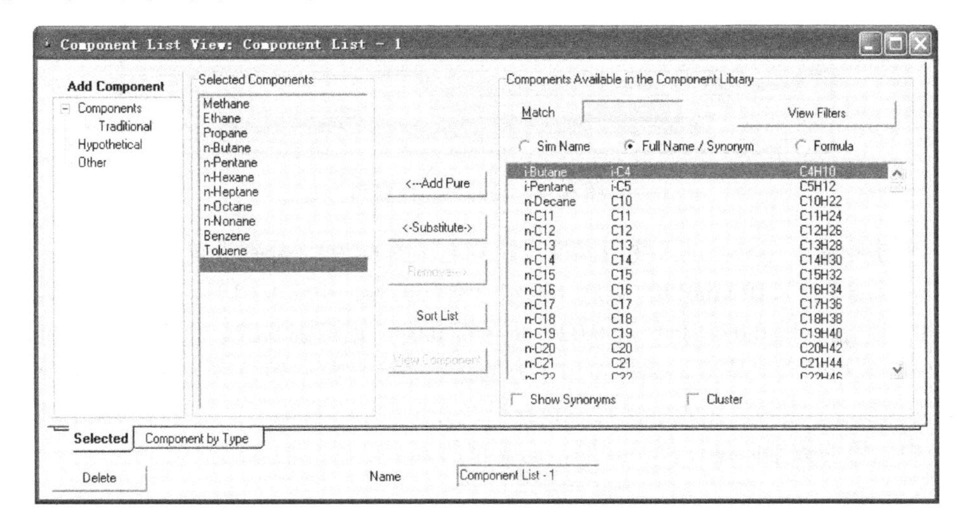

图 6-76　添加组分

③ 通过 Simulation Basic Manager→Fluid Pags（流体包）→Add（添加），来指定热力学计算方法。此处采用 PR 方程，这是经常用于烃类计算的效果较好的一种方法。界面如图 6-77 所示。

④ 点击“Enter Simulation Environment…”按钮进入模拟环境。

⑤ 点击对象面板上的“Cooler”（冷却器）图标，放置在 PFD 图上。双击该图标，进入模块设置界面，如图 6-78 所示。点击 Design（设计）→Connections（连接），说明该设备的名称和进出物流。如果输入的物流已经存在，则被直接连接在该设备上，否则该物流自动被创建并连接在设备上。然后在“Parameters”（参数）子页中输入进出物流的压力降 50kPa。

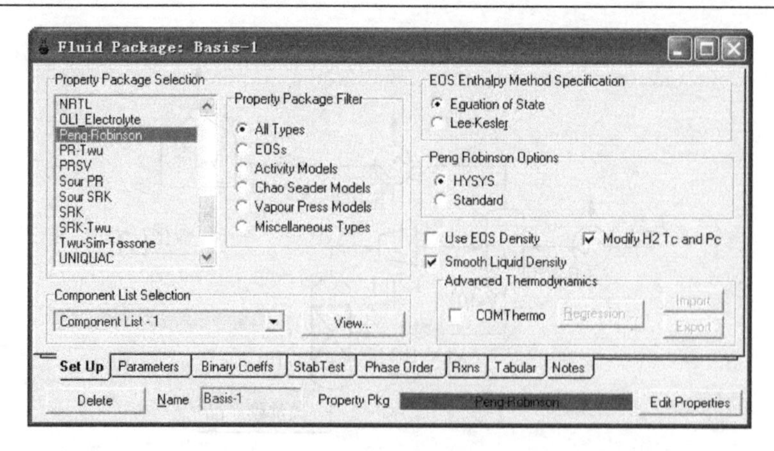

图 6-77　指定流体包

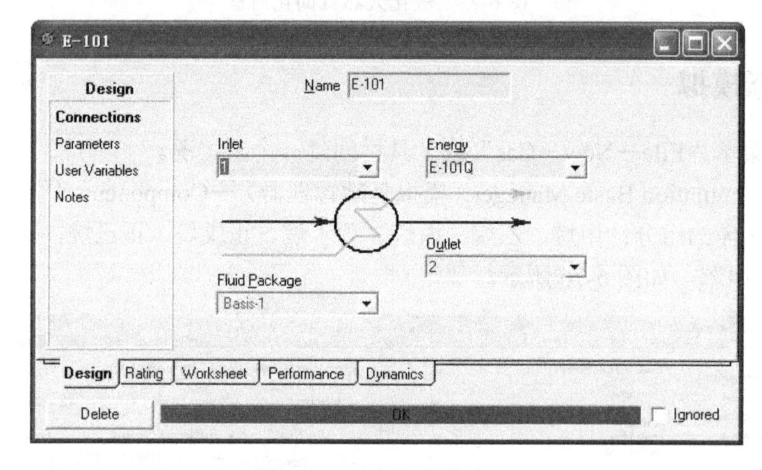

图 6-78　冷却器属性窗口

⑥ 双击物流 1 图标，进入物流属性设置界面（图 6-79），分别设置温度为 40℃，压力为 5500kPa，流量为 1×10^4kmol/h，组成（摩尔分数/%）为：甲烷 97.19、乙烷 2.00、丙烷 0.42、正丁烷 0.14、正戊烷 0.07、正己烷 0.02、正庚烷 0.03、正辛烷 0.02、正壬烷 0.02、苯 0.04、甲苯 0.05。数据输入完毕后，属性窗口下方的状态条颜色将由黄色变为绿色，图标也将由浅蓝色变为深蓝色。这种变化表示该物流数据已经齐全，此时系统则自动计算物流的其余参数，图 6-79 中黑色的数据即是计算得到的，而蓝色的表示是用户输入的数据。

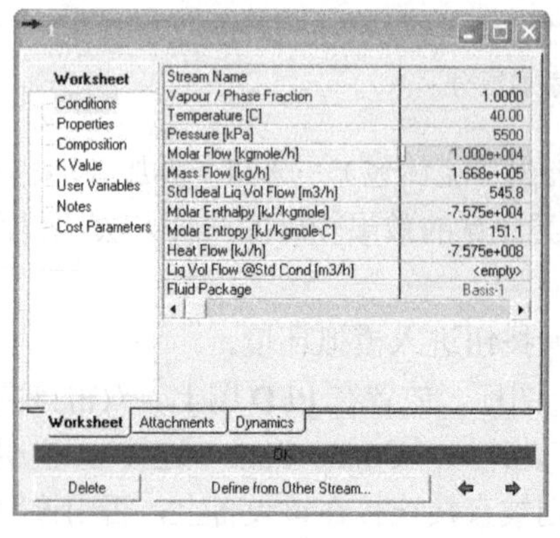

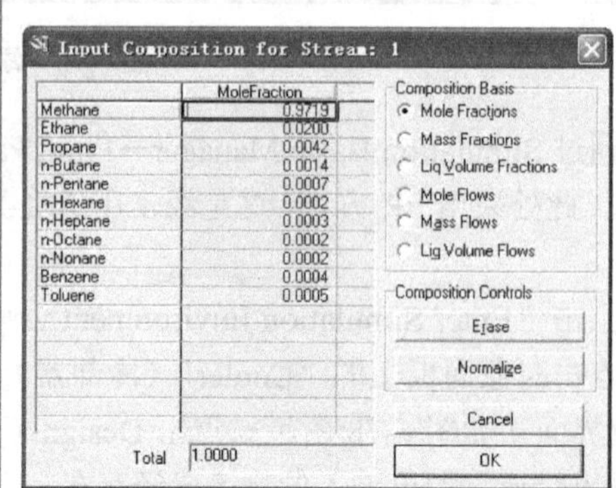

图 6-79　输入物流数据

⑦ 为了启动冷却器 E-101 的计算，在物流 2 属性界面中，指定其温度为–15℃。此时，E-101 的图标由黄色变为黑色，物流 2 的图标由浅蓝色变为深蓝色，表示系统已经自动确定了它们的状态（图 6-80）。而 E-101 的换热量可从其热流 E-101Q 中查看。

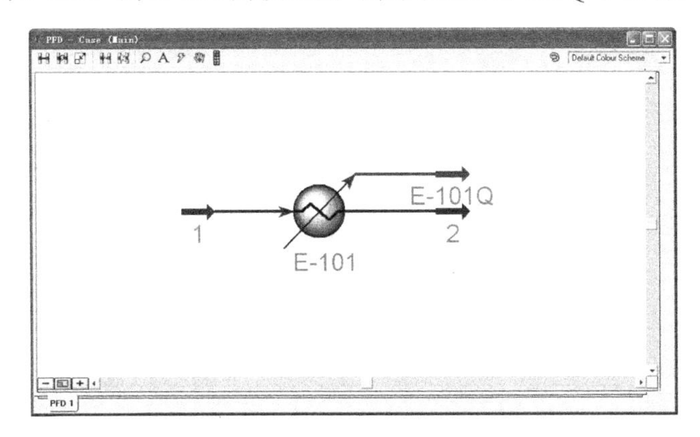

图 6-80　冷却器流程图

⑧ 按“F4”键打开对象面板，点击分离器（Separator）图标放置在流程图中，双击图标弹出其属性对话框（见图 6-81）。修改气液分离器名称为 V-101，指定其输入物流为 2，气相出料为物流 3，液相出料为物流 4。此时，流程图中的 V-101 图标颜色由红色变为黑色，物流 3 和 4 的颜色为深蓝色，说明整个流程的状态已完全确定（图 6-82）。

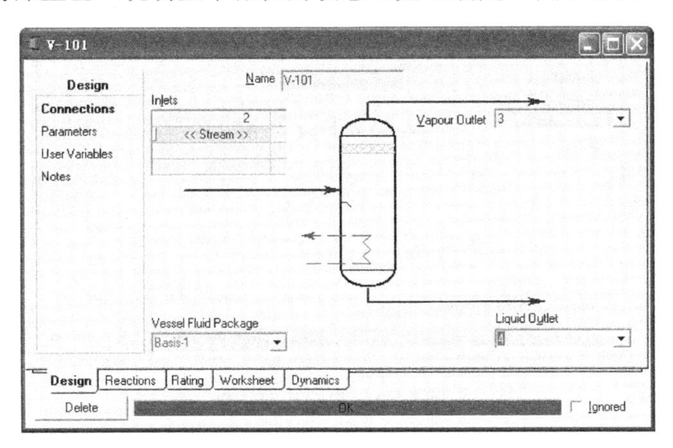

图 6-81　气液分离器属性

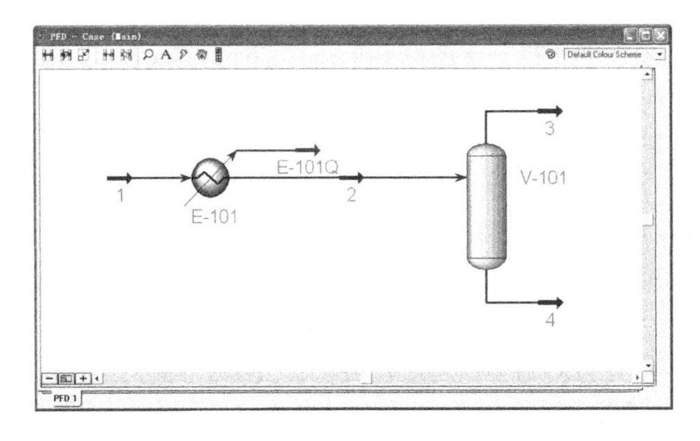

图 6-82　在流程图中加入气液分离器

⑨ 依照 E-101 的步骤添加产品冷凝器 E-102，指定其进料为物流 3，出料为物流 5，压力降为 1450kPa。同时为了确定换热量，指定物流 5 的温度为–150℃。此时，通过颜色可以看出，E-102 和物流 5 的状态已完全确定（图 6-83）。

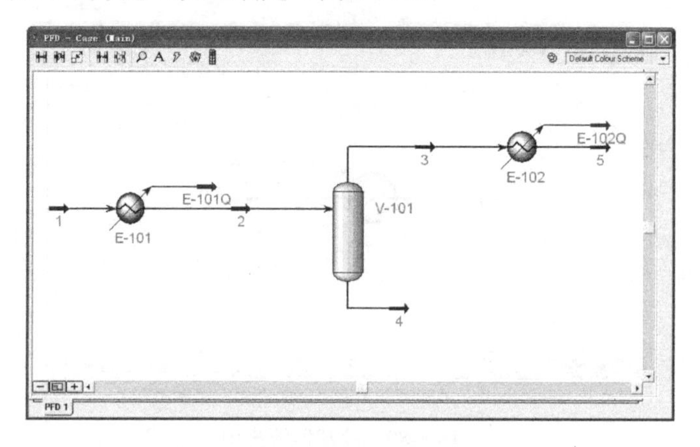

图 6-83　在流程图中加入产品冷凝器

⑩ 在对象面板中选择阀（Valve）图标添加到流程图中，在其属性对话框（图 6-84）的连接页中修改其名称为 VLV-101，指定进料为物流 5，出料为物流 6；在参数页中输入压力降为 3890kPa。

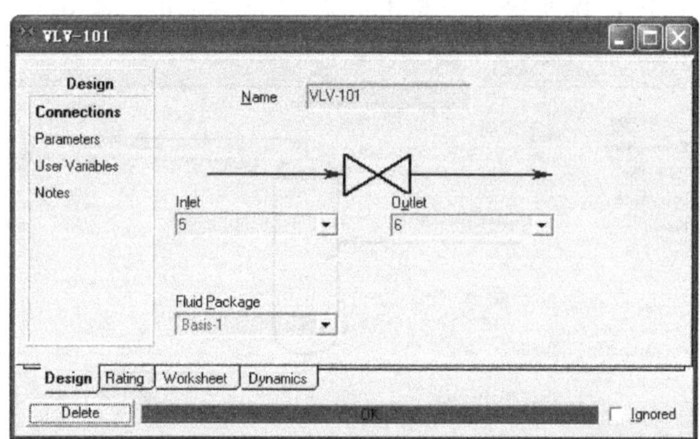

图 6-84　阀属性对话框

⑪ 依照 V-101 同样的步骤添加产品储罐 V-102，指定其进料为物流 6，气相出料为物流 7，液相出料为物流 8，此时得到如图 6-85 所示的状态已定流程。为了美观形象，该图中更换了 V-102 的图标，这是通过右击该图标并单击“Change Icon…”来完成的。

⑫ 依照 VLV-101 同样的步骤，添加减压阀 VLV-102，并在属性窗口中规定进料为物流 4，出料为物料 9，压力降为 2450kPa。

⑬ 在对象面板中选择再沸吸收塔模块（Reboiled Absorber），放置在 VLV-102 之后模拟脱甲烷塔 T-101。双击模块图标打开属性对话框（图 6-86）。修改塔名称为 T-101，指定塔顶进料为物料 9，塔顶出料为物料 10，塔釜出料为物料 11。点击“Next>”按钮，进入下一设置页面（图 6-87）。设置塔顶压力为 2900kPa，塔釜压力为 3100kPa。然后点击“Next>”和“Done…”按钮结束属性设置对话框。之后，再双击 T-101 图标打开属性对话框，在 Design→Specs 页面的“Column Specifications”子项中点击 Add 来添加塔规定条件，如图 6-88 所示。选择组分回收率规定（Column Component Recovery），点击“Add Spec(s)…”，在其后弹出的

对话框中指定塔顶甲烷的回收率为 99%。最后，在 Design→Monitor 窗口中的“Specifications”子项内取消塔顶产品流量（Ovhd Prod Rate）规定，激活组分回收率（Comp Recovery）规定。点击“Run”按钮开始计算塔 T-101，运行成功后，下侧的状态条显示绿色的“Converged”字样，表示计算收敛，如图 6-89 所示。在收敛不成功时，可参照系统计算出的规定当前值（Current Value）来修改规定，或点击“Reset”按钮重新计算。此时的流程如图 6-90 所示。

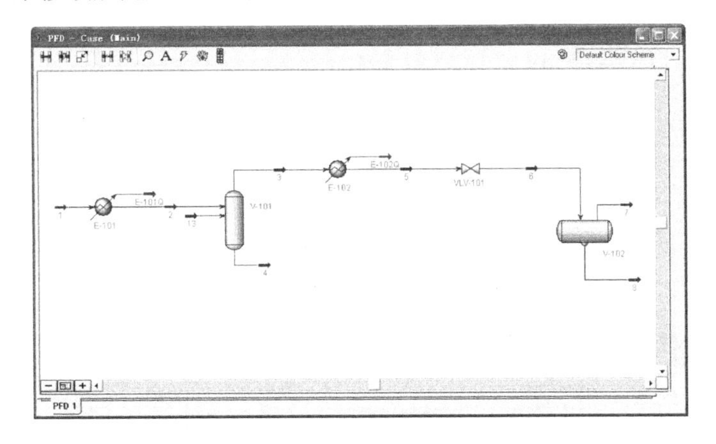

图 6-85　在流程图中加入减压阀和产品储罐

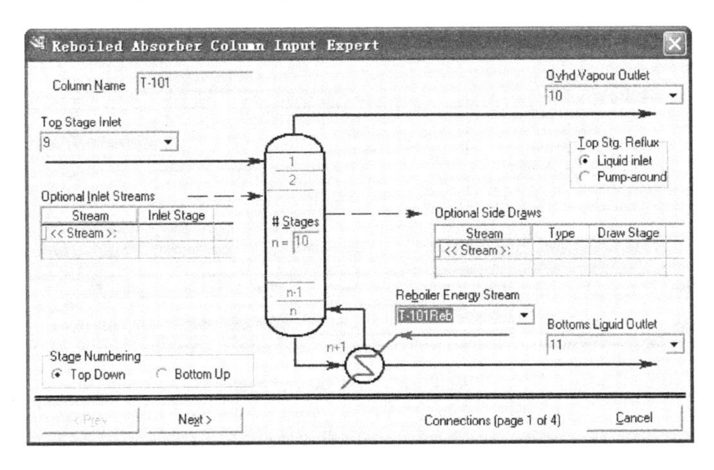

图 6-86　脱甲烷塔设置一

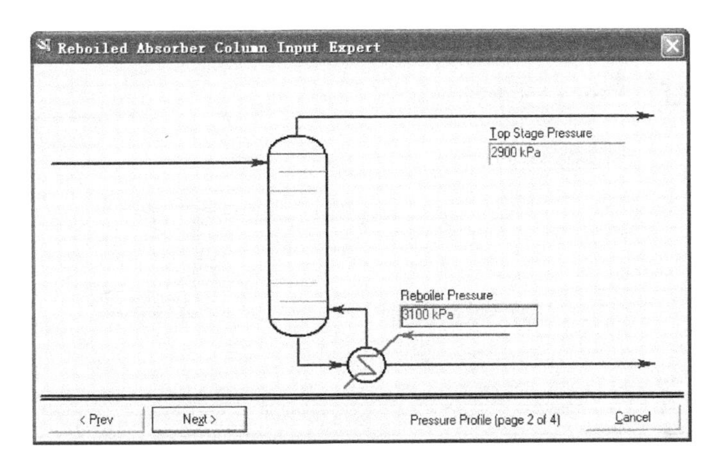

图 6-87　脱甲烷塔设置二

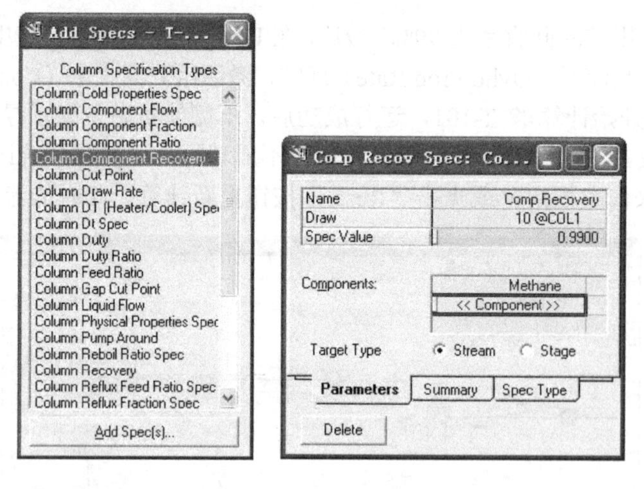

图 6-88　脱甲烷塔规定

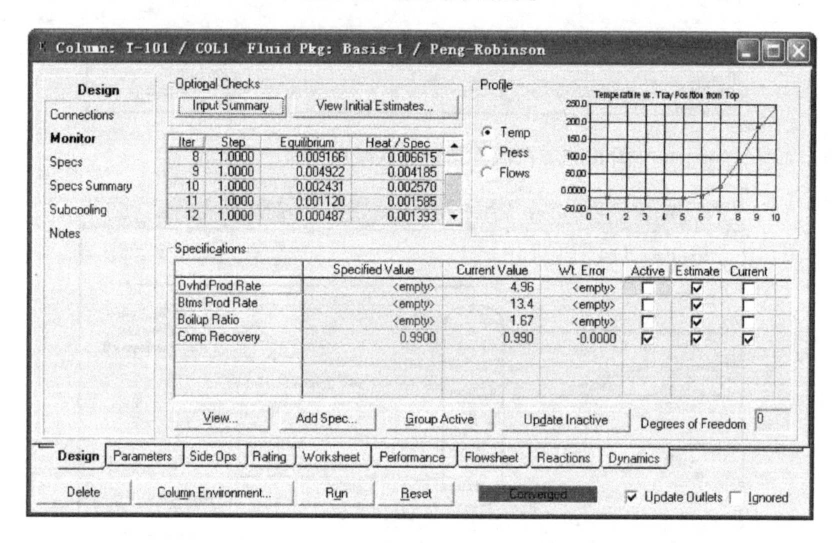

图 6-89　运行脱甲烷塔

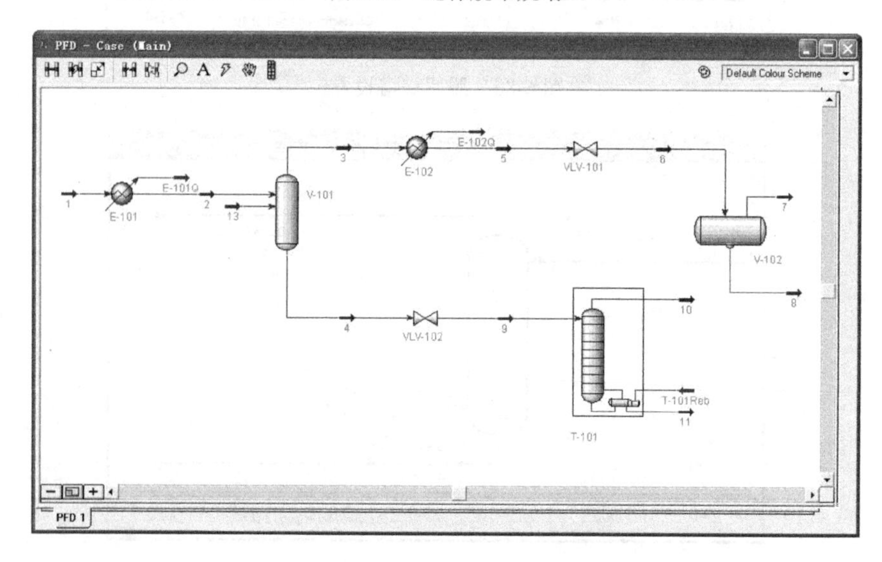

图 6-90　在流程图中加入脱甲烷塔

⑭ 在物流 10 之后，从对象面板上选择压缩机模块（Compressor）添加压缩机 K-101，并在属性窗口的 Connection 子窗口中指定其进料为物流 10，出料为物流 12，如图 6-91 所示。为获得 K-101 的压缩功，还需要设置物流 12 的压力为 5450kPa。

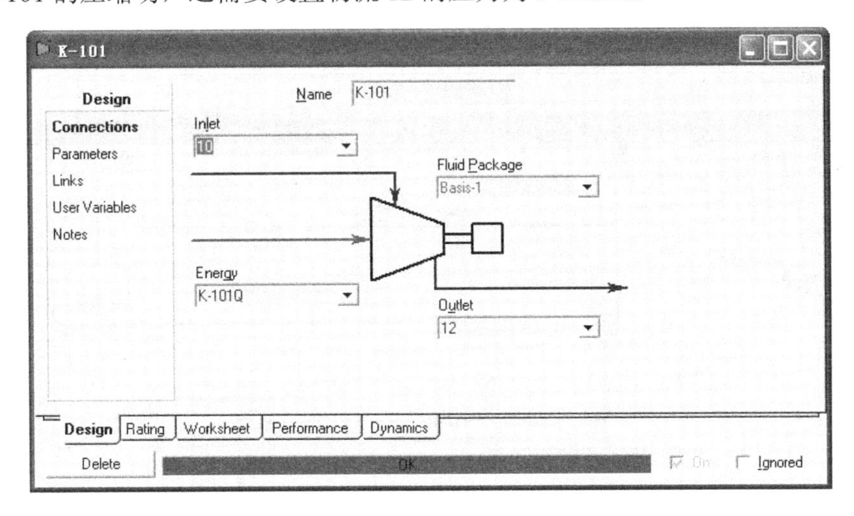

图 6-91　压缩机参数窗口

⑮ 物流 12 需要返回到 V-101 中，从而构成了循环流程。为了确保整个流程收敛，需要将物流 12 通过一个循环模块（Recycle）连接，该循环模块的进料为物流 12，出料为物流 13，如图 6-92 所示。

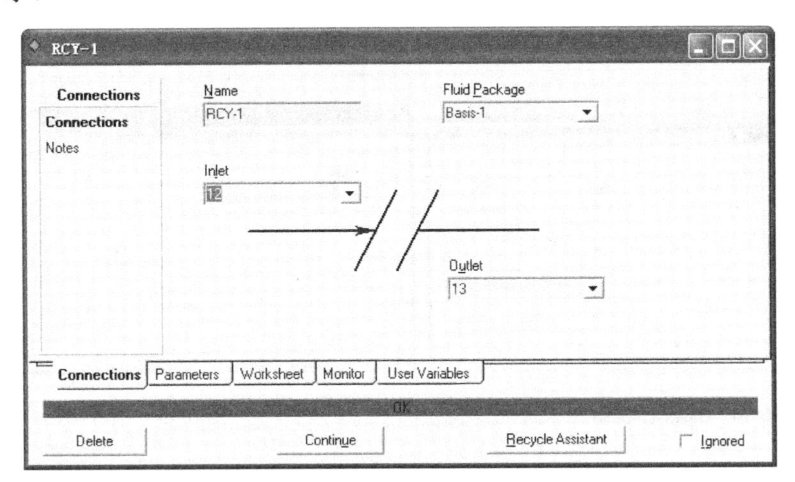

图 6-92　循环模块参数窗口

⑯ 最后，打开 V-101 属性窗口，在 Design→Connections 子窗口内的 Inlets 子项中添加物流 13。自此，整个流程搭建完毕，如图 6-93 所示。为了方便查看，已通过菜单“PFD→Auto Position All”重排了流程图，并根据需要做了手工修改。

⑰ 如果要作为设计资料输出时，可通过菜单“Tools→Reports”打开报告管理器，如图 6-94 所示。点击“Create...”按钮，创建一个报告，如图 6-95 所示。点击“Insert Datasheet...”按钮，添加所需创建的数据项，如图 6-96 所示。按下键盘上的 Shift 键，在 Objects（对象）栏目中选择所有的物流。在 Available Datablocks 中，只选择 Worksheet 中的 Conditions 和

Compositions 项。点击“Add”按钮，则所有物流的状态和组成信息就被包含在报告中了。点击“Done”按钮，退回到报告构建器中，如图 6-97 所示。可以看到，上面指定的数据项已被列入到了 Report Datasheets（报告数据表）中了。此时，可点击“Printf”打印报告，点击“Preview...”按钮预览报告，点击“Format/ Layout...”按钮修改报告格式。图 6-98 给出了报告的预览图。

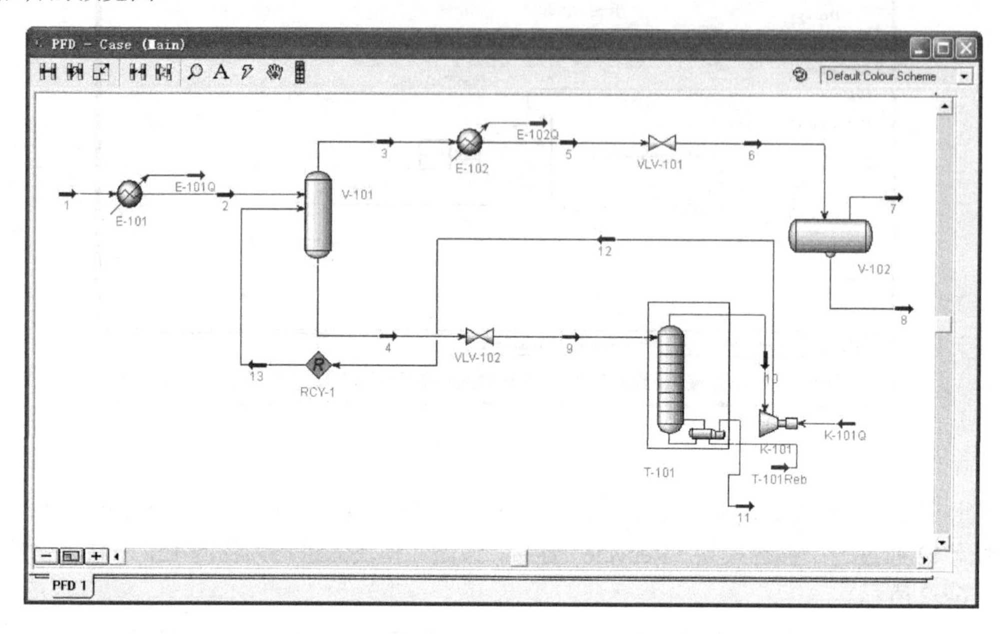

图 6-93　完整流程图

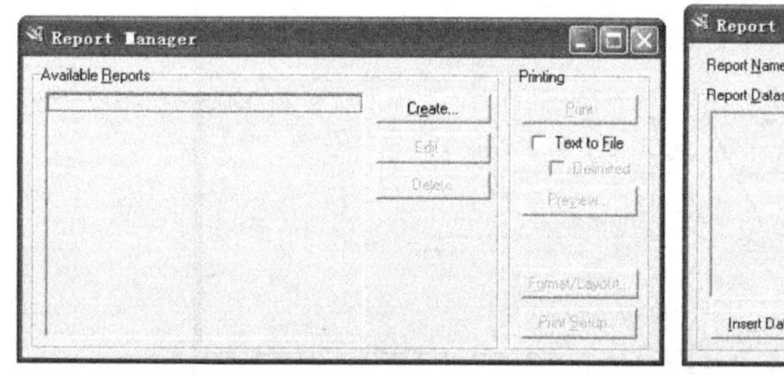

图 6-94　报告管理器

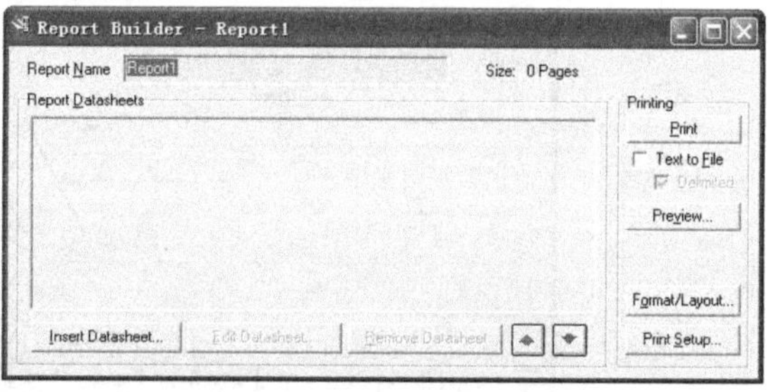

图 6-95　报告构建器

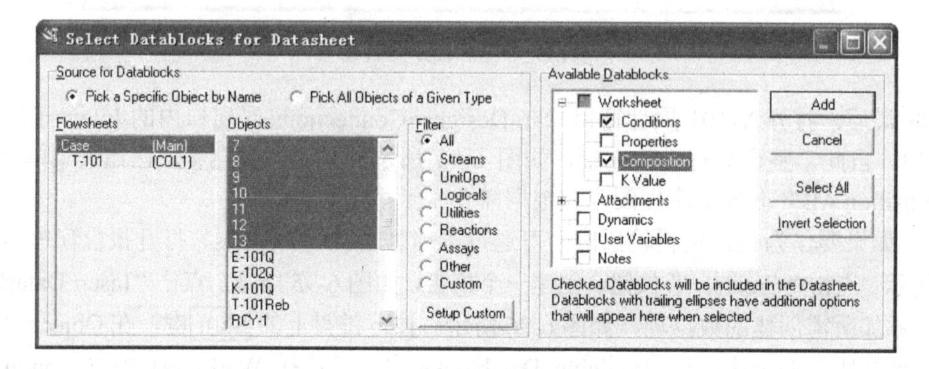

图 6-96　向报告中添加数据

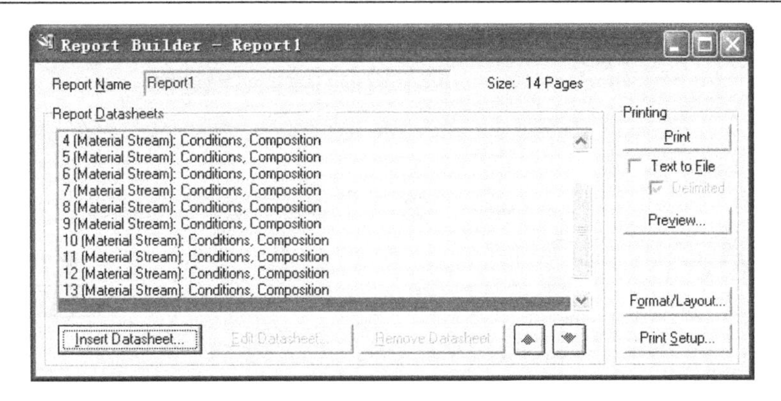

图 6-97　添加了数据项的报告构建器

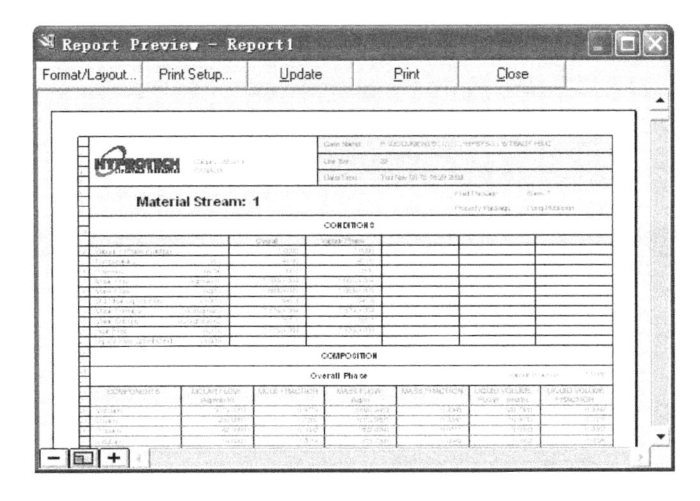

图 6-98　预览报告

6.5.2　动态模拟

通过上述的稳态模拟结果，可以使用户对流程有一个更加深入的了解，或者说可以验证流程的可行性和有效性。但是，该模拟过程没有考虑设备、阀门尺寸等物理量对流程的影响，也没有考虑控制方案的选取问题，更没有考察系统抗干扰性能。这些因素在流程设计中起到重要的作用，均需要通过动态模拟来分析。HYSYS 是世界上著名的过程模拟软件，同时具备稳态和动态模拟功能，本节就介绍用 HYSYS 动态模拟流程图 6-75 的具体步骤。

① 在进行动态模拟图 6-75 流程时，精馏塔 T-101 的计算是最困难的。但经过分析可知，该塔物料处理量较小，对产品质量的影响也较小。所以为了简化起见，动态模拟时将该塔（还包括能流 T-101Reb，其后的压缩机 K-101、能流 K-101Q、物流 10～13 和循环模块 RCY-1）从流程图中去除，如图 6-99 所示。

② 动态模拟属于压力驱动，需要根据压差来计算流量，而流量必须通过阀门的开度大小来控制。所以，需要首先在图 6-24 中加入必要的阀，如图 6-100 所示。加入阀 VLV-100（压力降为 50kPa）是为了控制物流 1 的流量，加入阀 VLV-103（压力降为 20kPa）是为了控制储罐 V-102 的压力，加入阀 VLV-104（压力降为 20kPa）是为了控制储罐 V-102 的液位。此外，为了使物流 11 和 12 保持正压，还需要修改阀 VLV-101 的压降为 3830kPa。

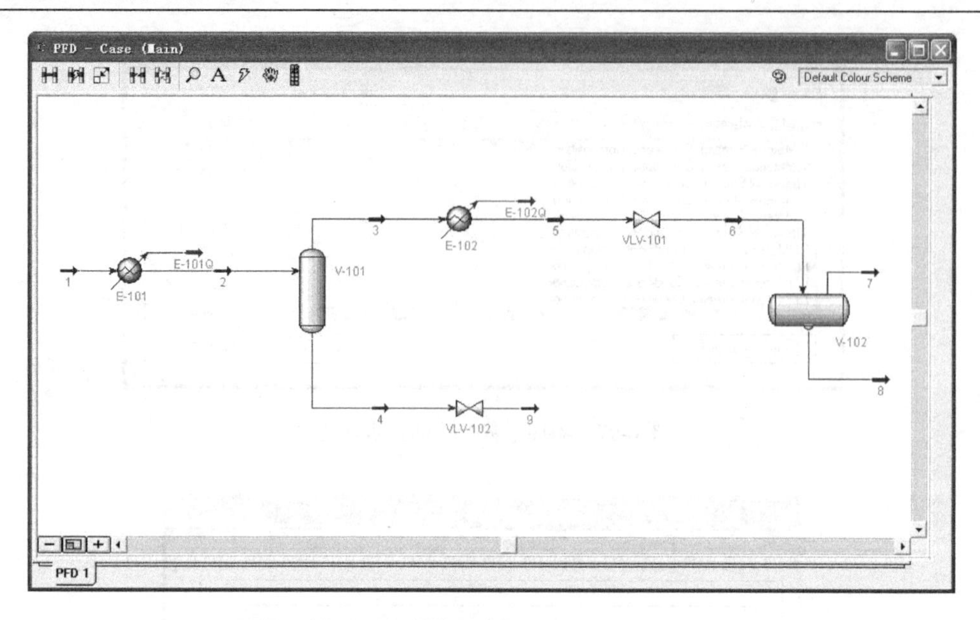

图 6-99　去除脱甲烷塔后的 PFD 图

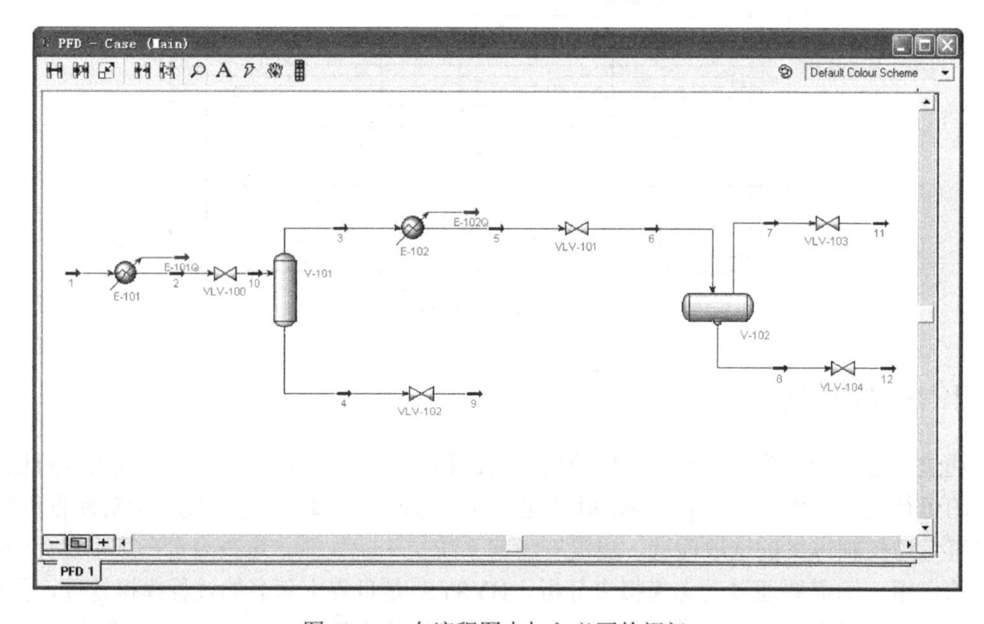

图 6-100　在流程图中加入必要的阀门

③ 动态模拟中，设备、物流上的各类参数均随时间而变。所以，要控制流程稳定运行，必须添加必要的控制器。通过对象面板中的“Control Ops→PID Controller”添加 PID 控制器到流程图中。双击控制器图标，打开如图 6-101 所示的属性窗口。控制需要设置 PV、OP 和 SP 三个参数，PV 代表该控制器的监测物理量，OP 代表其控制物理量，而 SP 代表控制设定值。首先为物流 1 设置一个流量调节器，其监测量为物流 1 的摩尔流量，通过图 6-101 中的“Select PV…”按钮来选定，如图 6-102 所示。控制器根据用户指定的 PV 变量类型自动更改名称为 FIC-100（FIC 代表流量控制；TIC 代表温度控制；PIC 代表压力控制；LIC 代表液位控制）。然后，设置其控制对象为阀 VLV-100，通过图 6-101 中的“Select OP…”按钮来选定，

如图 6-103 所示。之后，再点击图 6-101 中的 Parameters 属性页，在 Range 子项中设置测量值的下限（PV Minimum）和上限（PV Maximum）。通常参考稳态模拟结果来设置这两项，此处分别设为 0 kmol/h 和 2×10^4 kmol/h，如图 6-104 所示。该图中的操作参数（Operational Parameters）子项中还包括 Action 选项，代表控制作用方向：Reverse 代表控制输出随测量值增加而减小，Direct 则代表控制输出随测量值增加而增加。流量控制属于反作用，所以保持默认的 Reverse 即可。最后，点击 VLV-100 图标，弹出属性对话框，在其动态模拟页（Dynamics）中点击“Size Valve”按钮，系统则根据稳态模拟结果自动指定阀门尺寸，如图 6-105 所示。

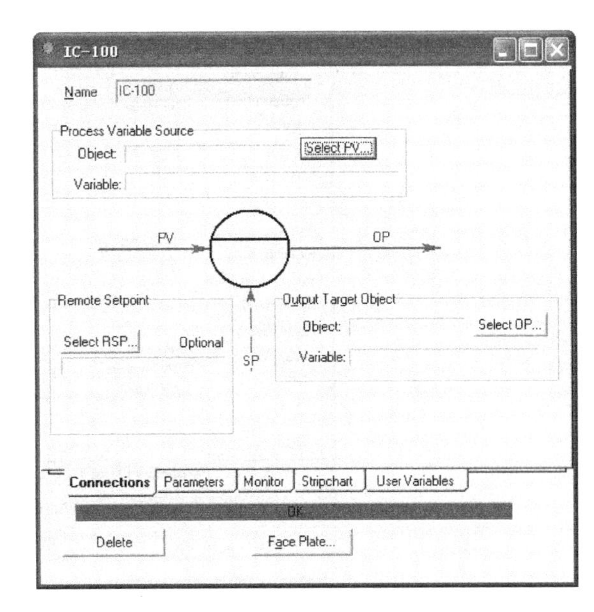

图 6-101　控制器属性页

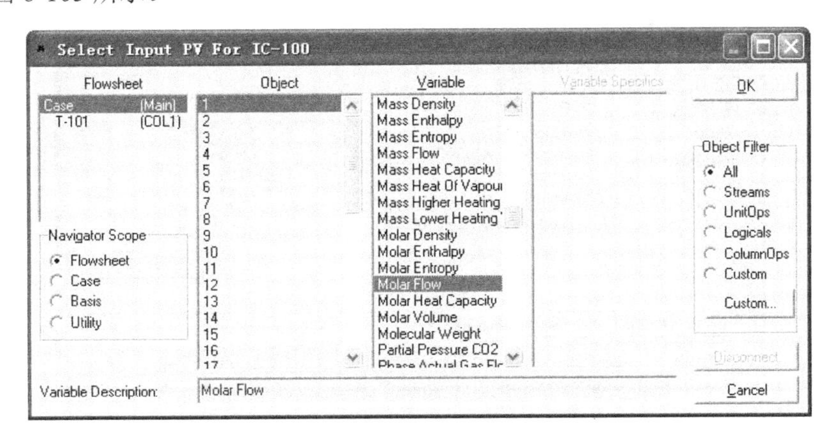

图 6-102　指定物流 1 流量调节器的待测量

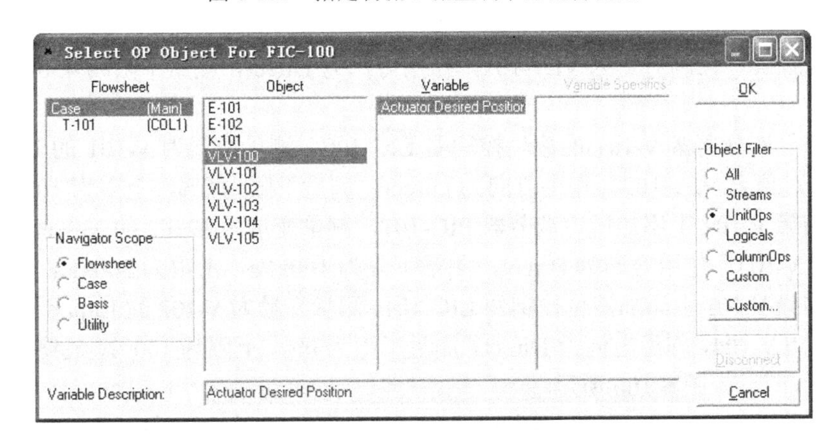

图 6-103　指定物流 1 流量调节器的控制对象

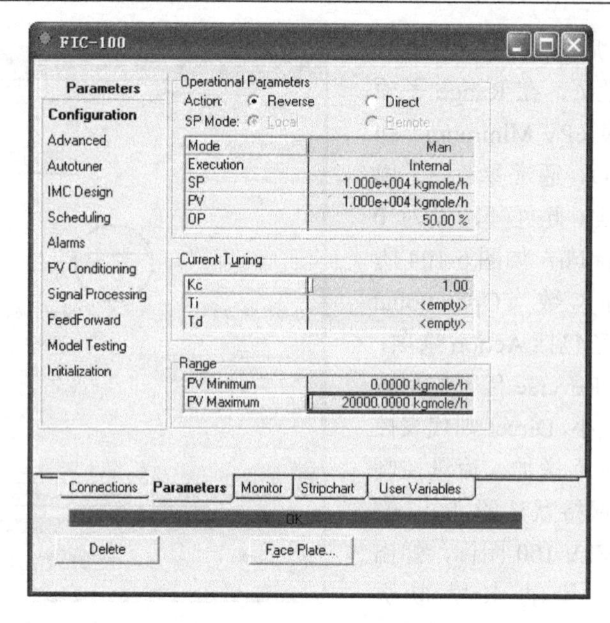

图 6-104 指定物流 1 流量调节器参数

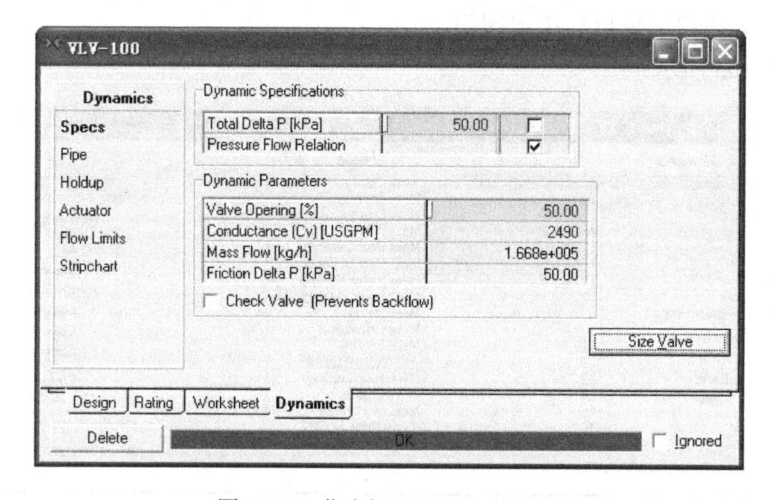

图 6-105 指定阀 VLV-100 的尺寸

④ 依照同样的步骤，添加气液分离器 V-101 压力调节器 PIC-100。其测量变量为 V-101 的 Vessel Pressure，控制对象为 VLV-101，作用方向为 Direct，测量下限为 4500kPa，上限为 6500kPa。

⑤ 添加气液分离器 V-101 的液位控制器 LIC-100，测量变量为 V-101 的 Liquid Percent Level，控制对象为 VLV-102，作用方向为 Direct，测量下限为 0%，上限为 100%。

⑥ 在储罐 V-102 上添加压力调节器 PIC-101，测量变量为 V-102 的 Vessel Pressure，控制对象为 VLV-103，作用方向为 Direct，测量下限为 100kPa，上限为 200kPa。

⑦ 在储罐 V-102 上添加液位控制器 LIC-101，测量变量为 V-102 的 Liquid Percent Level，控制对象为 VLV-104，作用方向为 Direct，测量下限为 0%，上限为 100%。最终得到带有 PID 控制器的流程图，如图 6-106 所示。

⑧ 接下来就可将上述流程转换为动态模拟状态了。由于动态模拟要修改流程参数，导致无法直接恢复原稳态模拟状态，所以在转化之前建议对工程文件进行备份。首先运行工具

栏中的动态模拟助手（Dynamics Assistant），检查流程是否需要修改，如图 6-107 所示。对于“Make changes”栏中画对号的建议，可以直接点击中下方的“Make Changes”按钮，让系统自行修改。如果该栏内出现了叉号，则必须由用户手工修改。此处直接点击“Make Changes”按钮，然后点击其后出现的“Finish”按钮返回 PFD 图即可。

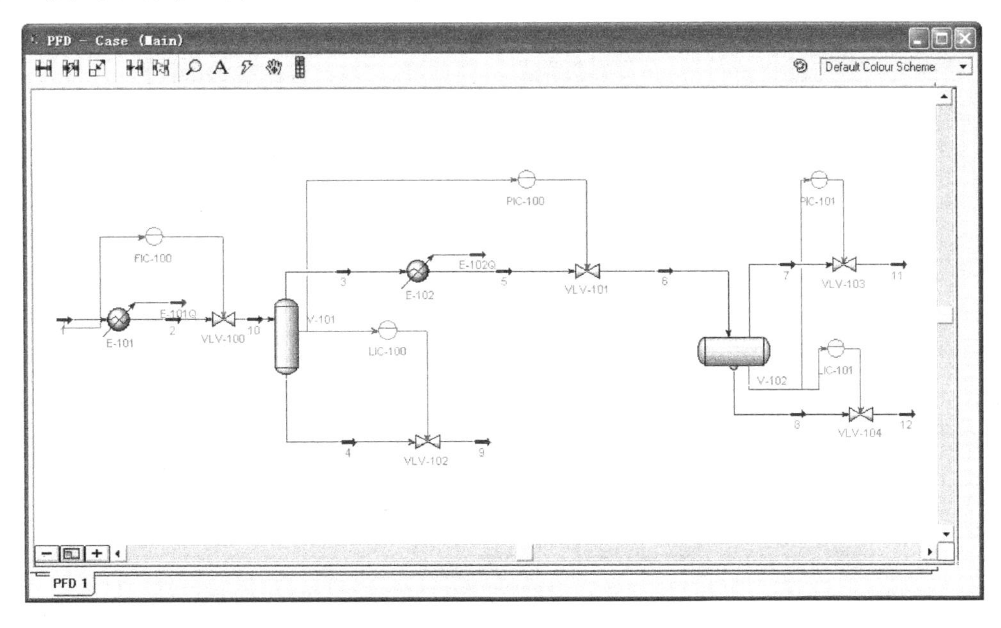

图 6-106　加入控制器后的 PFD 图

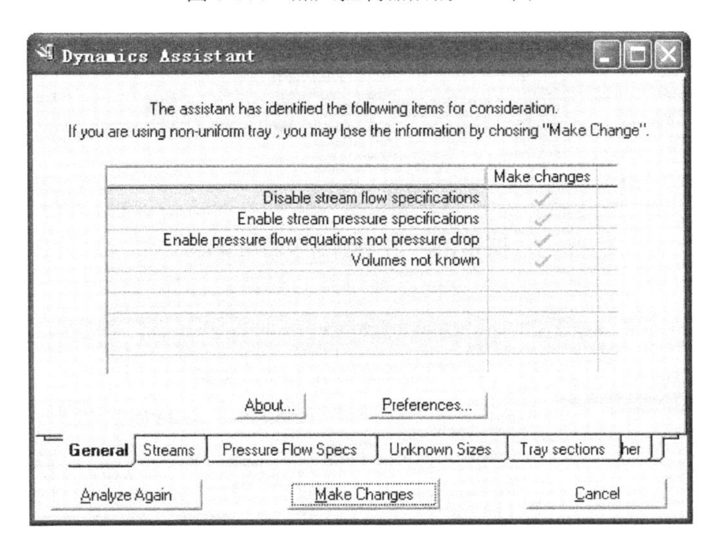

图 6-107　动态模拟助手信息提示框

⑨ 为了便于在动态模拟中观察和记录数据变化规律，还需要定义数据簿。点击菜单“Tools→Databook”，弹出如图 6-108 所示的数据簿对话框。在 Variables（变量列表）子页中点击“Insert”按钮，弹出如图 6-109 所示的添加变量对话框。先选择再点击“Add”按钮，分别添加物流 1 的 Molar Flow（摩尔流量）、分离器 V-101 的 Vessel Pressure（压力）和 Liquid Percent Level（液位）、分离器 V-102 的 Vessel Pressure（压力）和 Liquid Percent Level（液位），共 5 个变量，然后点击“OK”按钮返回数据簿对话框（图 6-108）。最后，在 Strip Charts（带

状图）子页中通过“Add”按钮添加一个监控图，并选中上面刚刚给出的各个变量，如图 6-110 所示。点击 View 子项中的“Strip Chart…”按钮，弹出变量监测窗口（图 6-111）。

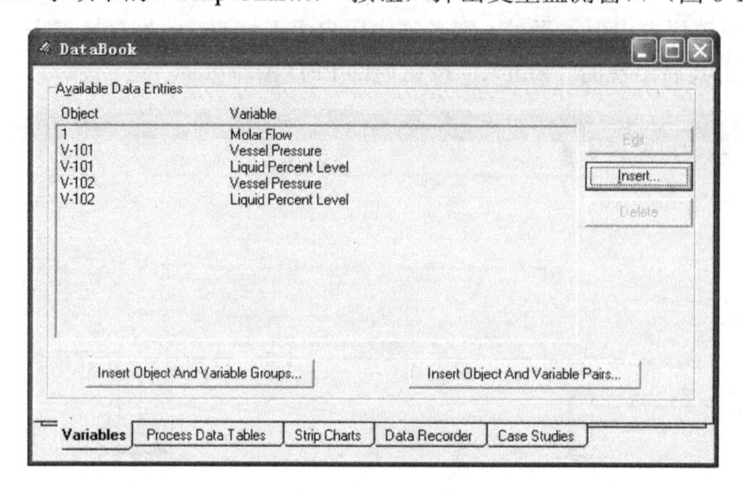

图 6-108　数据簿对话框

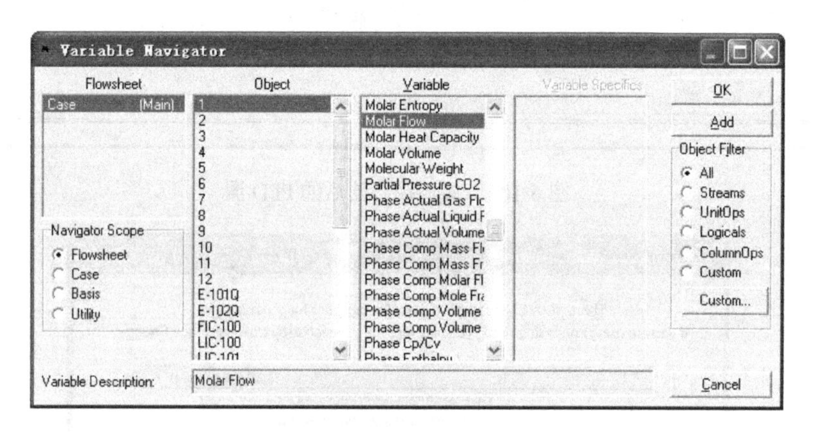

图 6-109　往数据簿中添加变量

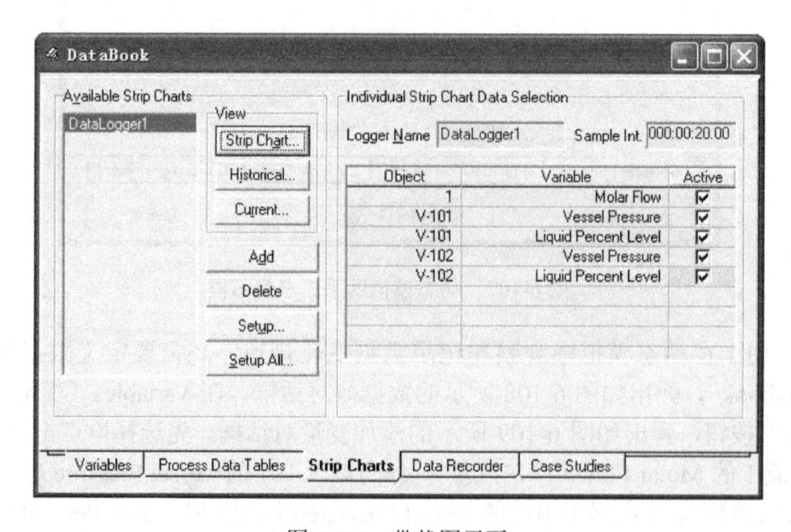

图 6-110　带状图子页

⑩ 双击各控制器图标，在弹出的属性对话框中（如图 6-104 所示），点击“Face Plate...”按钮，出现控制器操作面板。图 6-112 给出了物流 1 流量控制器 FIC-100 的操作面板图。至此，动态模拟的准备工作已经全部完成，此时的界面如图 6-113 所示。

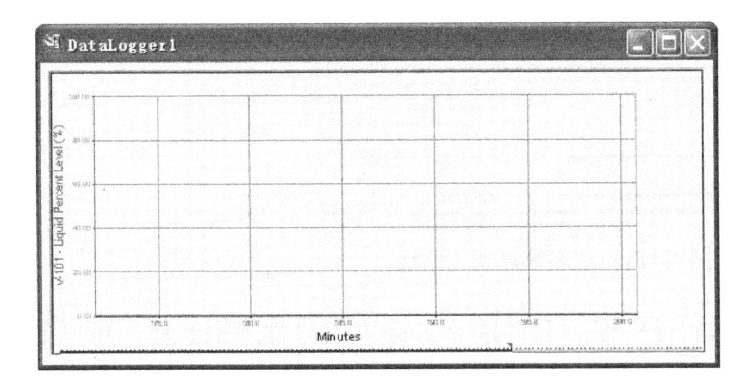

图 6-111　变量监测图

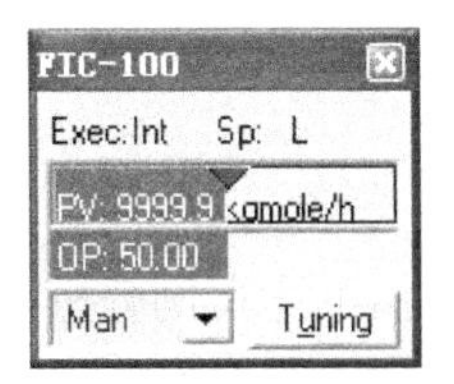

图 6-112　控制器操作面板

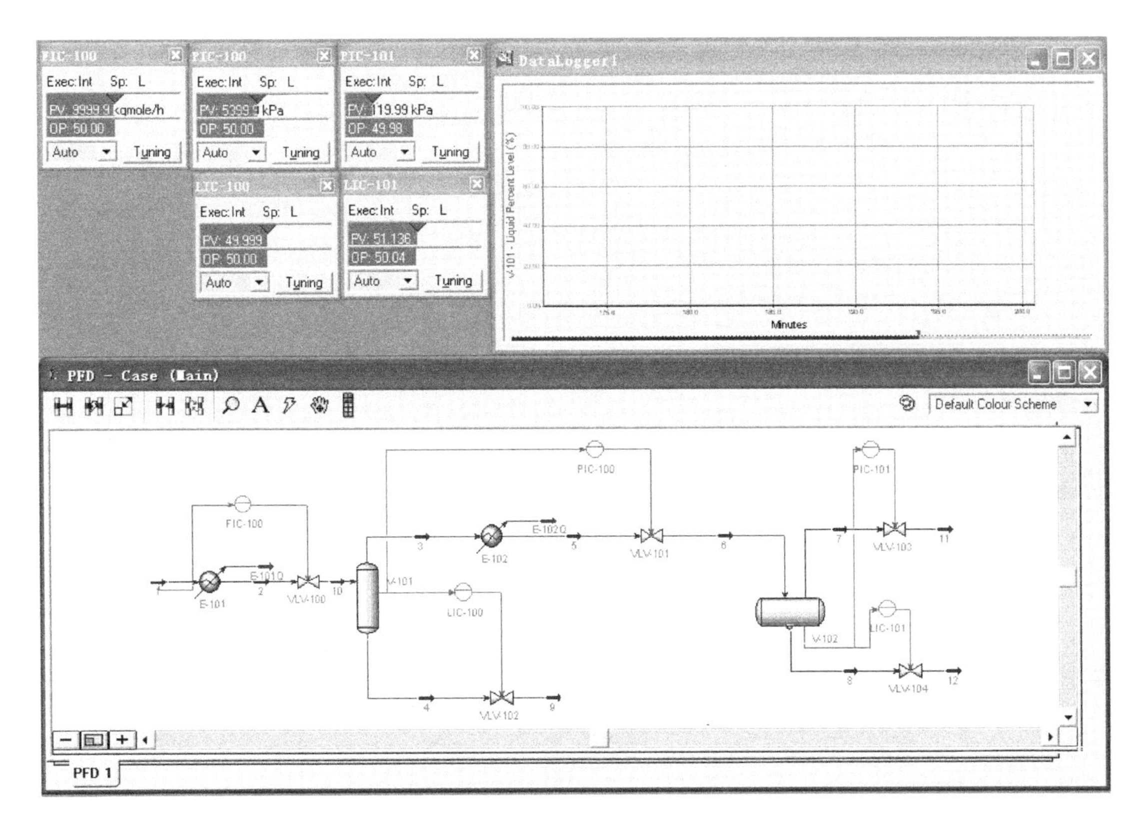

图 6-113　动态模拟前的完整界面

⑪ 点击菜单“Simulation→Integrator Active”命令，启动动态模拟。通过 DataLogger1 窗口观测变量变化趋势。此刻的各控制器还处于手动（Man）状态，没有发挥调节作用。在各控制器操作面板上切换为自动（Auto）状态，再观察变量变化趋势，发现各变量基本不再变化。将 FIC-100 置为手动，将其开度由 50%降为 30%，发现变量开始波动，如图 6-114 所示。

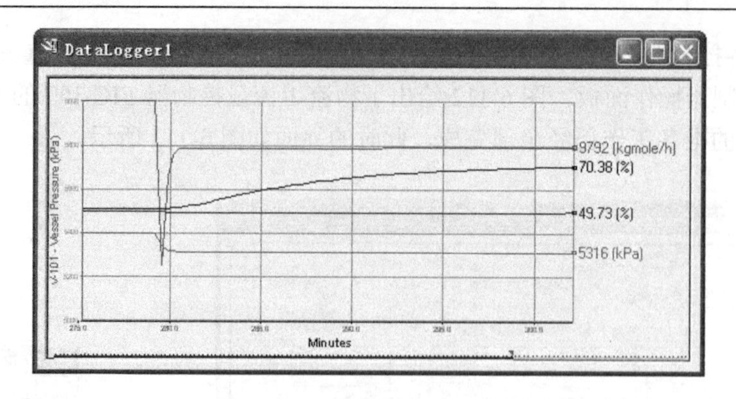

图 6-114　动态数据变化曲线

由上述实例分析可以看出，HYSYS 是一款功能十分强大的流程模拟软件，可以非常方便地实现对流程的分析与改进。而且，该软件界面友好，对用户要求不高。所以，对于化学工程及其相关专业的开发人员，利用该软件可以很好地进行工程设计，从而提高工程分析和应用能力。

参考文献

[1] 柏松. 中文版 Excel2003 实例与技巧. 北京：航空工业出版社，2004.

[2] 白雪. 新编中文版 OFFICE2003 入门与提高. 西安：西北工业大学音像电子出版社，2005.

[3] 彭智，陈悦. 化学化工常用软件实例教程. 北京：化学工业出版社，2006.

[4] 方利国，陈砺. 计算机在化学化工中的应用. 第二版. 北京：化学工业出版社，2006.

[5] 许国根，许萍萍. 化学化工中的数学方法及 MATLAB 实现. 北京：化学工业出版社，2008.

[6] 叶卫平，方安平，于本方. Origin 7.0 科技绘图及数据分析. 北京：机械工业出版社，2004.

[7] 王沫然. MATLAB 与科学计算. 第 2 版. 北京：电子工业出版社.2003.

[8] 王洪艳. 计算机与化学化工数据处理. 北京：科学出版社，2007.